AUTO HIFI

Mehr Sound und Spaß im Auto

für alle Marken und Modelle

Jetzt helfe ich mir selbst

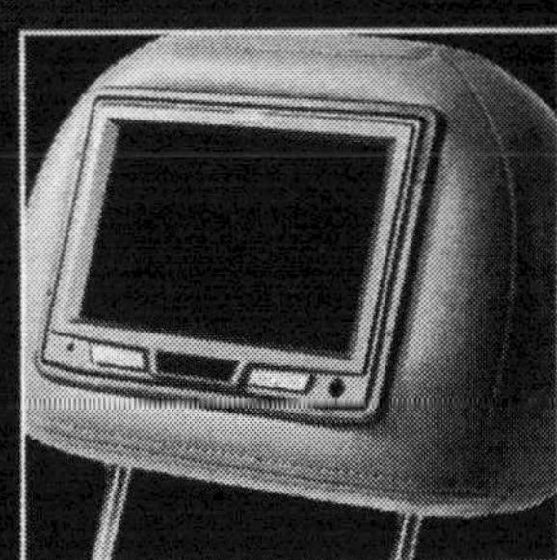

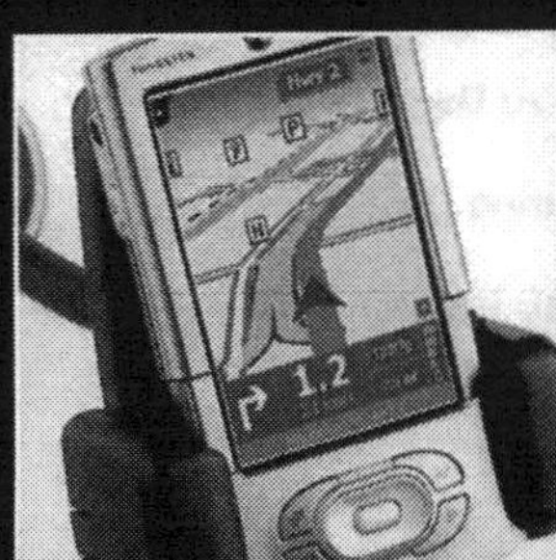

Die Originalausgabe erschien 2006 unter dem Titel
ICE - The definitve guide to in-car entertainment bei
Haynes Publishing, Sparkford, Yeovil, Somerset, England.

Die Übertragung ins Deutsche besorgte Michael Trüber.

ISBN 978-3-613-02760-2

1. Auflage 2007

Sie finden uns im Internet unter
http://www.paul-pietsch-verlage.de

Druck und Bindung: Druck + Verlagsgesellschaft Südwest mbH
Printed in Germany

Danksagung

Wir sind für ihre Hilfe und Zuarbeit zahlreichen Menschen zu Dank verpflichtet:
Manville Smith (JL Audio)
Kimon Bellas & Damon Waters (ORCA Design & Manufacturing Corp./Focal America, Inc.)
Robert Montenegro (SAVV Mobile Multimedia)
Jaime Palafox und Hector Galvan at SSP (Street Sound Plus), Thousand Oaks
Lucette Nicoll (Nicoll Public Relations - JL Audio & SAVV)
Sue Greaves (Mitek Corporation)
Gordon Sell Public Relations (Blaupunkt North America)
Brian Shaffer (Roher Public Relations - Kenwood U.S.A.)
Kevin McDonald (Hot Import Nights - Vision Events)
Paul DiComo (Polk Audio)
Paul Sonoda (Dynamic Control - Dynamat)
Paul Papadeas (International Auto Sound Challenge Assn. - IASCA)
Paul Veldboom (MEIsearch.com)
Ebenfalls zu danken haben wir der Mobile Electronics Certified Professionals (MECP)
(Unterhaltungselektronik-Vereinigung) für die Bereitstellung von Forschungsergebnissen und
Materialien.

Sicherheitshinweise, die unbedingt beachtet werden sollten!

1 In vielen Kapiteln dieses Buches sind Hinweise zu Sicherheitsverfahren und Vorsichtsmaßnahmen enthalten. Am Ende des Buches befindet sich außerdem noch ein spezifisches Sicherheitskapitel. Bitte unbedingt diese Anmerkungen, ebenso wie die Hinweise der Hersteller, beachten!

2 Der Verlag empfiehlt, Fahrzeugumbauten und -modifikationen nur von Personen mit entsprechender Erfahrung vornehmen zu lassen. Bei irgendwelchen Unsicherheiten bitte unbedingt fachkundigen Rat einholen. Bei allen auftretenden Fragen sind die Produkthersteller die erste Anlaufstelle, nicht der Verlag oder der Fahrzeughersteller.

3 Die Umsetzung der Anleitungen in diesem Buch erfolgt in der Verantwortlichkeit des Lesers, er ist alleinig verantwortlich für die Sicherheit, Verkehrssicherheit und Rechtmäßigkeit seines Fahrzeugs. So gibt der Verlag hierzu nur nichtspezifischen Rat.

4 Wer ein Auto modifiziert, muss sich der gesetzlichen Verantwortung bewusst sein. Ein von Ihnen bewegter Wagen, der umgebaut wurde, birgt unter Umständen ein höheres Verkehrsrisiko. Für daraus resultierende Schäden oder Verletzungen werden Sie verantwortlich gemacht.

5 Jeder Umbau muss, sofern erforderlich, selbstverständlich von den Prüfstellen abgenommen und ggf. in die Fahrzeugpapiere eingetragen werden. Nur so ist die Verkehrssicherheit gewährleistet und auch, dass bei einem eventuellen Wiederverkauf keine Schwierigkeiten auftreten.

6 Dieser Band entspricht dem Kenntnisstand zum Zeitpunkt der Drucklegung. Abweichungen durch Weiterentwicklung der beschriebenen Fahrzeuge und Teile, geänderte Anweisungen der Hersteller beziehungsweise neue gesetzliche Bestimmungen sind möglich.

7 In diesem Buch werden Ein- und Umbauten an verschiedenen Fahrzeugtypen gezeigt. Einige der gezeigten Verfahren lassen sich auch auf andere Typen anwenden, doch das lässt sich nicht in jedem Fall verallgemeinern. Auch darf nicht davon ausgegangen werden, dass der Hersteller jeden Umbau oder jede Modifikation gut heißt oder dazu sein Einverständnis gegeben hat.

8 Alle Angaben und Ratschläge in diesem Ratgeber wurden nach bestem Wissen und Gewissen erteilt. Eine Haftung der Autoren oder des Verlages und seiner Beauftragten für Personen-, Sach- und Vermögensschäden ist jedoch ausgeschlossen.

Inhalt

Einführung
Verbindungen 8

Steuergeräte
Installationsgrundlagen 12

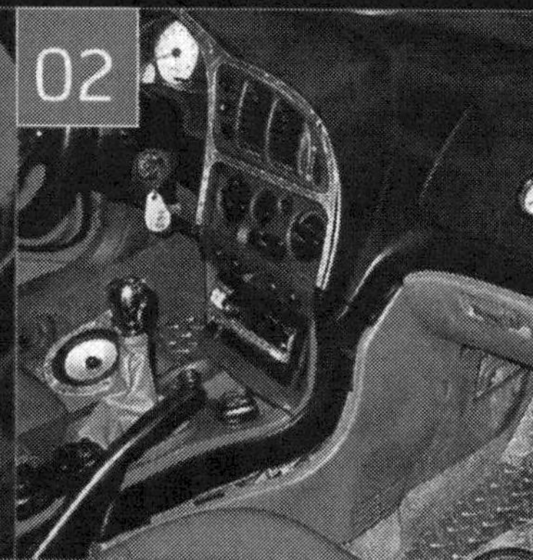

Lautsprecher
Lautsprecher-Polarität 22
Frequenzweichen 23
Lautsprecherinstallation 24

Mobiles Video
Mobiles Video 92
Fahrzeugspezifische Kopfstützen 98
Kopfstützen-Monitor 100
Decken-monitor 102
DVD-Spieler 104
Videoumschalter 105
X-Box 106
Playstation 109

Navigations-systeme
Typen von Navigationssystemen 111
Installationsgrundlagen 113

Zubehör und Nützliches
Batterieverbindungen 115
Installation anderer Batterieanschlüsse 116
Elektrische Leitungen und Kabel 120
Richtlinien für Verkabelung 123
Lautsprecherkabel und Widerstand 125
Verbindungen 126
Sicherungen und Strom-Unterbrecher 128

asisinformation
ubwoofer 37
uswahl eines
ubwoofers 38
ehäusetypen 40
au eines geschlossenen
ehäuses 42
au eines Glasfaser-
ehäuses 46
ahrzeugspezifische
ehäuse 54

ubwoofer

04

Wie Verstärker arbeiten 61
Kanäle 62
Klassen 63
Auswahl des richtigen
Verstärkers 64
Aufrüstung 66
Verstärker effektiv verwenden 67
Sonstiges Zubehör für die
Verstärker-Installation 68
Montagetipps 69
Installation 70

Verstärker

05

CD-Wechsler 77
Digitale Spieler 80
Digitalen Spieler mit
FM-Modulator 83
Serien-CD-Wechsler 86
CD-Wechsler mit FM-
Modulator 88

CD-Wechsler und digitale Abspielgeräte

06

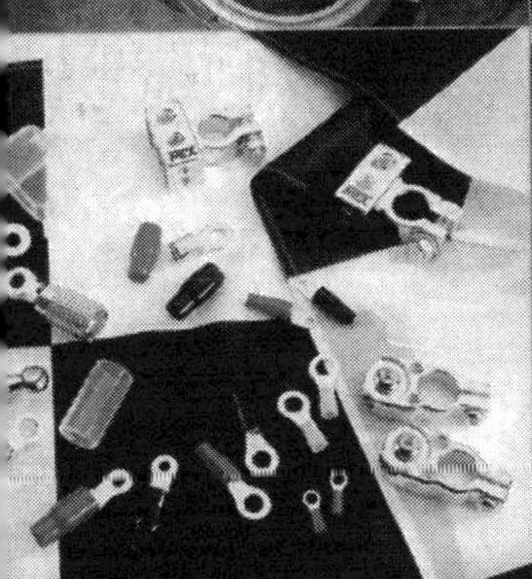

/erbindungen 130
Crimp-Stecker 131
Schnellverbinder 134
Dämm-Materialien 135
Motor-Antenne 137
Hände frei 141
Zusatz-Sicherungsbox 144

10

Sicherheit

Schwierigkeiten
vermeiden 146
Alarmanlagen 147
Diebstahlsicherungen 152
Installation einer
Warn-LED 153
Alarmanlagen-
Installation 154

11

Galerie

160

Glossar 166
Quellen 176

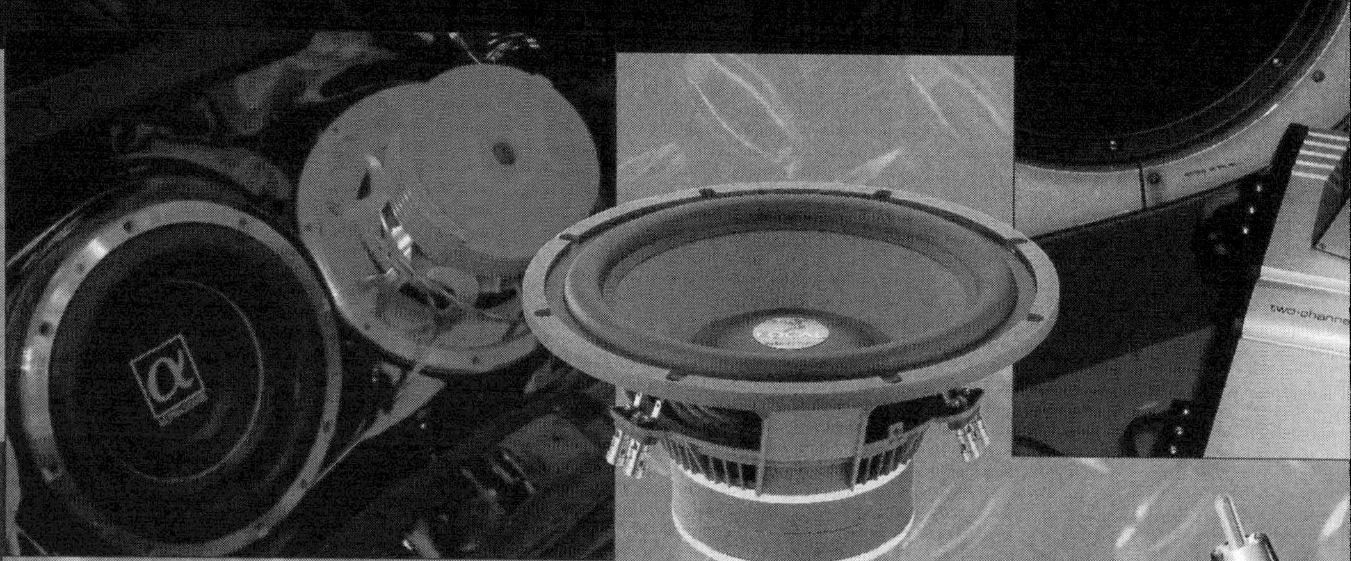

Vor nicht allzu langer Zeit bestand das durchschnittliche Audiosystem im Fahrzeug aus einem Radio und einem einzelnen Lautsprecher und nicht mehr.
In den letzten Jahrzehnten fand immer mehr von dem, was im heimischen Wohnzimmer stand, dann den Weg ins Fahrzeug. Es wird zwar noch einige Zeit dauern, bis wir CD-Brenner im Wagen finden können, aber CD-Wechsler, MP3-Spieler, Videosysteme, Surroundsysteme und Sicherheitssysteme sind schon jetzt üblich beziehungsweise möglich. Ihr Fahrzeug verwandelt sich zu einem „rollenden Konzert- oder Kinosaal".
Sogar einige der Komponenten, wie Verstärker und Subwoofer (Subs), die einst im Verborgenen ihr Dasein fristeten, werden jetzt gut sichtbar zur Schau gestellt. Diese Komponenten genügen inzwischen auch ästhetischen Ansprüchen. Mehr noch: Mit dieser neuen Ausrüstung und der verbundenen Installationsarbeit lässt sich richtig Eindruck schinden. Und auch darauf kommt es an.
Das Anpassen dieser verschiedenen Geräte ist leichter geworden. Inzwischen sind unzählige Einbausätze verfügbar, die viele der fahrzeugspezifischen Sätze ersetzt haben. Mit den universell passenden Komponenten sind sogar viele Anfänger im Stande, elektronisches Equipment zu installieren, ohne dafür besondere Kenntnisse oder Werkzeuge vorweisen zu müssen. Und wer sich genügend Zeit lässt sowie sorgfältig und methodisch arbeitet, kann immer eine professionell aussehende Installation erzielen.

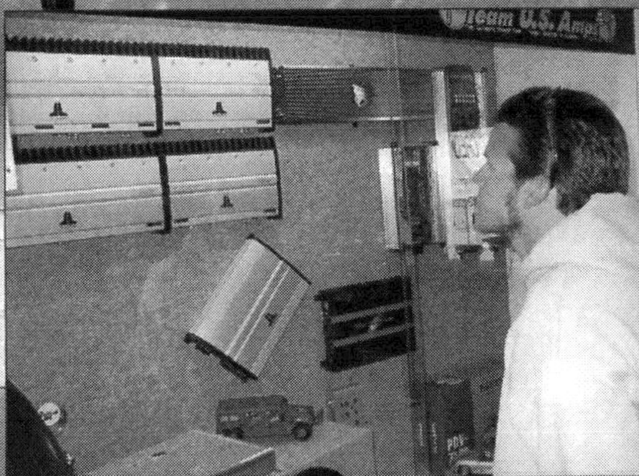

o: Warum nicht die alte Hifi-Anlage ausrangieren und moderne Komponenten
bauen, die außerdem auch noch gut aussehen? Wenn Sie viel Zeit in Ihrem Auto
bringen, dann sollten Sie sich diese so angenehm wie möglich machen. Die mei-
n Menschen pendeln täglich über eine halbe Stunde je Strecke. Das sind mehr
200 Stunden pro Jahr! Und wir zählen hier Wochenenden und Urlaube nicht
t. Noch einmal: Gönnen Sie sich den neuen Verstärker und anständige
bwoofer. Oder warum nicht gleich einen DVD-Spieler? Sie haben es sich ver-
ent!
er tun Sie sich – und der Umwelt – einen Gefallen: Drehen Sie die Anlage nicht
zum Anschlag auf, möglicherweise hat Ihr Vordermann einen anderen
schmack und ist nicht glücklich, wenn Sie ihn zudröhnen. Und: Bevor Sie
fangen Geld auszugeben, überlegen Sie sich genau, was Sie von Ihrem
stem erwarten. Egal ob Sie zusätzliche Geräte integrieren oder einzelne
mponenten ersetzen möchten, planen Sie immer sorgfältig im Voraus
und halten Sie an Ihrem Ziel fest!

Natürlich will nicht jeder alles, was in diesem Buch beschrieben ist, in seinem Fahrzeug haben, und das ist gut so. Einige dagegen werden alles probieren.

Durch den Einbau dieser ganzen teuren Komponenten in Ihrem Fahrzeug werden Sie wahrscheinlich ernstlich über ein Sicherheitssystem nachdenken müssen. Doch auch da können wir helfen...

Verbindungen

Überall in diesem Buch werden wir Sie auffordern, Leitungen anzuschließen, um die verschiedenen Komponenten zu installieren. In anderen Kapiteln des Buches, insbesondere bei „Zubehör und Nützliches", werden wir die verschiedenen Verbindungstypen besprechen, wenn und wann sie in Ihren Installationen verwendet werden. Hier geben wir Ihnen Tipps zu diesen Verbindungen. Im Großen und Ganzen ergibt das Löten die beste Verbindung, und eine solche Verbindung, sofern sie richtig ausgeführt wurde, ist auch sehr korrosionsbeständig. Crimp und Schnellverbindung werden allgemein innerhalb des Fahrzeugs verwendet. Diese einfachen Verbinder sind manchmal die einzige Möglichkeit in Bereichen (zum Beispiel tief unter dem Armaturenbrett), wo das Löten unpraktisch ist.

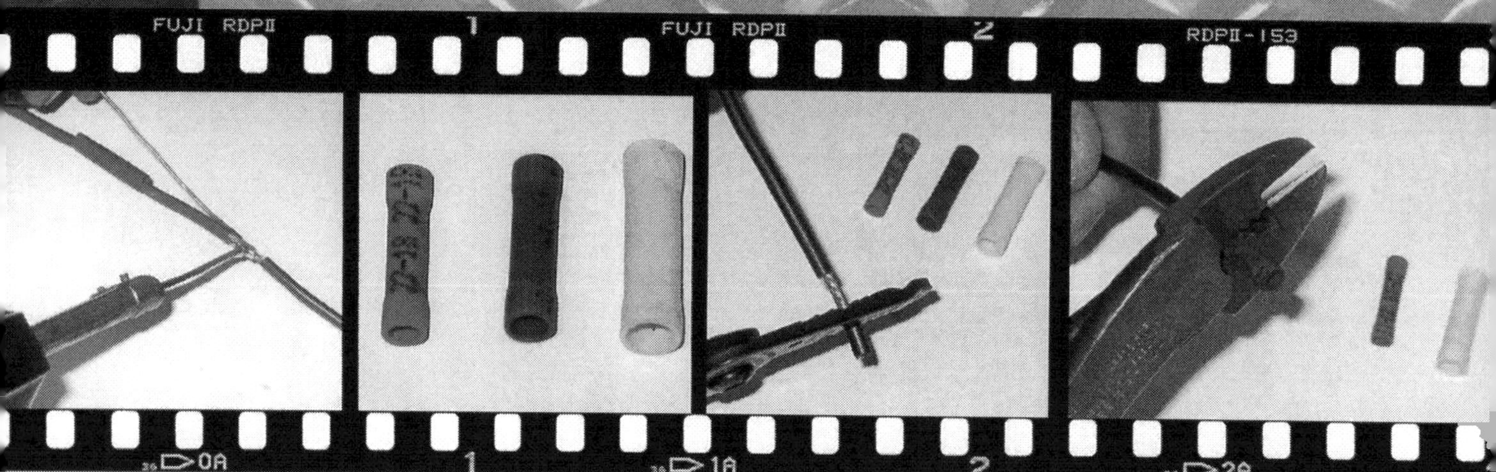

Kabel
Grundlagen

Wie identifizieren Sie Leitungen, wie zapft man sie an? Bevor wir das klären, müssen Sie wissen: Ist diese Leitung sicher oder spielen Sie mit Ihrem Leben?

Schalten Sie die Zündung mindestens aus – am besten klemmen Sie die Batterie ab, bevor Sie irgend etwas tun. Bei Autos mit Airbags müssen Sie auf die elektrischen Airbag-Leitungen achten, die gewöhnlich hellgelb sind. Ist dies geklärt, können Sie planen wie die alten und neuen Leitungen verbunden werden.

Die besten Optionen sind:

Das Löten. Es vermeidet eine Trennung der gewählten Leitung und geschieht, indem man ein kurzes Stück der Isolierung abzieht. Dann wickeln Sie die neue Leitung um den abisolierten Bereich und sichern die Verbindung mit Lötzinn. Wenn Sie noch keine Erfahrung mit dem Löten haben, nehmen Sie einfach einige Kabelreste und übern erst mal - Sie werden sehen, es ist gar nicht so schwer! Isolieren Sie die Lötstellen mit einem Isolierband oder verwenden Sie ein Stück Schrumpfschlauch oder Schrumpfband.

Rundstecker. Die gewählte Leitung abschneiden und abisolieren. Dann wickeln Sie die neue Leitung dazu und stecken beide in eine Seite des Rundsteckers. Stecken Sie das andere Ende Ihrer Leitung in das Gegenstück und verbinden Sie die beiden Steckverbinder. Verwenden Sie immer die Rundsteckhülse auf der spannungsführenden Seite — wenn Sie die Verbindung trennen, können Sie sicher sein, dass sich nicht irgendwelche Teile in Rauch auflösen.

Abzweigverbinder. Ganz leicht zu verwenden. Seien Sie nicht zu ehrgeizig, es geht nicht darum, möglichst viele Leitungen in einen Verbinder zu quetschen. Abzweigverbinder, wie auch Rundstecker, sind in mehreren Größen erhältlich. Verwenden Sie Verbinder wie den unten abgebildeten nur bei Bedarf – sie sind zwar günstig, aber sie können Probleme verursachen.

Für alle diese Optionen gilt: Isolieren Sie immer den Bereich um Ihre Verbindung, besonders wenn Sie löten. Ansonsten wird blankes Metall offen bleiben. Denken Sie daran, dass Sie wahrscheinlich alle Leitungen in die dunklen Regionen unter dem Armaturenbrett und damit außerhalb des Sichtfeldes schieben werden. Auch wenn die Leitungen gut und fest zusammen sind, reicht ein winziges, vorspringendes blankes Stück an der Leitung, welches gerade die Metallkarosserie berührt, um einen Brand auszulösen!

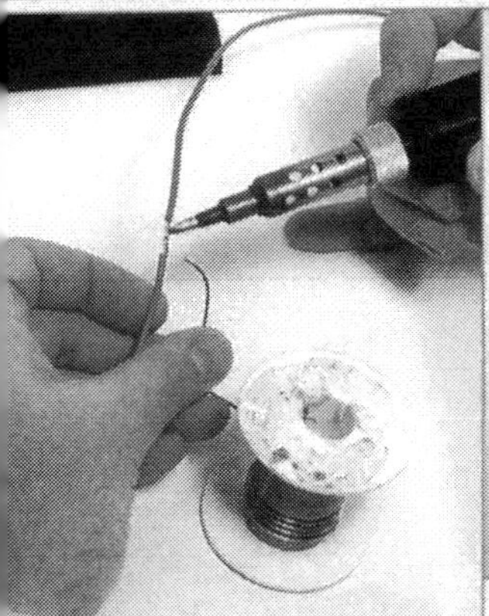

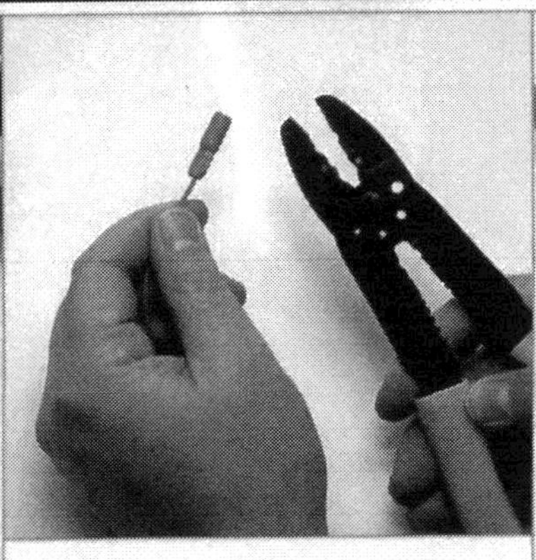

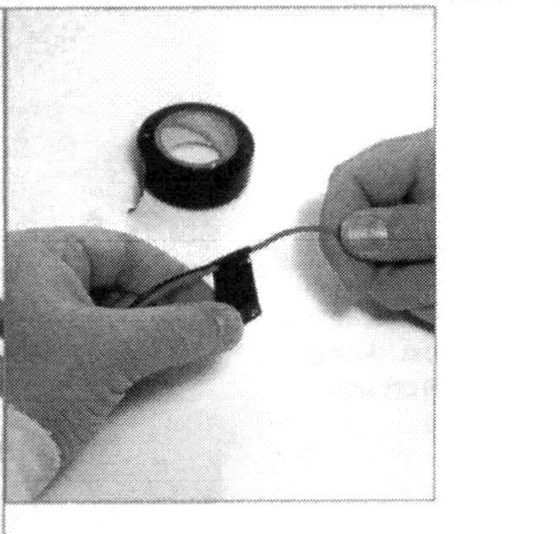

Steuergeräte

Um Ihrem Audiosystem einen anständigen Startimpuls zu geben, brauchen Sie ein gutes Steuergerät, welches das Signal erzeugt. Dieses wird vom Verstärker aufgenommen, intensiviert und dann von den Lautsprechern wiedergegeben. Doch vom richtigen Steuerimpuls hängt alles ab. Das entsprechende Gerät ist das wichtigste in der Signalkette des Audiosystems. Daraus wiederum folgt: Nehmen Sie sich für dessen Auswahl auch genügend Zeit.

Einige Serien-Steuergeräte erfordern Sonderwerkzeuge. Lesen Sie hierzu das passende Buch aus der „Jetzt helfe ich mir selbst"-Reihe des Motorbuch-Verlags.

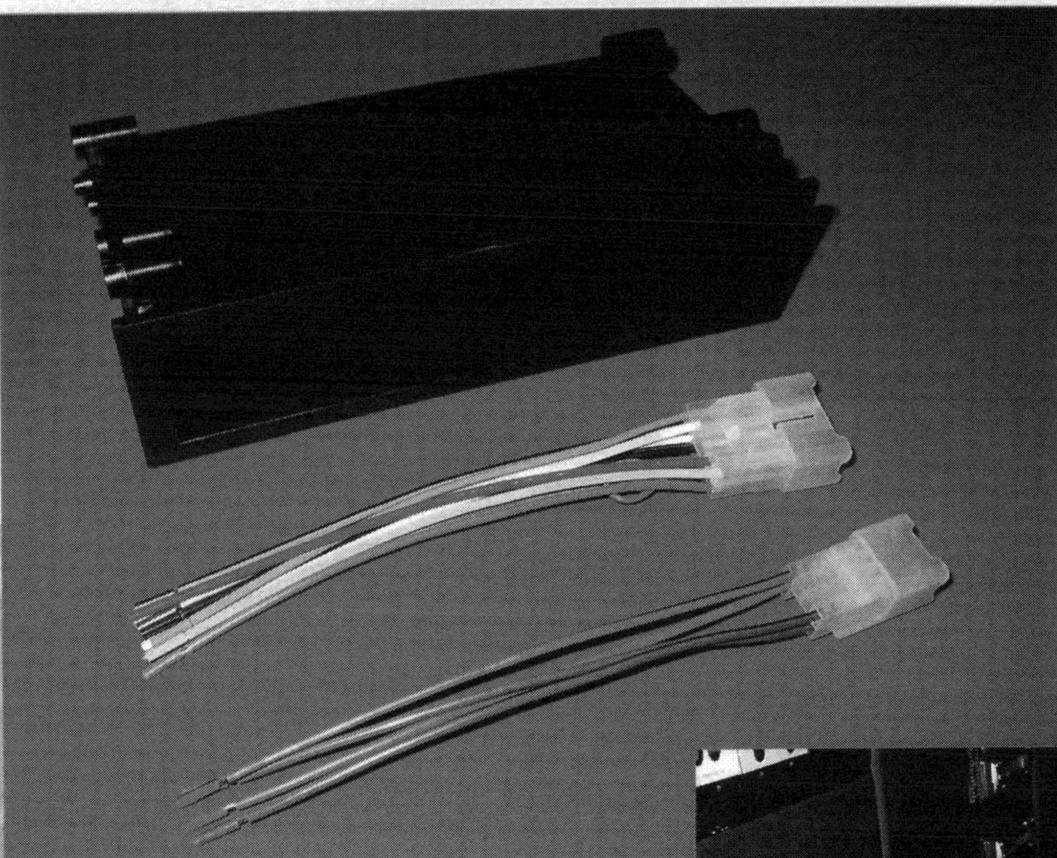

Wenn die Öffnung im Armaturenbrett größer ist als Ihr neues Steuergerät, verwenden Sie einen fahrzeugspezifischer Einbausatz.

Steuergeräte sind in der Regel im Armaturenbrett montiert.
Moderne Steuergeräte sind mehr als Lautstärken-, Balance- und Abstimmregler. Jedes Jahr bieten die Hersteller noch aufregendere und noch komplexere Ausführungen an; die Zahl der Möglichkeiten vermag selbst fachkundige Käufer manchmal zu verwirren. Unser Rat daher: Immer mit der Ruhe, nichts überstürzen. Nehmen Sie sich die Zeit, um zu entscheiden, was Ihr Steuergerät können muss.

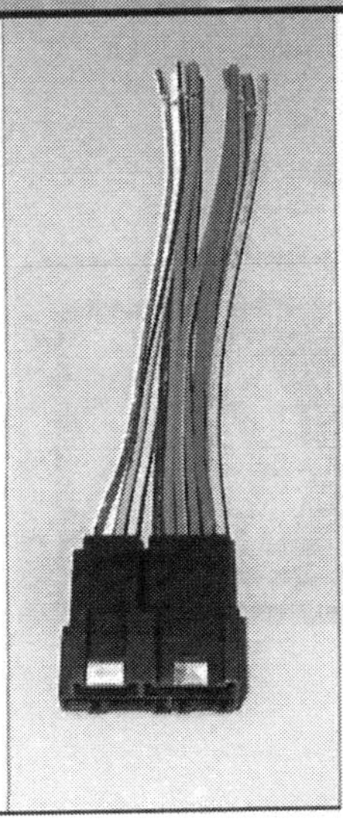

Damit Sie die fahrzeugspezifischen Stecker nicht von Ihrem Kabelbaum abschneiden müssen, verwenden Sie ein Adapterkabel, mit dem Sie das neue Nachrüst-Steuergerät anschließen.

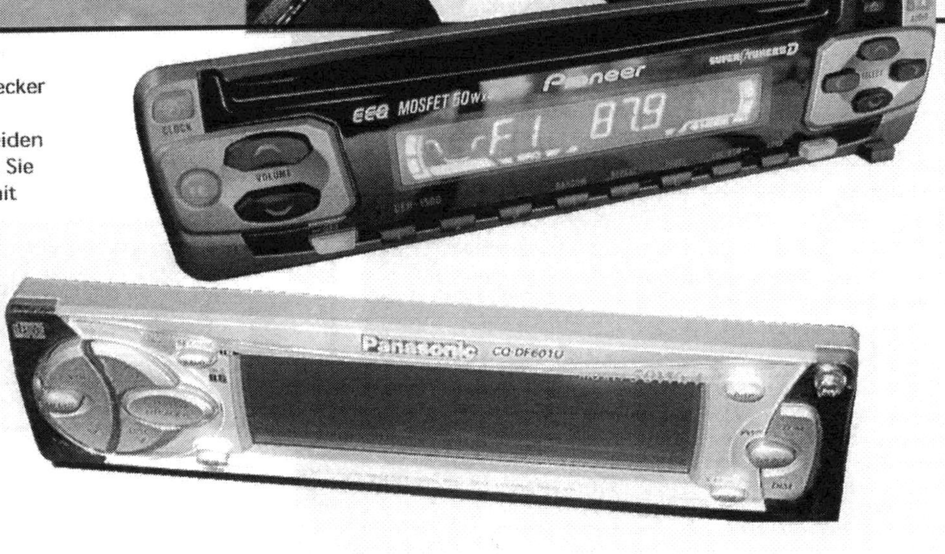

Bitte bedenken:

CD-Wechsler-Steuerung: Ist das Steuergerät in der Lage, einen externen CD-Wechsler zu steuern? Die meisten Nachrüst-Steuergeräte kommunizieren nur mit Wechslern derselben Marke, obwohl auch Adapter verfügbar sind, die es ermöglichen, mit dem Steuergerät auch Wechsler einer anderen Marke anzusteuern. Theoretisch zumindest.

Satellitenradiosteuerungen: Diese Steuergeräte können die getrennten Satellitentuner-Module ansteuern und verfügen über eine eingebaute Steuerung, um die Stationen abzustimmen.

Vorverstärker-Ausgänge: Ausgangsbuchsen auf der Rückseite der Einheit, die das Signal meist über RCA-Kabel zu einem getrennten Verstärker führen.

Digital-Direkt (CD-Wechsler): Eine Verbindung vom Steuergerät zum Wechsler über ein spezielles mehradriges Kabel, Glasfaserleitung oder ein digitales Koaxkabel.

Festplatten-Spieler: Ein Steuergerätetyp, der in der Lage ist, Unmengen von digitalen Musikdateien auf einer eingebauten Festplatte zu speichern.

CD-R, CD-RW / Digitale Abspiel-Fähigkeit: Wollen Sie CDs mit MP3s abspielen? Wenn Sie stundenlangen Musikgenuss auf eine Scheibe brennen wollen, dann benötigen Sie ein Steuergerät, das mit den CD-Rs oder CD-RWs kompatibel ist.

ID3-Tags: Ist das Steuergerät in der Lage, MP3-Dateien zu spielen? Wenn dem so ist, kaufen Sie eine Einheit, die in der Lage ist, diese Informationen anzuzeigen.

Anzeigen: Moderne Audiosteuergeräte verfügen über eine Vielfalt von verschiedenen Anzeigen; mehrfarbige Hintergrundbeleuchtung, Punktraster-Text, Touchscreen-Programmierung, animierte mehrfarbige LCDs, selbst Screensaver, die Sie mit eigenen Fotos oder Texten anpassen können, sind keine Seltenheit.

Diebstahl-Sicherung: Kein Diebstahlschutz ist völlig narrensicher. Wenn es Langfinger darauf anlegen, ausgerechnet Ihr Steuergerät zu mopsen, dann haben Sie keine Chance. Sie können es den Dieben aber so schwer wie möglich machen und haben dabei die Unterstützung der Hersteller. Diese verfolgen verschiedene Strategien. Relativ simpel, aber wirkungsvoll sind abnehmbare Bedienteile. Beim Aussteigen das Bedienteil von der Einheit entfernen, in die Tasche stecken und mitnehmen – fertig. Auch nicht schlecht: Manche Bedienteile (und die entsprechenden Anzeigen) werden nach dem Abschalten ganz schwarz, quasi unsichtbar. Beim Blick auf Konsole oder Armaturenbrett sieht man dann nur eine schwarze Tafel. Noch unsichtbarer ist die Methode, die andere Hersteller sich haben einfallen lassen. Bei diesen Steuergeräten wird das Bedienteil versenkt und eine Abdeckung davor gefahren.

Fernbedienung: Eine Fernsteuerung (drahtlos, gerne im Lenkrad versteckt), normalerweise benutzt zur Einstellung von Lautstärke und Senderauswahl. Eine sinnvolle Einrichtung, die es erlaubt, entsprechende Einstellungen vorzunehmen, ohne dass man den Blick von der Fahrbahn wenden muss.

01 Zuerst muss das alte Steuergerät entfernt werden. Aber bitte nicht einfach aus dem Aramturenbrett reißen, auch wenn der Drang noch so groß ist: Besorgen Sie sich anständige Entriegelungshaken, um die alten Dinge zu entfernen. Erstens vermeidet das Schäden am Armaturenbrett, und zweitens kann die alte Komponente (die ja auch Geld gekostet hat!) entweder weiterverkauft oder, bei einem Verkauf des Wagens, zurückgerüstet werden.

Installation

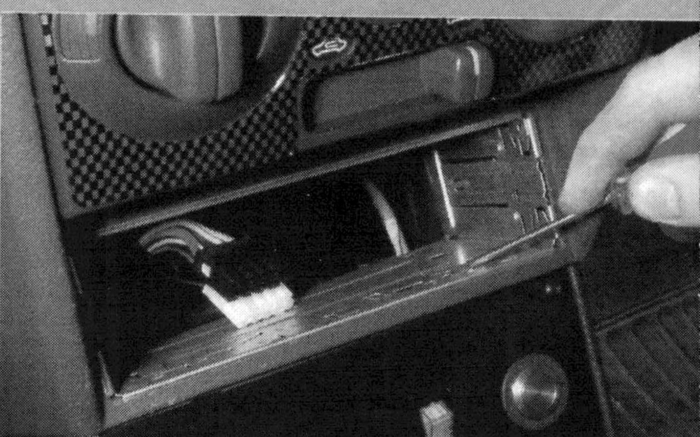

05 ... und sichern, hierzu einige der Dreieckslaschen umbiegen (nicht alle!).

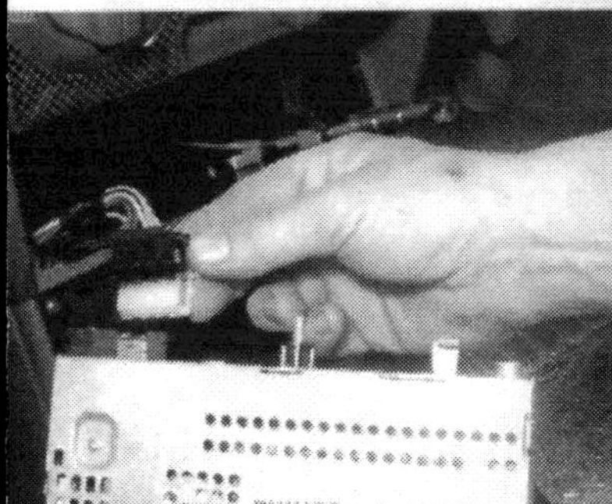

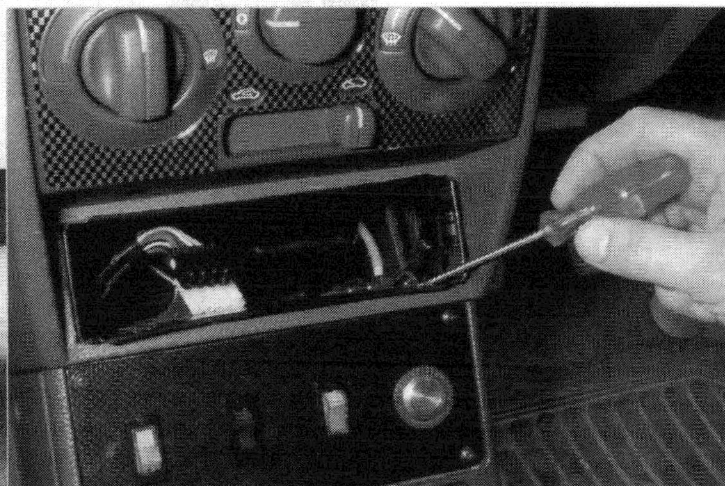

02 Ein anderer Grund, beim Entfernen der alten Einheit nicht zu unwirsch zu sein, ist, dass die meisten elektrischen Leitungen wiederverwendbar sind. Ein Plus bei diesem Auto: es hat ISO-Stecker für Strom und Lautsprecher, so dass unsere neue Einheit schon passen dürfte.

03 Der alte Einbauschacht muss auch raus – Sie können ihn nicht mit Ihrer neuen Einheit verwenden, sonst werden die Sicherungen nicht einrasten. Die meisten selbst eingebauten Einbauschächte haben eine letzte, meist oben liegende Verriegelung, die zu entfernen viel Geduld erfordert.

Warnung: Wenn Sie an einem mit einem Airbag ausgestatteten Fahrzeug arbeiten, beachten Sie vor Beginn die Sicherheitshinweise auf Seite 71.

04 Nachdem der alte Einbauschacht draußen ist, den neuen Einbauschacht einschieben ...

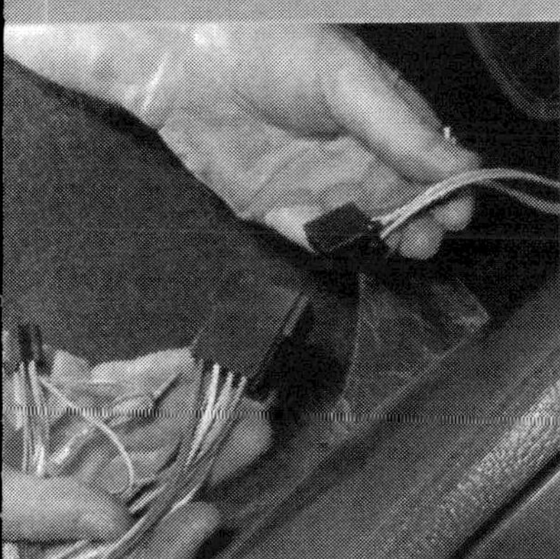

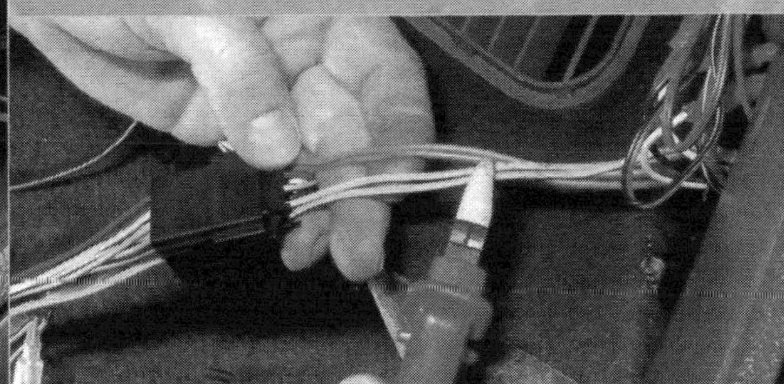

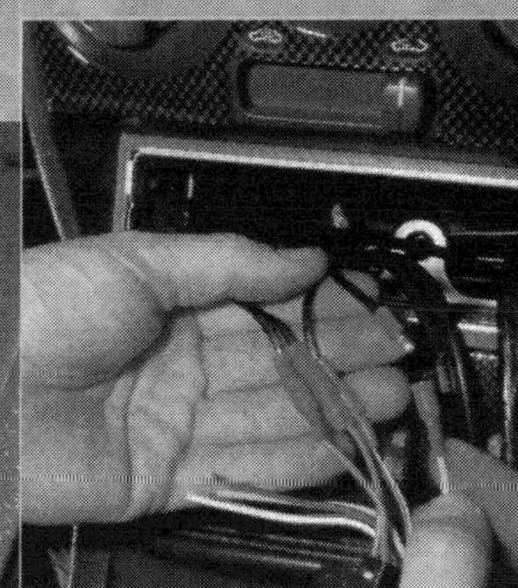

06 ISO-Stecker machen das Leben leichter – einer ist für den Strom, die anderen für die Lautsprecher (der Stromstecker hat unter anderem Leitungen in rot, gelb und schwarz). Hier schließen wir die originalen Lautsprecher-Stecker an das neue Steuergerät an ...

07 ... und jetzt schneiden wir die originalen Lautsprecher-Leitungen ab. Warum? Na, wir sind natürlich dabei, zusätzliche Lautsprecher im Heck einzubauen.

08 Wir werden kräftige Lautsprecher-Leitungen anschließen, die wir zum Heck des Autos führen. Anhand der Beschreibung der Leitungen des neuen Steuergerätes lässt sich die Zuordnung der Originalkabel identifizieren (wo sind Vorne / Hinten, Plus / Minus).

Kabel **Farben**

Schwarzer Stecker (Strom/Masse)
Rot - 12V (Zündung)
Gelb - 12V (Dauer)
Schwarz - Masse
Blau - Remote
Orange - Dimmer

Brauner Stecker (Lautsprecher)
Paar weiß - vorne links
Paar grau - vorne rechts
Paar grün - hinten links
Paar rot - hinten rechts

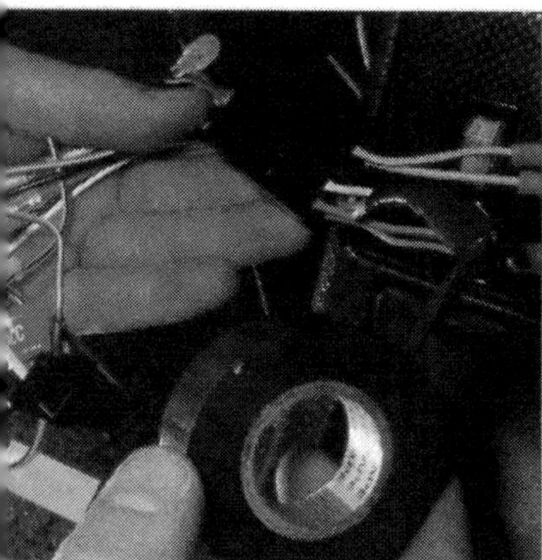

09 Alle originalen Lautsprecher-Leitungen, die Sie nicht verwenden, sollten gekürzt und isoliert werden. Wenn Sie alle Ihre neuen Lautsprecher über Verstärker ansteuern, lassen Sie deren ISO-Stecker frei.

10 Nachdem wir nun sicher sind, bauen wir das Steuergerät zum ersten Mal ein – das Einstecken der Leitungen ist eine der einfacheren Aufgaben. Dieser Stecker ist lebenswichtig, stellen Sie sicher, dass er einrastet und sicher sitzt.

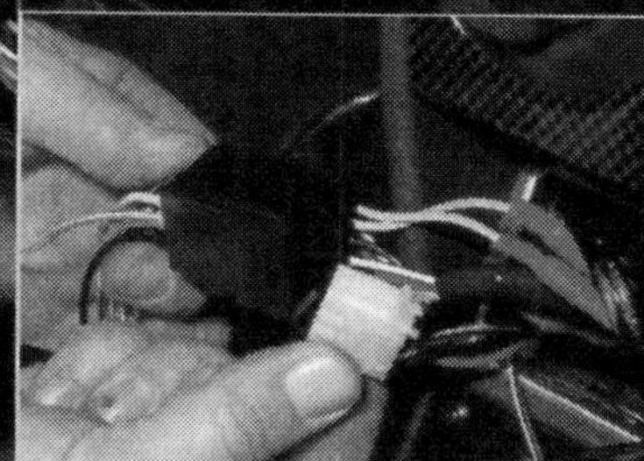

11 Der Strom für das Steuergerät kommt aus dem alten ISO-Stecker (er liefert Dauerplus, Zündplus und Masse). Stecken Sie nun den ISO-Stecker in die Steckdose des Steuergerätes – so einfach ist der Anschluss (lassen Sie die Zündung aus).

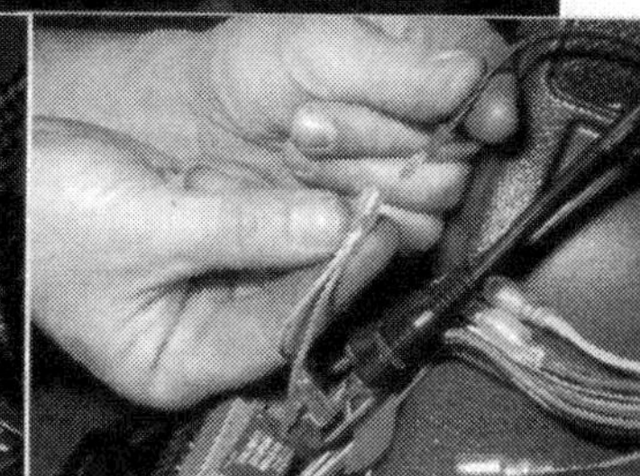

12 Praktisch alle Steuergeräte haben einen Remote-Anschluss zum Einschalten der Verstärker. Die Leitung wird als „Remoteleitung" bezeichnet, ist gewöhnlich blau und sollte als eigene Leitung zum Verstärker führen. Eine unserer RCA-Leitungen ist mit einer Remoteleitung versehen, wir wären dumm, wenn wir diese nicht verwenden würden.

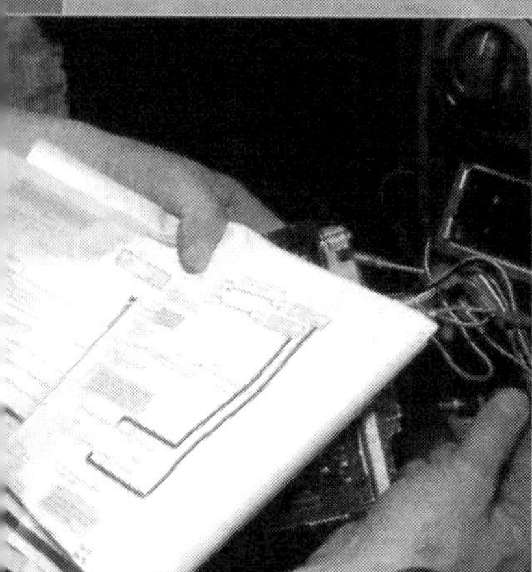

13 Wenn Ihnen eine solche Menge von Leitungen gegenübersteht, können Sie nicht alle kennen. Benutzen Sie hierzu einfach das Handbuch. Das ist viel besser, als Ihr Steuergerät zu zerstören.

14 Die Verstärker brauchen ein Signal um tätig zu werden, und das ist, was die RCA-Buchsen auf der Rückseite des Steuergerätes zur Verfügung stellen. Wenn Ihre Einheit mehr als ein Paar Buchsen hat, können diese mit „Vorne", „Hinten" oder „Sub-Woofer" gekennzeichnet sein. Verbinden Sie den Stecker mit dem roten Streifen mit der roten Buchse – wohin der andere geht, finden Sie dann von selbst heraus.

15 Vergessen Sie nicht, die Antenne einzustecken. Ohne die spielt kein Radio. Wenn der Stecker nicht passt, brauchen Sie einen Adapter-Stecker. Oder Sie stellen fest (wie wir), dass ein Adapter-Stecker installiert war, den Sie dann entfernen müssen.

16 Prüfen Sie, ob bis hierher alles funktioniert. Erst dann sollten Sie die Einheit in ihren Einbauschacht stecken. Wenn dem so ist, stecken Sie die Einheit in den Einbauschacht, bis sie einrastet. Wenn das nicht geht, wieder herausnehmen und die Leitungen (denn daran liegt es) mit der Hand entwirren. Keine Gewalt anwenden, bloß nicht die Einheit hineindrücken – sonst könnte das ein ganz, ganz mieser Tag für Sie werden. Wenn alles geklappt hat: Bedienungsanleitung auspacken, die Regler korrekt einstellen – und den Klang genießen!

Einbausatz

Diese serienmäßige Doppel-DIN-Einheit wird . . .

. . . mit Hilfe eines Einbausatzes. . .

. . . durch eine DIN-Nachrüst-Einheit ersetzt.

Bis vor kurzem war für die Automobilindustrie das DIN-Format die Standardgröße. Dies ermöglichte es Nachrüstern, Einbausätze für viele verschiedene Fahrzeuge zu fertigen. Somit gehörten chirurgische Eingriffe am Armaturenbrett bei der Nachrüstung, der Vergangenheit an.

Steuergeräte

Kann ich mein Doppel-DIN-Steuergerät durch eine DIN-Nachrüstung ersetzen?

Ja, abhängig von der Verfügbarkeit eines Nachrüstsatzes für Ihr Fahrzeugmodell.

Was ist ein Adapter-Kabelbaum?

Ein Kabelbaum, der es Ihnen erlaubt, Ihre vorhandene Steuereinheit abzukuppeln und eine Nachrüsteinheit anzuschließen, ohne die Leitungen abzuschneiden.

Wofür ist die AUX-Eingangsbuchse auf der Vorderseite meines Steuergerätes?

Diese dient zum Anschließen einer zusätzlichen Einheit an das Steuergerät, vielleicht eines tragbaren CD- oder MP3-Spielers.

Mein Steuergerät kann ID-3-Tags identifizieren. Was ist ein ID-3-Tag?

Ein ID-3-Tag ist eine darstellbare Titelinformation bei entsprechend kodierten MP3-Scheiben.

Wofür werden die RCA-Ausgänge auf der Rückseite meines Steuergerätes verwendet?

Dies sind Niederspannungs-Signalausgänge, um einen externen Verstärker anzuschließen.

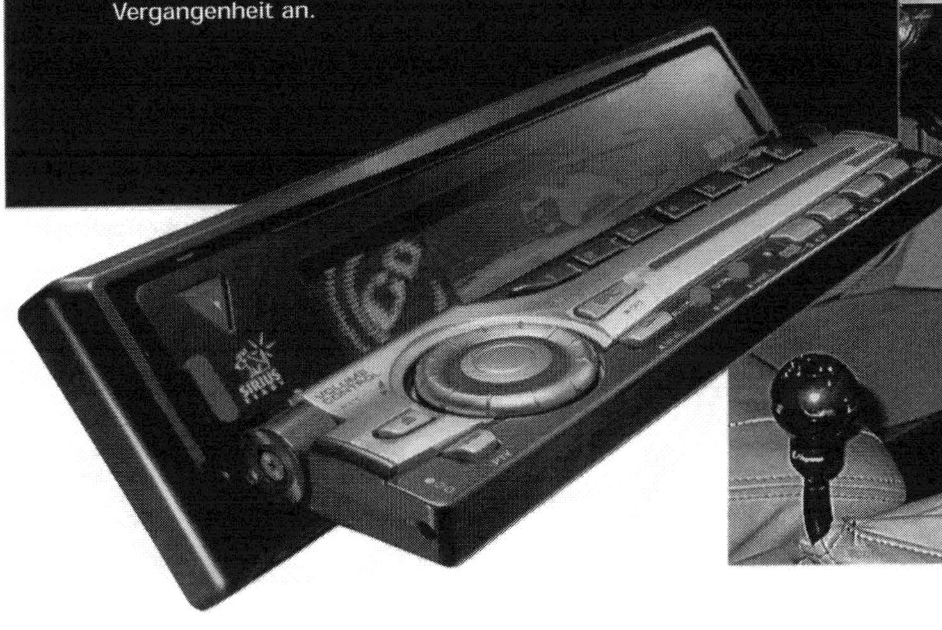

Lautsprecher

Die wichtigsten Bestandteile in Ihrem Soundsystem sind die Lautsprecher. Gut, ohne anständige Booster, die die Impulse an die Lautsprecher weiterleiten, geht es auch nicht; letztendlich aber sind es die Lautsprecher, welche dieses Signal in einen hörbaren Ton umwandeln. Bei der Gelegenheit sollte man sich noch einmal klar machen, dass ein guter Lautsprecher eine möglichst brillante Wiedergabe des Eingangsignals anstrebt – und wenn es ein schlechtes ist, weil der Booster nichts taugt, wird auch der beste Lautsprecher der Welt daran nichts ändern!

Der Lautsprecher ist die einfachste Art, ein bestehendes System zu verbessern oder die letzte Stufe eines teuren Soundsystems.

Deshalb ist es wichtig zu verstehen, was ein Lautsprecher macht und wie er funktioniert. Daher sollten wir zunächst einmal die typischen Bestandteile eines Lautsprechers näher betrachten.

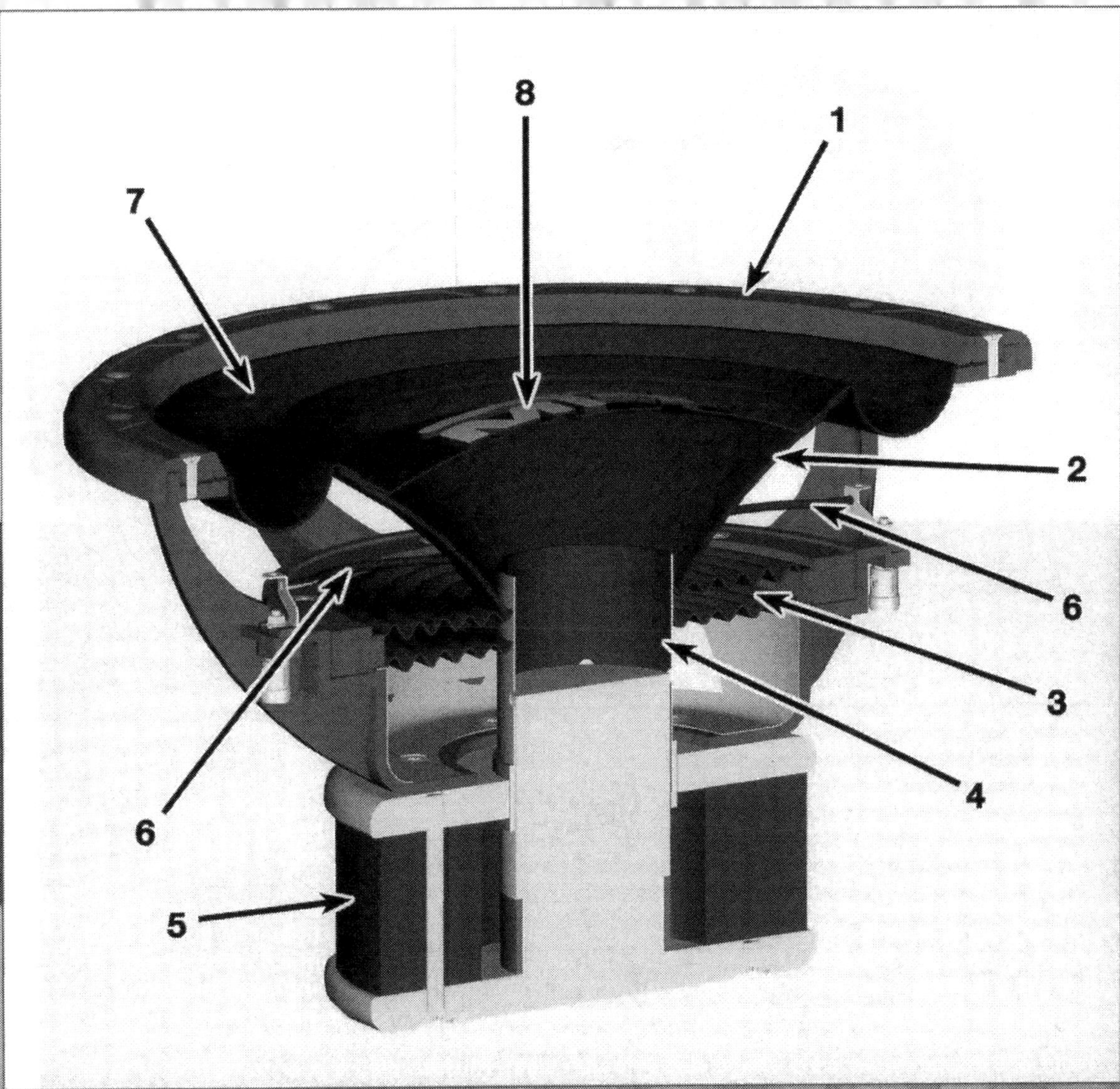

1 Korb oder Chassis

Der Korb stellt die massive Stütze (meist aus Stahl) für die anderen Bauteile dar und hält sie an ihrem Platz.

2 Membran

Die Membran wird meist aus Papier oder Polypropylen gefertigt und ist mit der Schwingspule verbunden. Die Bewegung der Schwingspule lässt die Membran vibrieren, was wiederum die Schallwellen erzeugt.

3 Zentrierspinne

Hergestellt aus einem speziellen Stoff, stellt die flexible runde, gerippte Spinne eine Führung für die Schwingspule dar.

4 Schwingspule

Die Schwingspule besteht meist aus einer Papierrolle und einer darauf gewickelten Spule, die sich ähnlich einem Kolben zwischen dem Kern und dem Magnet bewegt.

5 Magnet

Ganz klar, ohne Magnet kein magnetisches Feld, gegen dieses arbeitet die Schwingspule.

6 Fexible Leitungen

Dünne flexible Leitungen, welche die Verstärkerleistung zur Schwingspule transportieren.

7 Sicke

Flexible Verbindung zwischen Korb und Membran. Sie sorgt dafür, dass die Membran auch in der Bewegung ihre Form behält. Allein die Sicke bestimmt, ob ein Lautsprecher hart oder weich aufgehängt ist.

8 Kalotte

Hat nur eine Schutzfunktion. Sie schützt die Schwingspule vor Dreck und Staub.

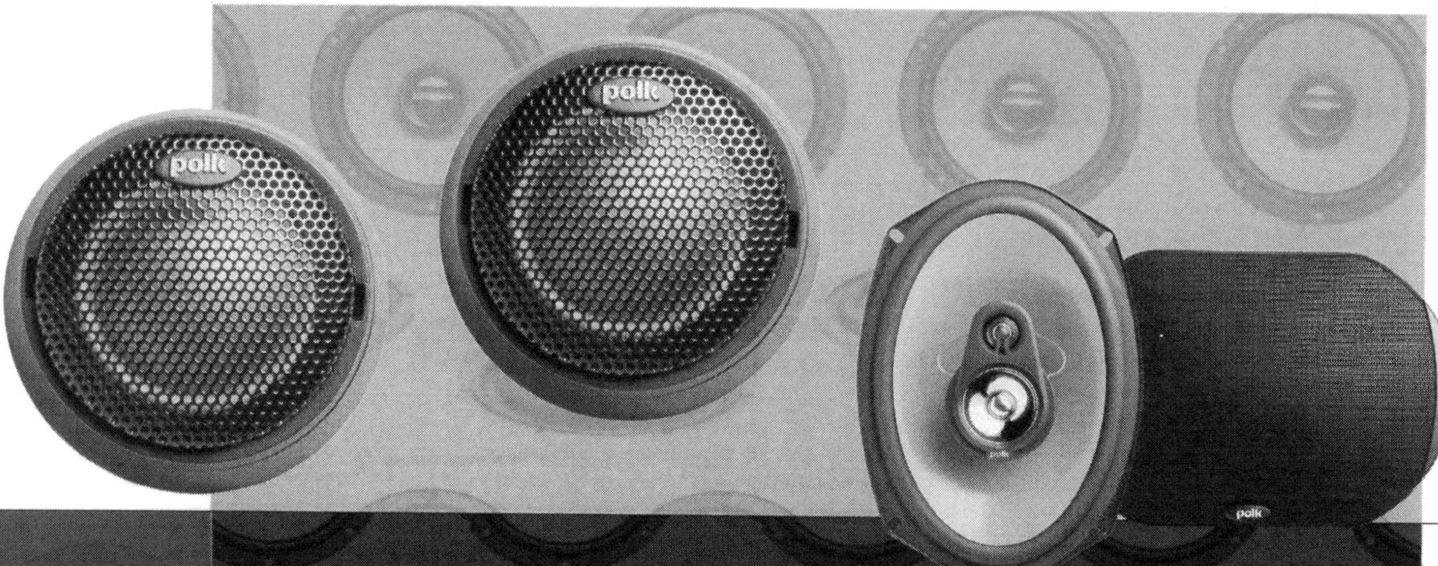

Ein Lautsprecher setzt sich aus verschiedenen „Treibern" zusammen. Treiber für die höchsten Frequenzen sind Hochtöner und im allgemeinen ziemlich klein.
Treiber für die tieferen Frequenzen werden Tieftonlautsprecher genannt und deutlich größer als Hochtöner. Treiber für die Frequenzen dazwischen heißen Mitteltöner. Treiber für die ultratiefen Frequenzen werden Subwoofer oder Subs genannt. Die können ziemlich groß und extrem schwer sein (für weitere Informationen siehe das folgende Kapitel über Subwoofer).
Ein Lautsprecher mit nur einem Treiber wird als ein Einweglautsprecher bezeichnet. Ein Lautsprecher mit zwei Treibern, zum Beispiel einem Mittel- und einem Hochtöner, wird koaxialer oder Zweiwegelautsprecher genannt. Ein triaxialer oder Dreiwegelautsprecher besteht aus einem Tieftöner, einem Mitteltöner und einem Hochtöner.
Der Grund für diese verschiedenen Größen ist einfach; er liegt darin, das vom Booster kommende Signal so akkurat wie möglich in Töne umzusetzen. Ein großer Treiber ist zum Beispiel nicht in der Lage, einen Hochfrequenzton zu erzeugen, weil er dafür einfach nicht schnell genug schwingen kann. Ein Hochtöner ist wegen seiner geringen Schwingungsfähigkeit unfähig, einen Basston zu erzeugen, da er die erforderliche Luftmenge nicht bewegen kann. Nur das Zusammenwirken aller Treiber ermöglicht eine akkurate Wiedergabe des Tons, der vom Booster gesendet wird. Damit dies erfolgen kann, müssen die Frequenzen geteilt und in der Lage sein, den jeweils richtigen Treiber anzusteuern. Dies geschieht mit Hilfe eines speziellen Filters – der Weiche. Dazu später mehr.

Laut-
sprecher
kaufen

Sie wollen besseren Klang für Ihr System und Sie haben sich entschieden, Ihre Lautsprecher zu tauschen. Was nun?

Zuerst müssen Sie entscheiden, ob Sie nur Ihre Serien-Lautsprecher gegen höherwertige tauschen, die dann direkt in die vorhandenen Einbauöffnungen passen, oder ob Sie – mit einigen Umbauten – auf ein Mehrkomponetensystem umsteigen wollen.

Nehmen wir an, Sie wollen Lautsprecher kaufen, die genau in die vorhandenen Einbaupositionen passen. Hier einige Tipps, die Sie sich merken sollten:

- **Größe** - Durchmesser, Tiefe und bei Mehrweg-Lautsprechern die Überhöhung des Hochtöners. Dennoch kann es sein, dass trotz akkurater Messarbeiten die verflixten Dinger nicht in die vorhandenen Einbauöffnungen passen. Viele Händler haben Listen, aus denen Sie ersehen können, welche Lautsprecher für Ihr Fahrzeug passen.
- **RMS-Leistung** - Auch Nennleistung, die bei einem musikähnlichen Signal (rosa Rauschen) ohne Störungen oder Übersteuerung abgegeben werden kann.
- **Impulsleistung** - Spitzenleistung, mit der ein Lautsprecher einen Impuls wiedergeben kann.
- **Wirkungsgrad (oder Empfindlichkeit)** - Dieser Kennwert spiegelt die Fähigkeit des Lautsprechers wieder, einen Ton mit einer bestimmten Eingangsleistung abzugeben. Ein Lautsprecher mit einem höheren Wirkungsgrad, wird bei gleicher Eingangsleistung lauter sein als ein Lautsprecher mit einem niedrigeren. Nehmen Sie Lautsprecher mit einem hohen Wirkungsgrad, wenn Sie eine relativ schwache Vorstufe haben. Bei externem Verstärker oder einem extrem leistungsfähigen Booster sind Lautsprecher mit niedrigem Wirkungsgrad in Ordnung (ihr Einsatz setzt mehr Leistung voraus).
- **Preis** – Es ist wie überall, so auch bei Lautsprechern: Bezahlt wird nach Leistung. In der Regel wird der teuerste Lautsprecher, den Sie sich leisten können, auch am meisten Leistung bringen.

Sie können natürlich auch einen Zweiwege-, Dreiwege- oder Vierwege-Lautsprecher in Betracht ziehen. Diese liefern Ihnen ein breiteres Klangspektrum, trotz der Nutzung vorgegebener Einbauöffnungen. Einige Experten empfehlen Zweiwege-Lautsprecher, da Mehrwegsysteme in den Höhen manchmal zu rau sind. Der einzige Weg, herauszufinden, ob ein Lautsprecher zu Ihrem Geschmack passt, ist das Probehören. Die meisten guten Fachgeschäfte haben hierfür einen Hörraum. In diesem klingt es zwar nicht wie in Ihrem Fahrzeug, aber Sie können sich einen Eindruck von der Klangcharakteristik verschaffen.

Wie ein Lautsprecher arbeitet

Der Systemverstärker (unabhängig davon, ob es sich um ein separates Einzelgerät handelt oder ob er in das Steuergerät eingebaut ist) leitet abwechselnd negative und positive Signalanteile zur Schwingspule. In Reaktion auf diese positiven und negativen Signalanteile bewegt sich die Schwingspule im Bereich des Magneten ähnlich wie ein Kolben vor und zurück. Im Grunde genommen verwandelt sie sich in einen Elektromagneten, der sich innerhalb des Permanentmagneten hin- und herbewegt. Die Umwandlung der Spulenbewegung (Schwingung) in Schall geschieht dadurch, dass die Bewegung auf die Lautsprechermembran übertragen wird. Auf diese Weise entsteht eine Luftbewegung, die dafür sorgt, dass Schallwellen in die Luft ausgestrahlt werden.

Je schneller die Luftbewegungen aufeinander folgen, umso höher die erzeugten Schallfrequenzen. Bei einem Lautsprecher für tiefere Frequenzen, wie zum Beispiel bei einem 50-Hz-Woofer, bewegt sich die Schwingspule 50 mal pro Sekunde vor und zurück, während die Schwingspule eines für höhere Frequenzen bestimmten Lautsprechers – etwa eines 20-kHz-Hochtöners – bis zu 20.000 Bewegungen in der Sekunde ausführt.

Lautsprecheranordnung

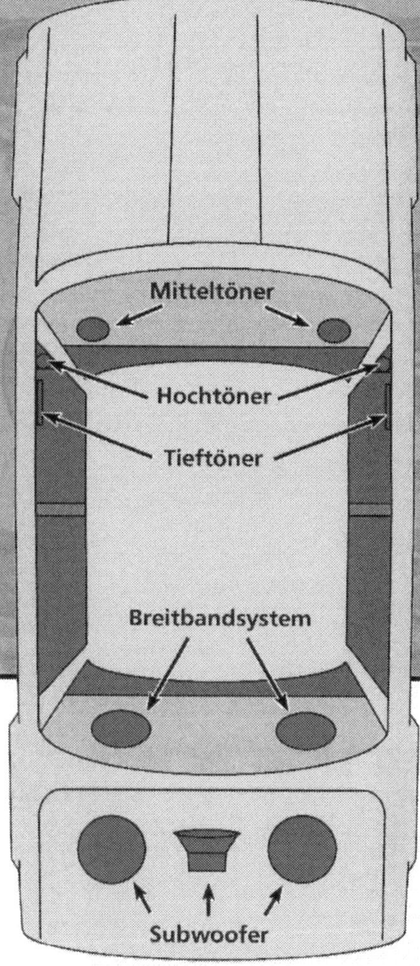

Die Anordnung der Lautsprecher spielt eine wichtige Rolle für die so genannte „Klangbühne" oder für die Frage, von welchem Ort die Musik zu kommen scheint. Bei einem Live-Konzert befinden sich die Musiker – über die ganze Bühne verteilt – frontal vor Ihnen. Wo die höheren Frequenzen herkommen, lässt sich recht leicht lokalisieren. Woher die mittleren Frequenzen abgestrahlt werden (weil diese in der Regel den Löwenanteil ausmachen), ist schon schwerer zu sagen, und von wo die Bässe kommen, ist noch schwerer herauszuhören. Gehen Sie bei Gelegenheit einmal in einem Konzertsaal oder einer Konzerthalle umher und vergleichen Sie die Unterschiede zwischen den Klangfarben: Die Bässe klingen immer ziemlich gleich, egal an welcher Stelle des Raumes Sie sich befinden, aber die mittleren und hohen Töne klingen je nachdem, wo Sie gerade sind, deutlich anders.

Es gibt also gute Gründe, auf diese Analogie zurückzugreifen, wenn es um die Frage geht, an welcher Stelle Ihre auf dem Zubehörmarkt gekauften Lautsprecher installiert werden sollen. Das ist trotzdem leichter gesagt als getan, denn Ihre Platzauswahl ist einigermaßen eingeschränkt - schließlich haben Sie es hier mit einem sehr eng begrenzten Raum und nicht mit einer Bühne zu tun!

- Wenn Sie Ihre werksseitig eingebauten Lautsprecher einfach durch höherwertige Geräte ersetzen, können Sie zwar nicht allzu viel unternehmen, um die Klangbühne zu verändern, aber Sie werden definitiv eine Verbesserung der Klangqualität feststellen. Einen Standard-Mitteltonlautsprecher durch einen Zwei- oder Dreiwegelautsprecher zu ersetzen, der genau in die werksseitig vorhandene Einbauöffnung passt, ist eine exzellente Option und obendrein eine leicht zu bewältigende Aufgabe. Einige dieser Geräte sind mit drehbaren Hochtönern ausgestattet, die gezielt so ausgerichtet werden können, dass sie die Nachteile einer nicht ganz so idealen Einbauposition ausgleichen.

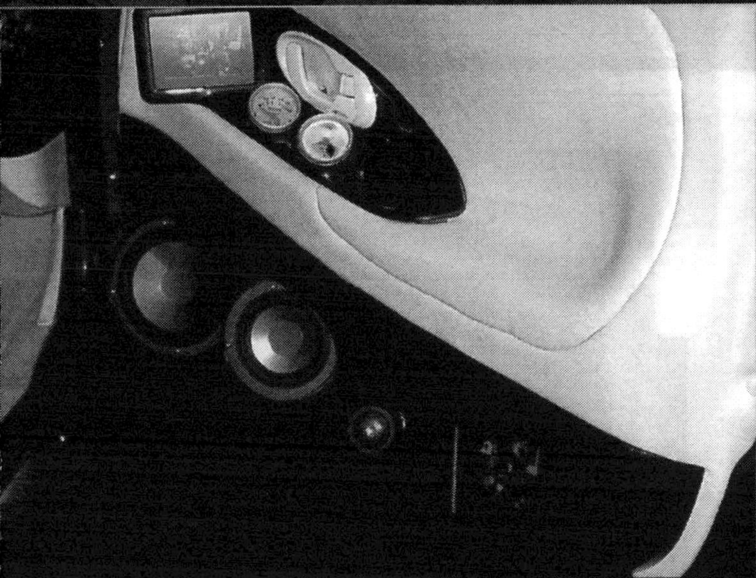

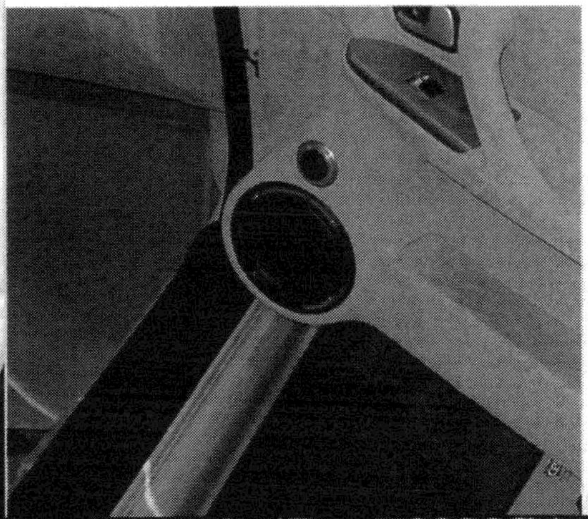

- Wenn Sie sich für die Installation von Komponentenlautsprechern entscheiden (separate Hochtöner, Mitteltöner und Woofer/Subwoofer), möchten Sie die Hochtöner vermutlich vorne und ziemlich weit oben montieren, und zwar so, dass sie auf die Mitte der Vordersitze ausgerichtet sind. Die Mitteltonlautsprecher werden idealerweise ins Armaturenbrett eingebaut und auf die Fahrzeuginsassen auf den Vordersitzen ausgerichtet. Es sind auch speziell geformte Seitenverkleidungen erhältlich, die dafür sorgen, dass die Mitteltöner auf die im Auto sitzenden Personen ausgerichtet sind. Woofer können bedenkenlos weit unten montiert werden, da die Klangquelle von Bassfrequenzen ohnehin schwerer zu lokalisieren ist. Die Subwoofer, die die ultratiefen Frequenzen beisteuern, können nahezu beliebig untergebracht werden, wo immer sie Platz finden.

Eines sollte noch erwähnt werden: Auch ein perfekt konstruiertes Soundsystem muss keineswegs jedem gefallen. So wie die Schönheit bekanntermaßen im Auge des Betrachters liegt, liegt die Klangqualität (und der durch sie vermittelte Genuss) im Ohr des Hörenden.

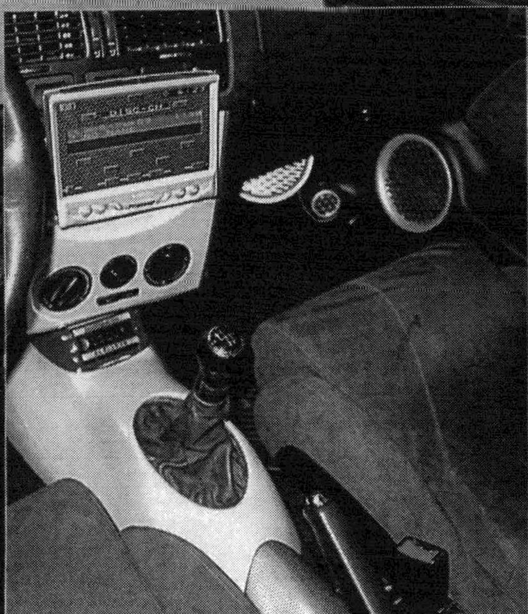

Fußraumverkleidungen als Lautsprechergehäuse

Ein ausgezeichneter Ort für die Lautsprechermontage sind Fußraumverkleidungen, aber die richtige Ausführung erfordert einiges Werken. Vermutlich möchten Sie Ihren Lautsprecher nicht bündig in eine Fußraumverkleidung einbauen (selbst wenn ausreichend Platz vorhanden ist), denn er wäre dann ja direkt auf die Füße des Fahrzeuginsassen gerichtet. Statt Ihre vorhandenen Fußraumverkleidungen auszuschlachten und umzubauen, sollten Sie lieber maßgeschneiderte Ersatzverkleidungen kaufen, die perfekt passen, mit Ihrer Innenausstattung harmonieren und dafür sorgen, dass die Lautsprecher den Schall direkt zu Ihnen richten. Auf diese Weise erhalten Sie mit minimalem Aufwand eine sehr ordentliche Klangbühne.

Lautsprecher-polarität

Beim Einbau von Lautsprechern – egal, ob es sich um einen einbaufertigen Ersatz für die werksseitig eingebauten Lautsprecher oder um den Teil einer maßgeschneiderten Anlage Marke Eigenbau handelt – müssen Sie die Lautsprecherpolarität festlegen, bevor Sie die Lautsprecher verkabeln. Das ist wichtig, weil die vom Lautsprecher empfangenen Signale bewirken, dass sich die Schwingspulen und Membranen nach innen und nach außen bewegen und somit Schall erzeugen. ABER: Ist ein Lautsprecher so verdrahtet und der andere Lautsprecher genau andersherum, wird das Klangspektrum in Teilen neutralisiert oder zumindest stark beeinträchtigt. Deshalb müssen Sie den Plus- und den Minus-Anschluss jedes einzelnen Lautsprechers genau auseinander halten, sofern die Anschlüsse nicht ohnehin gekennzeichnet sind (der Plus-Anschluss ist entweder mit einem + oder einem Farbpunkt markiert).
Schließen Sie an die Pole einer Standard-1,5-Volt-Batterie einen Satz Verbindungskabel an (die Größe der Batterie spielt keine Rolle – Sie können ebenso gut eine D-Zelle wie eine AA-Batterie verwenden). Damit sich die Kabel nicht lösen, können Sie sie anlöten oder festkleben. Berühren Sie jetzt die Kabel, die zu den Lautsprecheranschlüssen führen, und schauen Sie, was mit der Membran (dem Konus) des Lautsprechers passiert. Bewegt sich die Membran nach außen, berührt das vom Pluspol der Batterie kommende Verbindungskabel den Plus-Anschluss des Lautsprechers. Wenn der Lautsprecherkonus nach innen gezogen wird, berührt das vom Pluspol der Batterie kommende Verbindungskabel den Minus-Anschluss des Lautsprechers. Markieren Sie die Lautsprecheranschlüsse entsprechend und vergewissern Sie sich anschließend, dass an dem Plus-Anschluss eines jeden Lautsprechers das Kabel für die positiven Signalanteile angeschlossen ist.

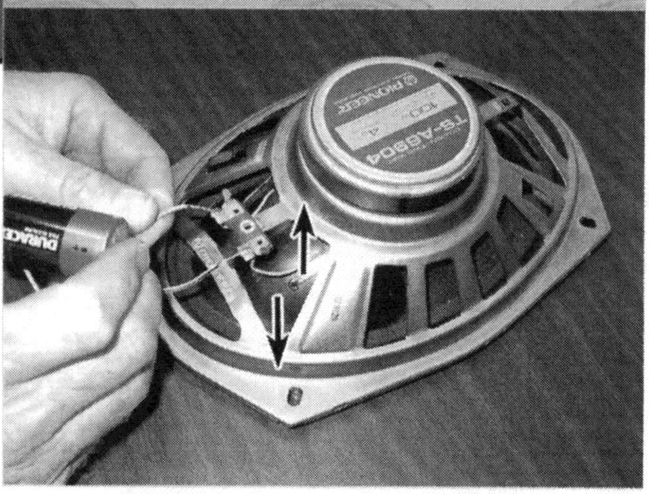

Was Sie vielleicht sonst noch für die Lautsprecher-Installation brauchen

Neben den Lautsprechern sollten Sie sich die folgenden Dinge besorgen, bevor Sie sich zu Hause an die Installationsarbeiten machen:

- **Kabel** – Wenn Sie eine Anlage nach eigenen Plänen installieren und Lautsprecher an anderen als den standardmäßig vorgesehenen Stellen montieren möchten, müssen Sie auf jeden Fall Lautsprecherkabel in ausreichender Menge besorgen. Schließlich soll Ihnen das Kabel ja nicht ausgehen, wenn Sie Ihren Innenraum gerade komplett auseinander genommen haben, denn sie müssten ihn dann wieder zusammenstückeln, nur damit Sie noch einmal zum Elektrohändler fahren können!
- **Verbinder und Lötmittel** – Dies sind sozusagen die Grundnahrungsmittel der Installation. Finden Sie heraus, welche Verbindersorten Sie brauchen und wie viele Sie benötigen, und kaufen Sie dann eine noch etwas größere Menge. Verwenden Sie zum Löten von Verbindungsstellen oder Verbindern ausschließlich Kolophoniumlötdraht.
- **Schrumpfschlauch** – Besorgen Sie sich neben den Verbindern und dem Lötmittel etwas Schrumpfschlauch zum Abdecken Ihrer Lötstellen. Der Schrumpfschlauch sorgt für eine viel sauberere Installation als Elektrikerklebeband und ist obendrein sicherer und langlebiger.
- **Verbindungskabelsatz** – Prüfen Sie, ob spezielle Verbindungskabelsätze erhältlich sind, mit denen Sie Ihre neuen Lautsprecher direkt an den Kabelbaum Ihres Autos anschließen können. Dadurch wird die ohnehin schon leichte Übung noch leichter und geht noch schneller von der Hand, und außerdem können Sie dann Ihre originalen Stromverbinder behalten für den Fall, dass Sie das Auto eines Tages verkaufen und die alten Lautsprecher dann wieder einbauen möchten.

Frequenzweichen

Frequenzweichen trennen die verschiedenen Frequenzbänder und leiten sie zu den jeweils entsprechenden Treibern. Ohne irgendeine Art von Frequenzweiche lassen sich diese Schallbereiche nicht voneinander trennen - mit der Folge, dass die Audioanlage „platt" bzw. verzerrt klingt. Darum sind Frequenzweichen fest ins System integriert, damit sie die hohen Frequenzen zu den Hochtönern, die mittleren Frequenzen zu den Mitteltönern, die tiefen Frequenzen zu den Tieftönern und die ultratiefen Frequenzen zum Subwoofer bzw. den Subwoofern leiten, sofern vorhanden. Manche Frequenzweichen sind regelbar und können so eingestellt werden, dass sie die Frequenzbereiche an bestimmten Frequenzen trennen und auf diese Weise alle Frequenzen eliminieren, für die der Lautsprecher keine Verwendung hat (oder die dazu führen würden, dass der Lautsprecher ineffizient arbeitet). Andere Frequenzweichen sind nicht regelbar, und wieder andere sind direkt in eine Komponente (etwa in einen Dreiwegelautsprecher) eingebaut.

Es gibt zwei Arten von Frequenzweichen: aktive und passive. Aktive Frequenzweichen werden vor dem Verstärker in die Signalkette eingebaut und brauchen, damit sie ihre Arbeit tun können, einen separaten DC-Eingang. In manche Verstärker sind aktive Frequenzweichen integriert.

Passive Frequenzweichen werden zwischen Verstärker und Lautsprechern in die Signalkette eingebaut. Sie funktionieren ohne Gleichstrom. Und da sie direkt vor den Lautsprechern angeschlossen sind, können mehrere Lautsprecher von nur einem Verstärker einwandfrei bedient werden.

01 Der erste Arbeitsschritt mit unserer neuen, vorgefertigten Ablage ist das Anzeichnen der Lautsprecherpositionen. Eine leichte Aufgabe.

Lautsprecher-installationen

Sie können natürlich immer versuchen, Ihre rückwärtigen Seitenverkleidungen zwecks Lautsprechereinbau zu zersägen, aber das bedeutet, dass Sie die Lautsprecher bei einem etwaigen Weiterverkauf des Autos drinnen lassen müssen. Da Lautsprecher am besten funktionieren, wenn sie starr montiert sind, ist der Ablageeinbau die einfachste und beste Lösung. Wenn Sie Ihre serienmäßige Ablage (die immer ein zartes Gebilde ist) nicht verhunzen möchten, machen Sie sich entweder nach dem Vorbild Ihrer serienmäßigen Ablage eine neue Ablage aus einer mitteldichten Holzfaserplatte (MDF) oder Sie kaufen eine vorgefertigte Lautsprecherablage. So oder so sollte es oberstes Gebot sein, Ihre neuen Lautsprecher so versteckt wie möglich unterzubringen – denn wenn durch Ihre Heckscheibe wie in einem Schaufenster appetitliche Lautsprecher zu sehen sind, kann das heißen, dass sie früher oder später sowohl die Heckscheibe als auch die Lautsprecher vergeblich suchen werden…

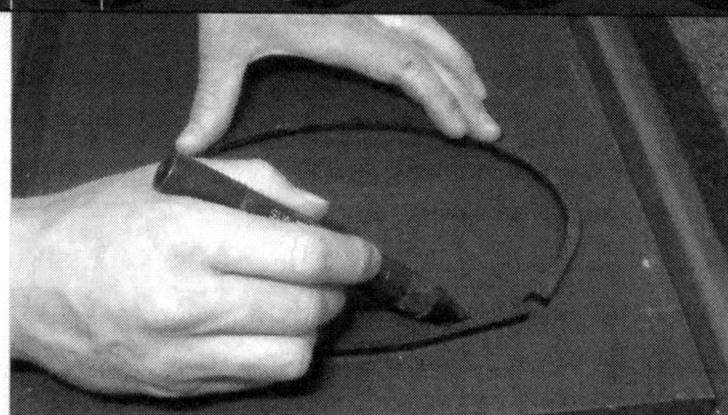

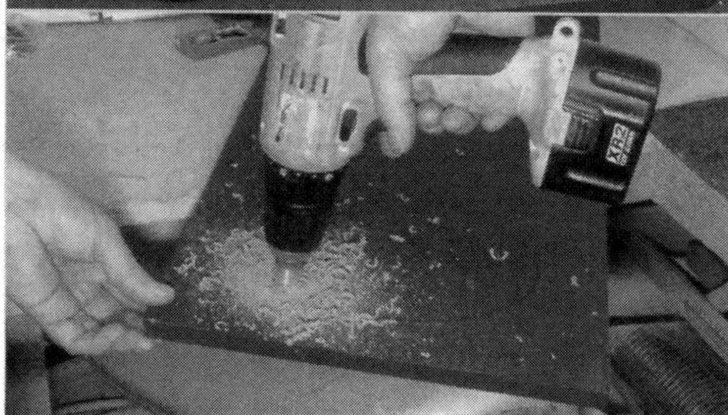

02 Nachdem Sie die Umrisse des Lautsprechers angezeichnet haben, entfernen Sie das Holz vom Rest der Ablage, bohren irgendwo in die Ablage ein hübsches großes Loch…

Achtung!
MDF-Staub ist gesundheitsgefährdend. Zur Bearbeitung stets geeignete Schutzmaske tragen.

03 … und lassen dann die Stichsäge sprechen.

04 Verwenden Sie beim Bohren der Montagelöcher die Lautsprecherchassis (oder auch die Lautsprecher selbst) als „Schablonen“…

05 … und schrauben Sie dann die Lautsprecher an. Denken Sie daran, dass man 6-x-9-Lautsprecher vom Steuergerät aus steuern kann, um ein bisschen „Rear Fill“ zu bekommen – wenn Sie sie hoch verstärken, stellen Sie womöglich fest, dass der Sound im Innenraum Ihres Autos zu hecklastig ausfällt.

06 Vorgefertigte Ablagen haben unter anderem den Vorteil, dass Zapfen gleich mitgeliefert werden und auch vorgebohrte Löcher zur Aufnahme dieser Zapfen vorhanden sind. Ein paar sachte Hammerschläge, und schon ist die Ablage einbaufertig. Wenn Sie zusätzlich noch eine Subwoofer-Box im Kofferraum unterbringen, ist es sicher keine schlechte Idee, die Box und die Ablage hineinzupacken, um zu kontrollieren, ob die Lautsprechermagnete über der Box genügend Platz haben.

07 Denken Sie daran, dass zu jedem Lautsprecher (möglichst) gleich lange Kabel führen sollten, weil die Lautsprecher sonst leicht phasenverschoben abstrahlen. Klemmen Sie die richtigen Anschlüsse zusammen und schließen Sie Ihre Lautsprecher an.

08 Verwenden Sie im Interesse einer ansprechenden Optik rings um die Kante der Ablage P-Klemmen. Wenn Sie Wert darauf legen, dass Sie die Ablage später ohne großen Aufwand herausnehmen können, brauchen Sie einen Stecker und eine dazugehörige Buchse, mit denen sie die Kabelverbindung schnell und mühelos trennen können. Schließen Sie entsprechend der mit dem Stecker mitgelieferten Anleitung Ihre Plus- und Minus-Lautsprecherkabel an und montieren Sie den Stecker. Normalsterbliche setzen seitlich in die Ablage einfach Rundstecker ein – das funktioniert genauso gut (aber sieht weniger grandios aus).

Austausch Hecklautsprecher

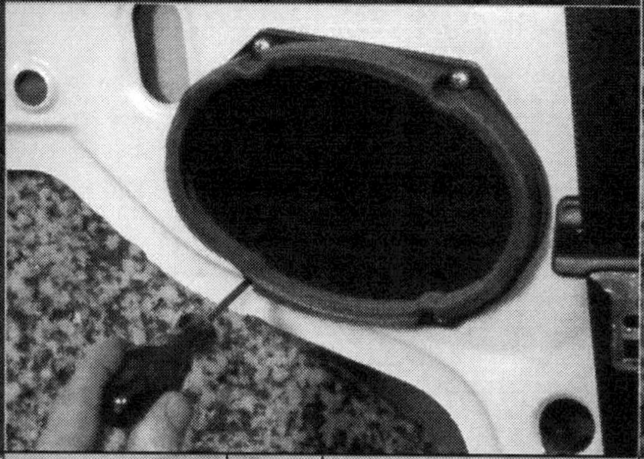

01 Haken Sie die hinteren Seitenverkleidungen aus und entfernen Sie sie, damit Sie an den Lautsprecher gelangen, und lösen Sie dann die vier Lautsprecherschrauben...

02 ... ziehen Sie den Anschlussstecker heraus, und schon ist das alte Gerät Schnee von gestern. Entsorgen sollten Sie es trotzdem nicht, so lange Sie sich nicht sicher sind, ob Sie das Auto nicht doch mit intaktem In-Car-Entertainment-System verkaufen möchten.

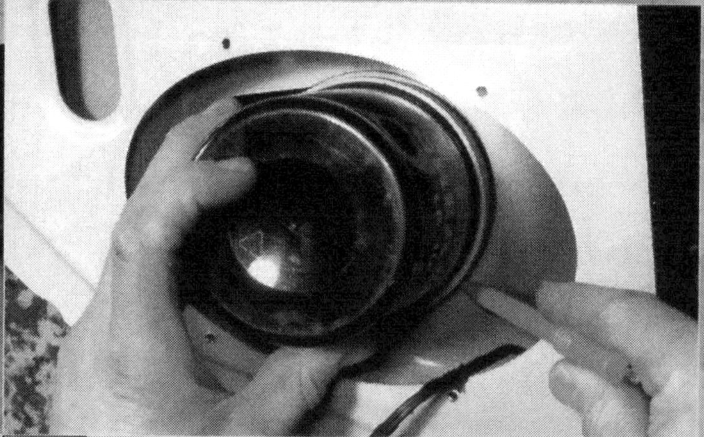

03 Jetzt ist es Zeit für den ersten Einbautest für unsere neuen 6-x-9er. An den Vordertüren hatten wir Glück – da passten Sie auf Anhieb...

04 ... Diesmal haben wir weniger Glück – der Magnet geht nicht tief genug hinein. Nach Zweckentfremdung unserer Schmieröldose (oder irgendeines anderen runden Gegenstandes, mit dem man den Umriss anzeichnen kann)...

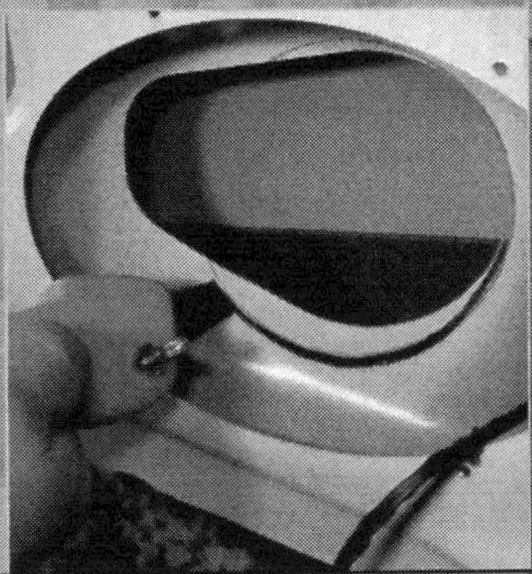

05 ... greifen wir zur Eisensäge.

06 Noch ein bisschen zurechtschneiden (mit Hilfe der praktischen mitgelieferten Papierschablone), und die Lautsprecher fügen sich allerliebst in ihre Einbauöffnung. Als Nächstes brauchen wir ein paar Montagelöcher...

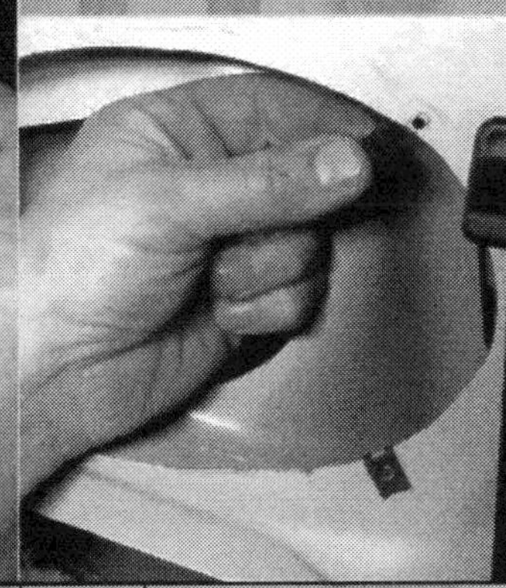

07 ... und sobald die Löcher gebohrt sind, stecken Sie jeweils ein Speed-Clip auf, denn auf diese Weise greifen die selbst schneidenden Schrauben gleich beim ersten Versuch.

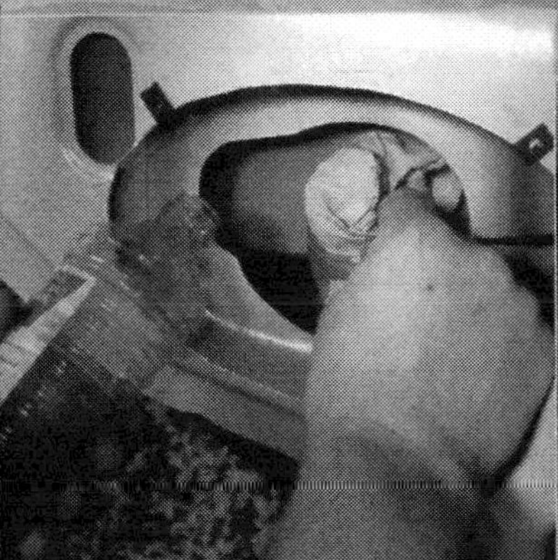

08 Genau wie an den Vordertüren lohnt sich auch hinten eine Schalldämpfung. Ein rasches Reinemachen mit dem wohlriechenden Brennspiritus...

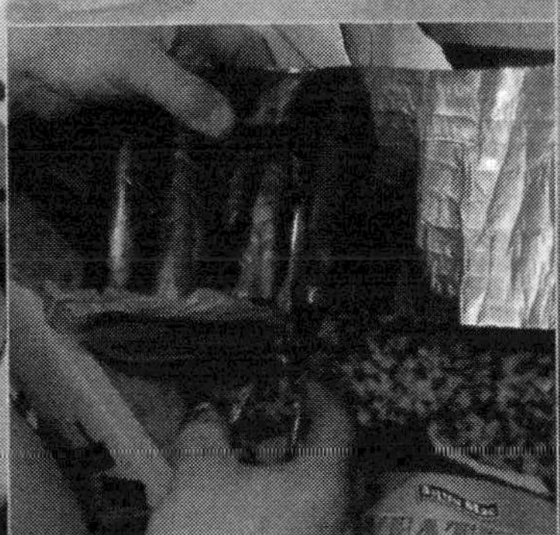

09 ... und noch ein bisschen mehr Dichtungsklebeband hinein. Da das Zeug so preiswert ist, können Sie es zur Schalldämpfung ruhig in mehreren Schichten verwenden.

10 Führen Sie das neue Lautsprecherkabel mit den dazugehörigen Anschlüssen ein und schließen Sie die neuen Lautsprecher an, um sie anschließend festzuschrauben. Ein weiterer Schritt in Richtung Sound-Paradies ist getan.

Angepasster Hecklautsprecher

Wir wollen nicht unsere alten seitlichen Verkleidungsbleche behalten, sondern haben uns aus legiertem Blech eigene gemacht. Da wir nicht vorhaben, einen Lautsprecher an einem dünnen Legierungsblech zu

01 montieren, sägen zwei dicke Stahlleisten zurecht, installieren wir unsere Lautsprecherplatte daran und schweißen die Leisten an den hinteren Kotflügel und die Türsäule an. Ganz schön heavy.

02 Ein paar Streifen Schalldämmung, und unsere Schwingungssorgen sind wir los.

03 Die 6-x-9er, die wir uns ausgesucht haben, werden vom Headset aus gesteuert (angesichts einer Nennleistung von 400 W eine ziemliche Verschwendung), damit nicht alles so kompliziert wird. Bringen Sie die Anschlüsse an sauerstofffreien Lautsprecherkabeln an und verdrahten Sie alles.

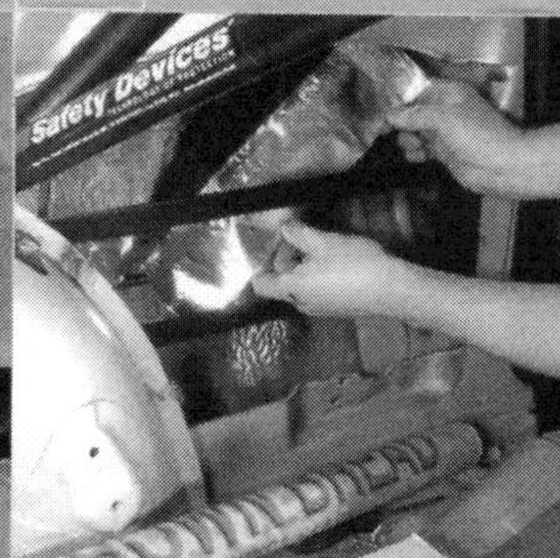

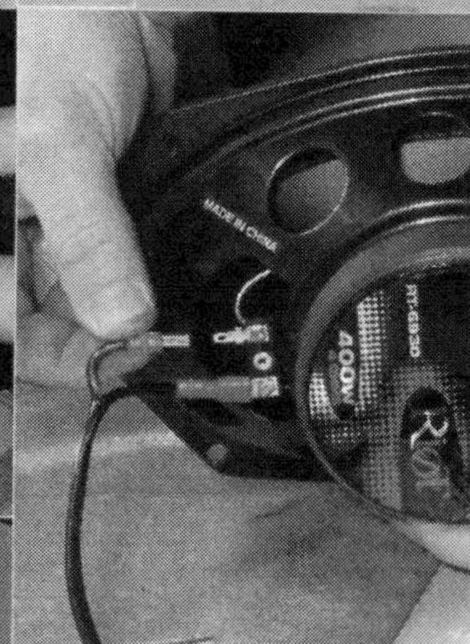

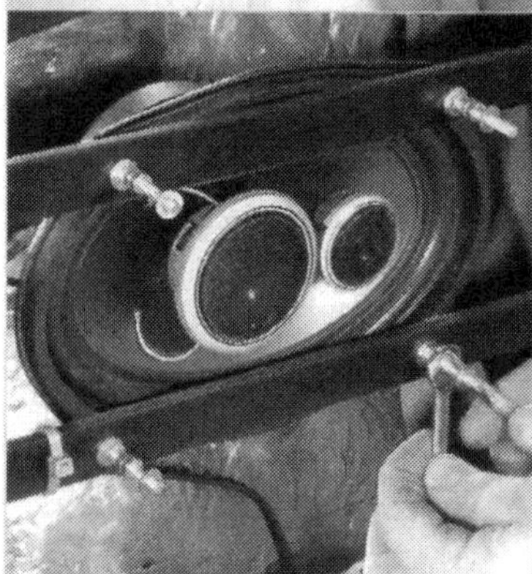

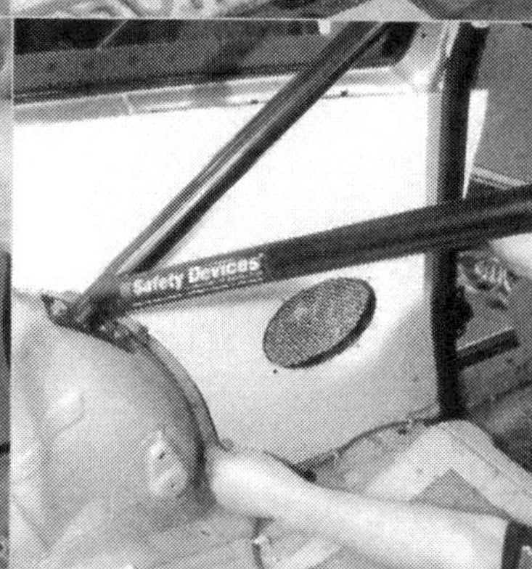

04 Wir haben unsere Lautsprecher fest an den zuvor montierten Metallleisten angebracht und dabei Schrauben verwendet, die länger sind als nötig. Warum? Das werden Sie gleich sehen.

05 Lautsprecher-Abdeckgitter? Wer braucht denn so was? Ein Standard-Gerät sicher nicht. Dies ist ein Stück Drahtgitter (wie es normalerweise in Stoßstangen zum Einsatz kommt), das wir einer sinnvollen Verwendung zuführen. Schneiden Sie es in die gewünschte Form und stellen Sie Löcher für die vier überlangen Schrauben her, die wir zuvor eingesetzt haben…

06 … und lassen Sie unser neues seitliches Verkleidungsblech an seinen Platz gleiten, der zuvor liebevoll abgekantet wurde (und nach wie vor mit seiner Kunststoff-Schutzbeschichtung versehen ist, die wir erst später abnehmen). Falls Sie es genau wissen wollen: Ja, bevor wir das neue Seitenblech im hinteren Innenraum eingebaut haben, haben wir es mit einer Schalldämmung versehen.

07 Später noch vier sorgfältig gebohrte Löcher ins neue Verkleidungsblech, und schon sind unsere neuen Lautsprecher fest am Auto und am Blech installiert. Und Vibrationen dürften ausbleiben (zumal bei den nur 50W Headset-Leistung pro Kanal). Ganz schön üppig, der Klang der 6-x-9er – und das Gleiche gilt für ihre Optik.

Die Serienausstattung der meisten Autos ist der beste Beweis für das Bestreben der Fahrzeughersteller, preisbewusste Autos zu bauen – also möglichst wenig Geld auszugeben. Wie viel Geld investiert ein Autohersteller in die Lautsprecher eines ganz normalen Autos? Mehr als einen Zehner darf's auf keinen Fall kosten. Schlappe Leistung und scheußliche Papiermembranen, die sich nach ein paar Jahren in Wohlgefallen auflösen – da wird noch der simpelste Nachrüstlautsprecher zum Upgrade. Aber darum geht es uns gar nicht – wir wollen Ihnen lieber zeigen, wie Sie ein paar leckere Komponenten einbauen können.

Boss – den Namen kennt jeder, der beim Lautsprecherkauf einmal im budgetbewussten Segment des Marktes unterwegs war. Aber täuschen Sie sich nicht - Boss stellt mehrere Produktlinien her. Diese sehr schneidig aussehenden Exemplare hier gehören offensichtlich zur gehobenen Preisklasse – da wollen wir doch einmal sehen, ob die Klangqualität mit der Optik mithalten kann...

Frontlautsprecher

Nachdem Sie die Türverkleidung entfernt und den alten Lautsprecher ausgebaut (und den Flammen übergeben) haben, ist es an der Zeit, sich über Vibrationsfragen Gedanken zu machen. Wenn Sie nicht möchten, dass Ihre Türverkleidung vor lauter Schalldruck summt und sirrt, werden Sie wohl in ein bisschen Schalldämpfung investieren müssen. Der Marktführer ist bekanntermaßen Dynamat, hat aber seinen Preis. Was gibt es sonst noch? Brown Broad. Klingt leblos. Reinigen Sie die Türverkleidung mit etwas ordentlichem Lösungsmittel,...

01

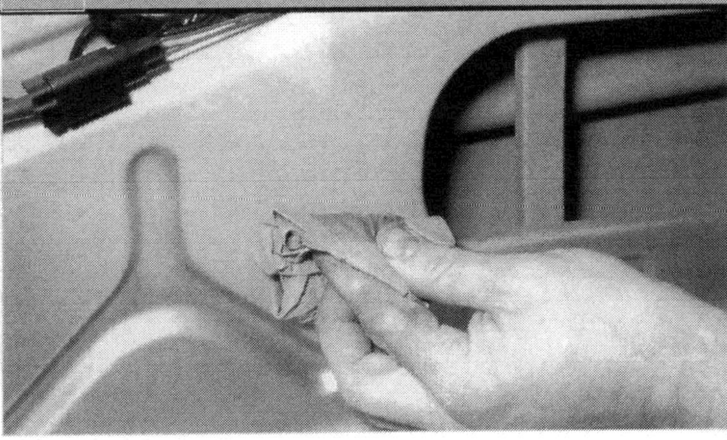

... dann schneiden und anbringen. Bei Ihrer Suche nach dem perfekten Klangbild sollten Sie es nicht übertreiben, denn sonst stellen Sie womöglich hinterher fest, dass Sie ein paar hilfreiche Türfunktionen zugedeckt haben – wie zum Beispiel Löcher für wichtige Schrauben oder die Clips für die Türverkleidung. Beschneiden Sie die Verkleidung ringsum mit einem scharfen Messer, um Ihre Löcher usw. wieder frei zu bekommen.

02

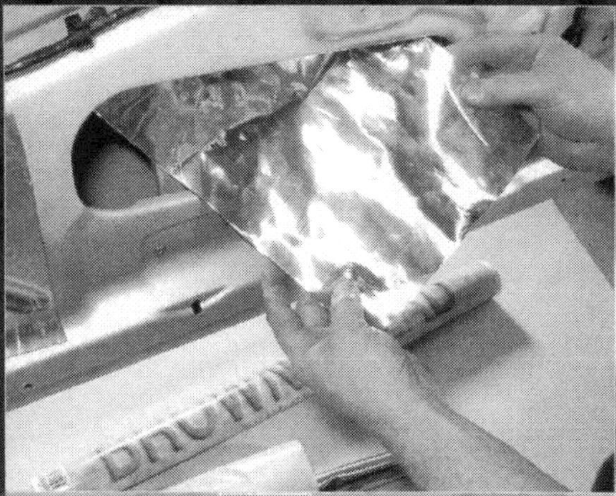

03 Echte Profis versehen auch die äußere Türverkleidung mit einer Schalldämpfung – am besten planen Sie für jede Tür mindestens je eine Lage davon ein, wenn nicht sogar mehr.

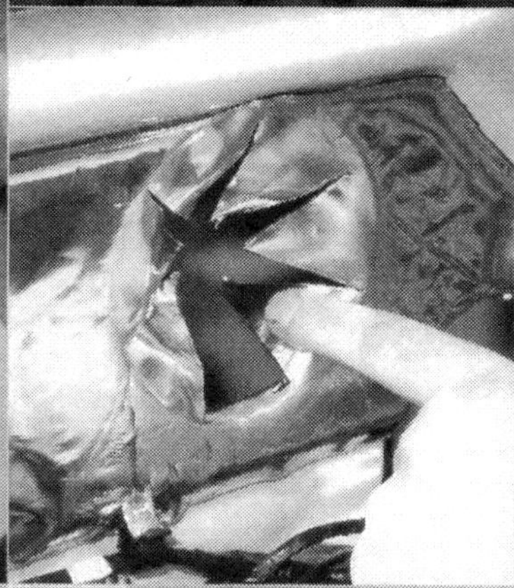

04 Gedämmt werden müssen vor allem die großen „durchhängenden" und vibrationsanfälligen Bereiche der Tür, aber auch rund um die Lautsprecheröffnungen herum wäre etwas Schalldämmung hilfreich. Die Öffnung für den Lautsprecher können Sie entweder in einem Stück ausschneiden oder wie eine Pizza quer einschneiden und anschließend nach innen klappen. Dazu zwei Hinweise – das Teil sollte zur Bearbeitung warm sein (an kalten Tagen mit einer Heißluftpistole anwärmen), und passen Sie gut auf Ihre Finger auf (die Metallfolie ist scharfkantig!).

05 Wenn Sie Hochleistungs-Frontlautsprecher einbauen möchten, kommt eine Weiterverwendung der serienmäßigen Lautsprecherkabel nicht in Frage. Da es allerdings keine leichte Aufgabe ist, sauerstofffreie Kabel in die Türen einzupfriemeln, haben wir Verständnis, wenn Sie sich diese Strapaze ersparen. Zum Schluss sollte es so aussehen wie auf dem Bild – unsere Lautsprecherkabel sind mit Bindern am Türkabelbaum befestigt und werden somit weder durchgebogen noch eingeklemmt.

Dann können dieses und alle anderen Löcher mit der Stichsäge eingesägt werden. Da sich unsere Hochtöner ein bisschen gesträubt haben, haben wir das Loch an der Tür dahinter markiert...

09

... und mit einer Serie von Bohrlöchern vorperforiert, um es anschließend in seiner endgültigen Form auszuschneiden.

10

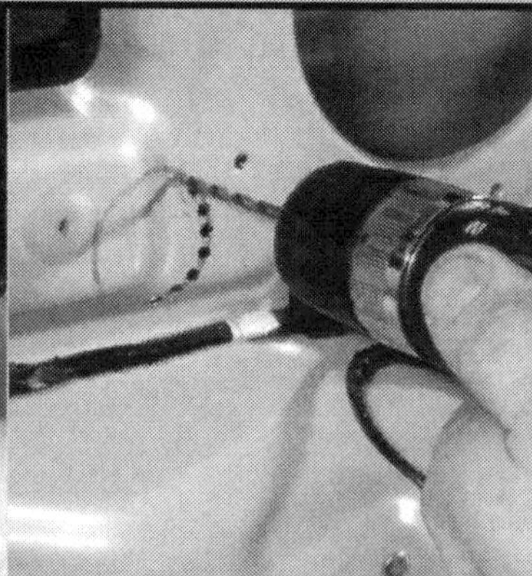

Jetzt können die mittleren Lautsprecher gebohrt und angeschraubt werden,...

11

06 In die A-Säule lassen sich Bohrlöcher für die Verkabelung der Türlautsprecher viel leichter bohren, wenn diese nervtötenden Türen nicht im Weg sind – und ein Ausbauen der Türen ist nicht schwer. Bohren Sie ein ähnliches Loch in die noch ausgebaute Tür, unterhalb der Einsteckoffnung für den Türkabelbaum.

07 Führen Sie die Lautsprecherkabel in das soeben gebohrte Loch ein und verwenden Sie an den scharfen Kanten eine Schutzmanschette. Wenn Sie die Schutzmanschette weglassen, wird im günstigsten Falle Ihre Musik irgendwann plötzlich verstummen. Im ungünstigsten Fall können Sie einen ganzen Kanal Ihrer Anlage vergessen.

08 Nun werden die Komponenten an die Türen montiert. Unsere selbstgebauten Blechverkleidungen sind natürlich ein bisschen ungewöhnlich, aber der Grundgedanke ist immer der gleiche. Markieren Sie mit Hilfe der Montageplatte oder der mitgelieferten Schablone Ihr Loch und achten Sie darauf, dass das Loch auf jeden Fall auf der gleichen Höhe liegt wie das Loch dahinter in der Tür selbst.

... während die Hochtöner ihre eigene intelligente Montagehalterung mitbringen, die von hinten angeschraubt wird.

12

Die meisten Komponenten haben eine jeweils eigene Frequenzweiche – unsere Frequenzweichen sehen aus wie Originalteile aus dem Raumschiff Enterprise, so dass wir sie nicht einfach unter dem Armaturenbrett den Blicken entziehen konnten. Für die Lautsprecherkabel noch ein Loch in unsere Türverkleidung gebohrt (und mit einer Schutzmanschette versehen), und das Verkabeln kann beginnen. Welcher Lautsprecher wo angeschlossen wird und wo die Verstärkerzuleitung hinein muss, verrät Ihnen die Installationsanleitung Ihrer Anlage.

13

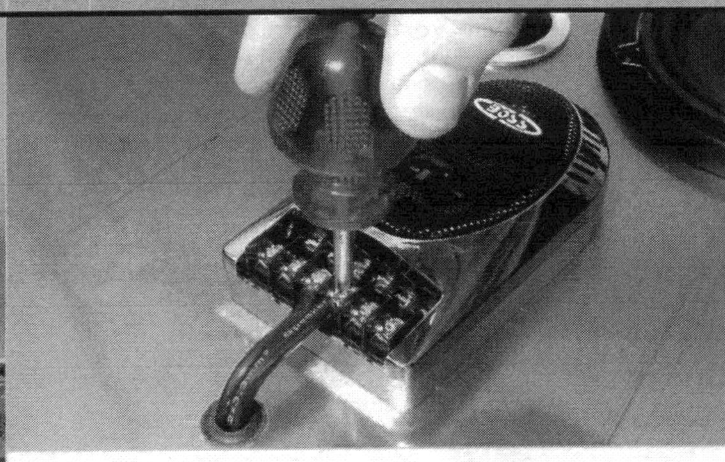

Die meisten Hochtöner sind vorverkabelt, aber für die Mitteltöner brauchen Sie Kabel-klemmen. Vergewissern Sie sich, dass Ihre Lautsprecheranschlüsse fest und sicher sind – und außerdem lohnt es sich, sie mit Klebeband zu umwickeln für den Fall, dass sie nach dem Wieder-anbringen der Verkleidung mit Metallteilen im Türinneren in Berührung sind.

14

FAQ Lautsprecher

von Polk Audio

Kann meine Auto-Stereoanlage tatsächlich meinen Ohren schaden?

Absolut. Wenn man über längere Zeit Schalldruckpegeln von ungefähr 85 dB ausgesetzt ist, kommt es zu bleibenden Hörschäden. Bei professionellen Car-Audio-Wettbewerben ist das Tragen von Gehörschutz – zumal bei höheren Lautstärken - Pflicht. Welchen Dezibelpegel Ihre Auto-Stereoanlage liefert, können Sie mit einem Schalldruckpegelmesser ermitteln.

Wenn Sie nach dem Hören Ihrer Auto-Stereoanlage orientierungslos sind, Ihr Gehör irgendwie gedämpft ist oder es Ihnen in den Ohren klingelt, drehen Sie die Lautstärke herunter! Wenn Sie Ihre Beifahrerin oder Ihren Beifahrer anschreien müssen, ohne dass Sie ihr oder ihm böse sind, ist Ihre Anlage aller Wahrscheinlichkeit nach zu laut. Drehen Sie die Lautstärke im Interesse Ihres Gehörs herunter.

Warum ist mein Lautsprecher hinüber?

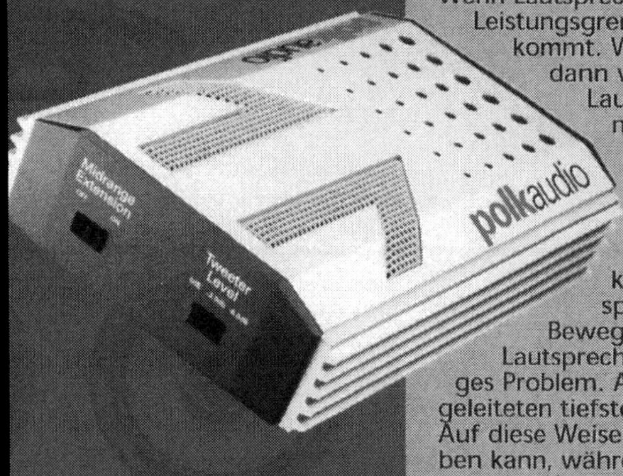

Wenn Lautsprecher ihren Dienst versagen, liegt das meist daran, dass ein Verstärker über seine Leistungsgrenzen hinaus gefordert wird und es dadurch zu übermäßigen Verzerrungen kommt. Wird ein Verstärker über die Grenzen seines Einsatzbereiches hinaus belastet, dann verzerrt oder „clippt" er das Audiosignal und leitet dieses geclippte Signal zum Lautsprecher. Dadurch wird die Schwingspule sowohl mechanisch als auch thermisch strapaziert. In schlichten Worten: Die Schwingspule kriegt mächtig Dresche, wird zu heiß und geht kaputt. Auch wenn es dem „gesunden Menschenverstand" nicht einleuchtet – einen Lautsprecher ruiniert man eher durch zu wenig als durch zu viel Leistung. Wenn Sie Musik gerne laut hören, besorgen Sie sich einen größeren Verstärker.

Der zweite wichtige Grund für Lautsprecherausfälle: Es wird versucht, einem kleinen Lautsprecher zu viel Bass in hoher Lautstärke zu entlocken. Früher oder später stößt der Lautsprecher an die Grenze seines physischen Bewegungsspielraums. Die Schwingspule schlägt um sich, wird verbogen, und der Lautsprecher ist hin. Bei kleineren Full-Range- und Koaxiallautsprechern ist das ein gängiges Problem. Ausfälle dieser Art lassen sich leicht vermeiden – indem Sie die zum Treiber geleiteten tiefsten Bassfrequenzen mit einem Inlinekondensator oder „Bassblocker" begrenzen. Auf diese Weise filtern Sie nur die Bassfrequenzen heraus, die der Lautsprecher nicht wiedergeben kann, während Ihnen andererseits – zumal wenn Sie einen Subwoofer verwenden – nichts entgeht. Um herauszufinden, welcher Wert für Ihre Lautsprecher der richtige ist, fragen Sie jeden beliebigen Car-Audio-Installateur.

Welche Leistung verträgt sich optimal mit meinen Lautsprechern?

Wenn Sie die vorige FAQ gelesen haben, wissen Sie ja schon, dass Sie mit zu viel Leistung besser bedient sind als mit zu wenig Leistung. Aber wie so oft im Leben wirkt sich des Guten zu viel auch hier nachteilig aus: Lautsprecher können auch leistungsmäßig überlastet werden.

Mit jedem Lautsprecher werden seine Leistungsdaten mitgeliefert; anhand dieser Daten sollten Sie bestimmen, wie viel Leistung Sie brauchen. Es gibt zwei Arten von Leistungsangaben: Dauerleistung (RMS) und Spitzenleistung bzw. Maximalleistung. Die Dauerleistung gibt die Leistung bei einem Prüfton bei konstanter Lautstärke an. Die Spitzenleistung verrät, wie viel Leistung der Lautsprecher innerhalb sehr enger Zeitgrenzen verträgt, deren Dauer meist im Millisekundenbereich liegt. Da Musik ihrem Wesen nach flüchtig und wandelbar ist (die Lautstärke geht häufig auf und ab), zieht man zur Berechnung der Verstärkergröße für ein bestimmtes Lautsprecherpaar am besten die Spitzen- oder Maximalleistung heran. Sind als Spitzenleistung für einen

Lautsprecher zum Beispiel 100 Watt angegeben, besorgen Sie sich einen Verstärker mit 100 Watt pro Kanal, um aus diesem Speaker die größtmögliche Lautstärke herauszuholen. Wenn Sie von Ihrem Lautsprecher nur die Dauerleistung wissen, halten Sie sich an die ¾-Regel: Teilen Sie die Dauerleistung durch 0,75, um die maximale Verstärkergröße zu berechnen. Ein Lautsprecher mit einer Dauerleistung von 50 Watt kann zum Beispiel gefahrlos mit einem Verstärker mit 70 Watt pro Kanal kombiniert werden ($50 \div 0,75 = 66,7$, aufgerundet auf 70 Watt).

Woran erkenne ich, ob meine Lautsprecher phasengleich oder phasenverschoben sind?

Wenn Ihre Lautsprecher phasenverschoben sind, erkennen Sie das daran, dass die Klangwiedergabe ungenau und die Bassleistung vermindert ist. Um sicherzustellen, dass Ihre Lautsprecher phasengleich verdrahtet sind, müssen Sie sich vergewissern, dass die Plus- und Minuskabel sowohl an Ihren Lautsprechern als auch an Ihrem Receiver oder Verstärker auf die gleiche Weise angeschlossen sind. Rot muss auf jeden Fall mit Rot, Schwarz unbedingt mit Schwarz verbunden sein usw. Überprüfen Sie die richtige Phaseneinstellung mit Hilfe einer 1,5-Volt-Batterie. Trennen Sie das Lautsprecherkabel vom Verstärker. Bringen Sie das Kabel, das Sie für das Minuskabel halten, mit der Minusklemme der Batterie in Berührung. Und bringen Sie das Pluskabel mit der Plusklemme der Batterie in Berührung. Wenn Ihre Lautsprecher phasengleich verdrahtet sind, bewegt sich die Lautsprechermembran nach „außen" und bleibt anschließend auch außen. Sind die Lautsprecher dagegen phasenverschoben, bewegt sich die Treibermembran nach „innen" und bleibt innen. (Bei Hochtönern hilft Ihnen das nicht weiter, sondern nur bei Mitteltonlautsprechern und Woofern. Gehen Sie deswegen beim Verdrahten von Hochtönern ganz sorgfältig vor. Machen Sie es gleich beim ersten Versuch richtig.)

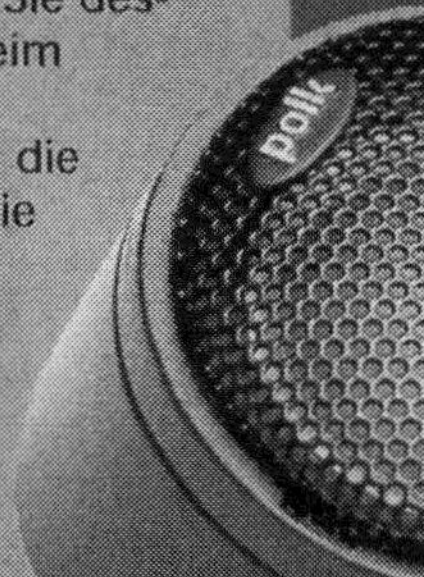

Car-Audio mit absolut korrekter Phaseneinstellung ist ein Ding der Unmöglichkeit, da die Lautsprecher nur in den seltensten Fällen in die gleiche Richtung ausgerichtet sind. Die Hauptleidtragenden eines jeden Phasenunterschiedes sind die Bässe. Liefert Ihre Anlage überhaupt keine Bässe? Versuchen Sie, die Phaseneinstellung Ihrer Subwoofer-Anlage zu verändern. In 90 % der Fälle ist dies der Schlüssel zu vermehrter Bassleistung!

Wie kann ich mit meinen Fadern und Balance-Einstellungen den Sound meiner Anlage verbessern?

Um eine optimale Klangbühne einzurichten und die bestmögliche Klangwiedergabe zu erzielen, kommt es darauf an, dass Sie Ihren Front-Rear-Fader und Ihre Links-Rechts-Balance-Regler richtig einstellen. Zu viel Sound im hinteren Teil des Wagens (auch als „Rear-Fill" bekannt) führt häufig dazu, dass die Klangbühne komplett baden geht, weil der Klang aus dem vorderen Teil des Autos abgezogen wird, während zu wenig Rear-Fill zu einem matten Klangbild führt. Ballt sich zu viel Sound auf der einen oder anderen Wagenseite, leidet die realistische Klangwiedergabe. Um Fading und Balance richtig einzustellen, spielen Sie eine Kassette oder CD ab, die Sie gut kennen, und drehen Sie die Hecklautsprecher mit dem Fade-Regler voll auf. Lauschen Sie der Klangwiedergabe der Hecklautsprecher und drehen Sie dann in den Frontlautsprechern das Fading langsam hoch, bis Sie nicht mehr hören, ob aus den Hecklautsprechern noch etwas herauskommt, und geben Sie dann ein bisschen nach. So gut wie optimal ist das Frontstaging vermutlich dann, wenn die Hecklautsprecher dem Sound nicht viel mehr tun, als ihm Atmosphäre und Räumlichkeit zu verleihen. Machen Sie den Test, indem Sie die Frontlautsprecher voll aufdrehen (aber merken Sie sich unbedingt die soeben gefundene Einstellung). Wenn Sie die Hecklautsprecher komplett ausblenden, hören Sie sofort, dass die Klangwiedergabe ihre Räumlichkeit verliert. Kehren Sie wieder zu Ihrer Idealeinstellung zurück. Da die Balance-Einstellung schwieriger ist, ist man immer gut beraten, sie einfach in der „12-Uhr"-Stellung zu belassen. In dieser Stellung ist die Balance so nah am kompletten Gleichgewicht, dass Sie mit Ihrem Gehör auch keine bessere Einstellung hinbekommen.

Meine Anlage „knallt" beim Ausschalten. Wie kann ich das abstellen?

Beim Abschalten geraten manchmal transiente Signale im Prozessor in den Signalpfad. Sie werden vom Verstärker zu den Lautsprechern geleitet – und schon knallt's! Stellen Sie an Ihrem Steuergerät eine etwas längere Abschaltverzögerung ein. Wie das geht, verrät Ihnen das Bedienungshandbuch Ihres Steuergerätes.

Klingen runde Lautsprecher besser als ovale Lautsprecher?

Für alle praktischen Zwecke ja. Eine runde Membran ist steifer als eine ovale Membran. Bei höheren Schallpegeln produziert eine ovale Membran mehr Verzerrung. Ovale Lautsprecher sind ein Zugeständnis an die räumlichen Zwänge, die in den meisten Autos auf der Heckablage herrschen. Ein Vorteil von 6-x-9-Lautsprechern ist allerdings, dass die ovalen Modelle mehr Fläche haben und deshalb größere Luftmengen bewegen und mehr Bassleistung erzeugen.

Wo soll ich meinen Hochtöner platzieren, um die beste Klangleistung zu erzielen?

Am besten installieren Sie zunächst das übrige System und lassen die Kabel für die Hochtöner so lang wie sie sind. Greifen Sie sich einen Kumpel (es wird sich sicher einer finden) und bitten Sie ihn, den einen Hochtöner in der Hand zu halten, während Sie den anderen halten. (So erreichen Sie, dass die beiden Lautsprecher eine Wagenbreite voneinander entfernt sind – was Ihnen allein kaum gelingen dürfte.) Spielen Sie einen oder zwei Titel, die Sie gut kennen, und halten Sie den Hochtöner an verschiedene Stellen, dieweil Ihr Kumpel seinen Hochtöner spiegelbildlich jeweils an die gleiche Position hält. Achten Sie beim Hören auf das „Staging" und das „Klangbild." Sobald Sie eine Stelle gefunden haben, die gut funktioniert, montieren Sie die Lautsprecher möglichst an dieser Stelle. Wenn Sie die Lautsprecher nicht da montieren können, wo sie sich am besten anhören, montieren Sie ihn kompromissweise am Vordertürrahmen (innen, gegenüber dem Seitenrückspiegel) zum Zwischenraum zwischen den beiden Vordersitzen hin.

Wenn ich meine Musik hochdrehe, werden meine Scheinwerfer dunkler. Wie kommt das?

Wenn Ihre Scheinwerfer dunkler werden, liegt das daran, dass Ihre Anlage einen Spannungsabfall zu Lasten der anderen, nicht ganz so notwendigen Zubehörteile Ihres Autos (Scheinwerfer, Motor und ähnliches) verursacht hat. Eine mögliche Ursache für einen Spannungsabfall ist der große Stromhunger eines bestimmten Gerätes wie z. B. eines Verstärkers, der sich abmüht, einen lauten Basston zu erzeugen. Lassen Sie Ihre Batterie und Ihre Lichtmaschine überprüfen. Eine schwache Batterie kann zu einer Überbelastung der Lichtmaschine führen, indem sie Ihrer Anlage Strom entzieht. Wenn sich herausstellt, dass alles okay ist, verlangen Sie Ihrer Stromanlage womöglich so viel ab, dass unter Umständen eine leistungsfähigere Lichtmaschine angesagt ist. Sie können auch einen „Stabilisierungskondensator" einbauen. Ein Stabilisierungskondensator ist eine Extra-Stromversorgung für Ihre elektrische Anlage; er hält eine kleine Reserve an 12-Volt-Strom vor. Wenn Ihr Auto nicht anspringt, nachdem Sie längere Zeit bei abgeschaltetem Motor die Stereoanlage an hatten, versuchen Sie, parallel eine zweite Batterie in Ihr System zuzuschalten.

Welche Crossover-Frequenz soll ich zwischen dem Subwoofer und meinen 6"- oder 5"-Basstreibern wählen?

Diese Frage lässt sich nicht so leicht beantworten. Es kommt auf das Auto und auf die Gesamtkonzeption Ihrer Anlage an. Üblicherweise soll ein Subwoofer nicht viel höher als 100 Hz gehen, und 200 Hz sind die absolute Obergrenze. Wenn Sie den Crossover-Punkt für Ihren Subwoofer einstellen, verwenden Sie diesen in der Regel als Ausgangspunkt für Ihren Hochpass an Ihren Mittelton-/Basslautsprechern. Manchmal müssen Sie die Crossover-Frequenz erhöhen; ein andermal müssen Sie sie verringern. Das ist im Wesentlichen eine Frage Ihrer persönlichen Vorlieben und auch der Akustik Ihres Autos. Mit elektronischen Frequenzweichen kann man mühelos eine Vielzahl unterschiedlicher Crossover-Frequenzen ausprobieren, bis man die für Sie und Ihr Auto ideale Frequenz findet.

Soll ich eine elektronische (aktive) oder eine passive Frequenzweiche verwenden?

Elektronische Frequenzweichen sind besser und erleichtern das Einstellen der Anlage, setzen aber voraus, dass mehrere Verstärker eingesetzt werden, und verursachen dadurch Kosten. Passive Frequenzweichen sind das Mittel der Wahl, wenn Sie für zusätzliche Verstärker nicht das Geld haben. Vorsicht bei der Verwendung elektronischer Frequenzweichen ist geboten, wenn es um Hochpassfilter für Hochtöner geht. Wer den Crossover-Punkt seines Hochtonlautsprechers zu niedrig einstellt, macht dem Hochtöner unter Umständen den Garaus.

Welche Herstellermarke empfehlen Sie bei Verstärkern?

Wir empfehlen, bei einer der gut bekannten Marken auf dem Markt zu bleiben. Die meisten Car-Audio-Händler können bei der Auswahl behilflich sein. Hüten Sie sich vor „Schnäppchen"-Verstärkern; zu viel Leistung für zu wenig Geld heißt grundsätzlich, dass an irgendeiner Stelle an der Ausführungsqualität oder am Kundendienst-Support gespart wurde.

Wie viel Lautstärke werden meine Lautsprecher bringen?

Schauen Sie sich die Empfindlichkeitswerte des Lautsprechers an, die in dB/Watt/Meter angegeben werden. Ein Lautsprecher mit einer Empfindlichkeit von 89 dB erzeugt zum Beispiel in 1 Meter Entfernung vom Lautsprecher bei 1 Watt Eingangsleistung einen Schall von 89 dB. Mit jeder Verdoppelung der Eingangsleistung erhöht sich der Schalldruckpegel SPL (Lautstärke) um jeweils 3 dB. In diesem Fall also gilt, wenn man von einer Leistung von 100 Watt ausgeht:

Eingangsleistung (in Watt)	Schalldruckpegel (in dB @ 1 Meter Entfernung)
1	89
2	92
4	95
8	98
16	101
32	104
64	107
128	110

Die obere Schalldruckgrenze dieses Lautsprechers läge also in 1 Meter Entfernung irgendwo zwischen 107 dB und 110 dB.

Brauche ich den größtmöglichen Verstärker?

Das hängt von vielen Faktoren ab: wie laut hören Sie am liebsten Musik, wie leise oder laut ist Ihr Auto, und wie viele andere Lautsprecher und Verstärker mischen sonst noch in Ihrer Anlage mit. Für einen Lautsprecher mit einer Leistung von mindestens 20 und maximal 100 Watt (Pegelspitze) in einem Cabrio mit einem 20-jährigen Hip-Hopper wäre ein 100-Watt-Verstärker sicher die beste Lösung. In einem 5er-BMW mit einem Börsenmakler am Steuer, für den Jazz das Größte ist, wäre der gleiche Lautsprecher schon mit einem 40-Watt-Verstärker rundum glücklich und zufrieden.

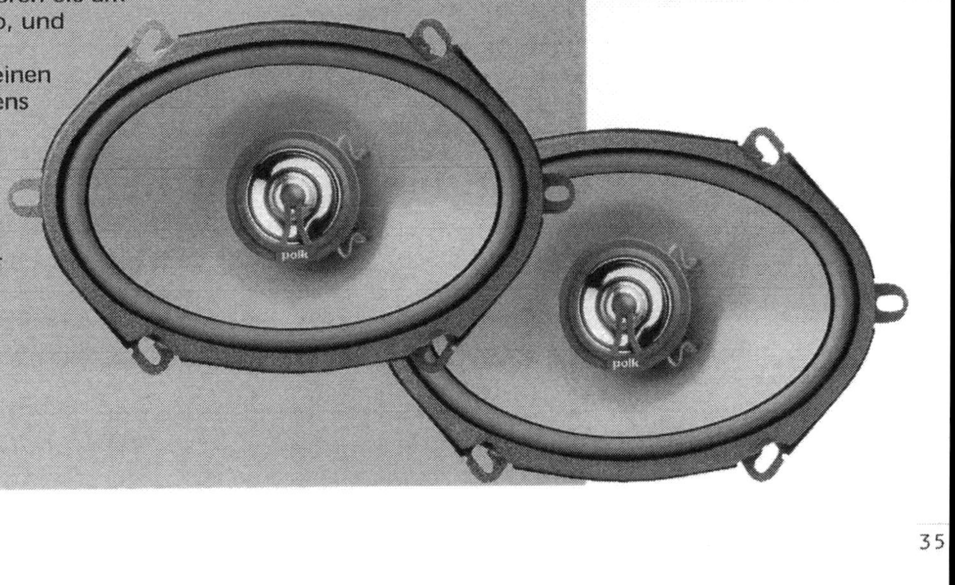

Subwoofer

Ein überragendes Sound-System ist Labsal fürs Ohr und die einzige Möglichkeit, genau das zu reproduzieren, was der Hörer nach dem Willen des Musikers zu hören bekommen sollte. Aber jeder, der einmal auf einem Live-Konzert mit energischer Beschallung war, kann bezeugen: Die Möglichkeit, Musik zu spüren, ist die absolute Krönung. Genau diese Extra-Dimension liefert ein Subwoofer (oder mehrere Subwoofer), der die tiefen Frequenzen beisteuert!

Basisinformationen Subwoofer

Subwoofer sind Lautsprecher für Frequenzen unterhalb des Wiedergabebereichs regulärer Woofer oder Mitteltonlautsprecher – also für Frequenzen unterhalb von ca. 125 Hz. Außerdem halten Subwoofer den anderen Lautsprechern in der Anlage den Rücken frei, damit die ihre Aufgabe wie vorgesehen erledigen können, ohne dass sie nämlich mit Frequenzen behelligt werden, die sie überhaupt nicht liefern können. Mit anderen Worten: Die anderen Lautsprecher in der Anlage zeigen ein besseres Abstrahlverhalten und eine geringere Neigung zu Verzerrungen.

Manche Subwoofer sind aktiv (so genannte Self-Powered Subwoofer) und kommen ohne Verstärker aus. Passive Subs hingegen brauchen einen Verstärker. Außerdem benötigt ein Subwoofer eine Frequenzweiche, die alle Frequenzen jenseits seiner Zumutbarkeitsgrenze herausfiltert. So mancher Subwoofer verfügt über eine eingebaute Frequenzweiche, aber andere sind auf separate Frequenzweichen angewiesen, die ordnungsgemäß in die Anlage eingebunden werden müssen. Näheres über Frequenzweichen erfahren Sie im vorhergehenden Kapitel.

Meist werden Subwoofer als Einzelgeräte verkauft, aber in so gut wie allen Anwendungssituationen müssen sie in irgendeine Art von Gehäuse eingebaut werden. Gehäusetypen gibt es viele. Ihre Aufgabe besteht darin, die Akustik des Subwoofers bzw. der Subwoofer passend zum betreffenden Fahrzeugtyp oder passend zur vorwiegend gehörten Musikrichtung zu beeinflussen. Die physikalischen Hintergründe dieser unterschiedlichen Designs sind nicht ohne weiteres verständlich, ihre Darstellung würde deshalb den Rahmen dieses Handbuches sprengen. Mit Blick auf die Installation setzen wir uns deshalb mit dem gängigsten Gehäusetyp auseinander – dem geschlossenen Gehäuse.

Geschlossene Gehäuse sind luftdicht und erzeugen stramme und präzise Bässe. Entwurf und Bau dieser Gehäuse sind relativ einfach. Wenn Sie den passenden Treiber kaufen und, um die richtige Innenlautstärke zu erzielen, den Anweisungen des Herstellers folgen, sind Sie auf dem besten Weg, sich mit Ihrer Subwoofer-Box einen flexibleren Bassbereich für alle Arten von Musik zu verschaffen.

Auswahl eines Subwoofers:

Einbauposition – Das ist wahrscheinlich der wichtigste Einzelfaktor, wenn es um die Installation eines Subwoofers geht: Wie viel Platz wollen Sie opfern? Manche Hersteller bieten modulare, fahrzeugspezifische Subwoofergehäuse an, die so konstruiert sind, dass sie ungenutzte Hohlräume im Innenraum ausfüllen. Das ist die problemloseste Variante. Wenn das Platzproblem gelöst ist oder gar nicht besteht, müssen Sie sich im nächsten Schritt darüber klar werden, was für ein Sound Ihnen vorschwebt. Daran schließt sich gleich die nächste Frage an – was für ein Gehäuse werden Sie verwenden? Wenn Sie sich für eine geschlossene oder offene Box entscheiden, ist der Raumbedarf der maßgebliche Faktor, der die Wahlmöglichkeiten einschränkt und dann auch vorgibt, welche Subwoofergrößen in Frage kommen.

Klangtyp – Was für Musik hören Sie in erster Linie? Wenn Sie auf Rap oder Hip-Hop stehen, sind Sie vermutlich auf einen eher „boomigen" Sound aus und werden wohl zu einem größeren Subwoofer greifen. Der Membranhub eines großen Subwoofers ist größer als der eines kleineren Subs, und die Membran reagiert langsamer, was Ihnen einen satteren Sound, aber auch ein bisschen Verzerrung beschert. Wenn Sie dagegen einen „strammeren", präziseren Punch bevorzugen, ist für Sie ein kleinerer Subwoofer die passendere Lösung.

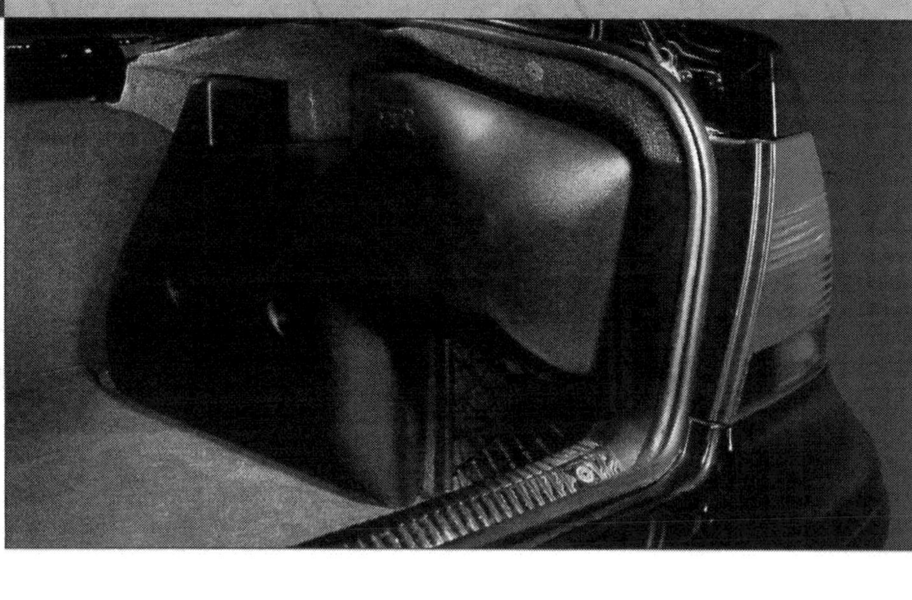

Wie viele? - Auch hier ist ausschlaggebend, wie viel Platz zur Verfügung steht und auf welchen Klangtyp Sie aus sind. Für den eher boomigen Sound genügt wahrscheinlich ein großer Subwoofer. Wenn Sie auf die kurze Reaktionszeit, die Klangqualität und die Präzision eines kleineren Subs Wert legen und all das gerne in rauhen Mengen genießen möchten, sollten Sie ein paar kleinere Subwoofer in Erwägung ziehen. Wenn Sie zu denen gehören, für die zu viel immer noch nicht genug ist, gibt es nach oben nur eine Grenze – das Dach!

Verstärkung – Damit sie ordnungsgemäß arbeiten können, brauchen Subwoofer reichlich Power. Wenn Sie einen Subwoofer einfach genau wie einen regulären Lautsprecher an Ihr Steuergerät anschließen würden, würde er auch nicht annähernd das leisten, was er leisten soll, und Sie wohl dazu bewegen, die Lautstärke hochzudrehen, um ihn mit den übrigen Lautsprechern in Einklang zu bringen. Dies würde mit großer Wahrscheinlichkeit zur Beschädigung Ihrer Lautsprecher führen. Wenn Sie sich also entschieden haben, welche Art von Subwoofer-Setup Sie wollen, müssen Sie sich den vom Hersteller genannten Leistungsbedarf anschauen und dann gleich auch noch im Verstärker-Shop vorbeischauen! Und vergessen Sie nicht: Man kann sich auch aktive Subwoofer (mit eingebautem Verstärker) kaufen.

Noch ein Gedanke zum Schluss – Sie dürften nicht der erste Mensch sein, der in ein Auto wie das Ihre ein Subwoofer-Setup einbaut. Der Austausch mit anderen Soundbegeisterten und das Aufsuchen mehrerer Stereo-Shops wirken mit Blick auf das Dilemma „Was brauche ich eigentlich, um den Sound zu bekommen, den ich bekommen will?" garantiert erhellend.

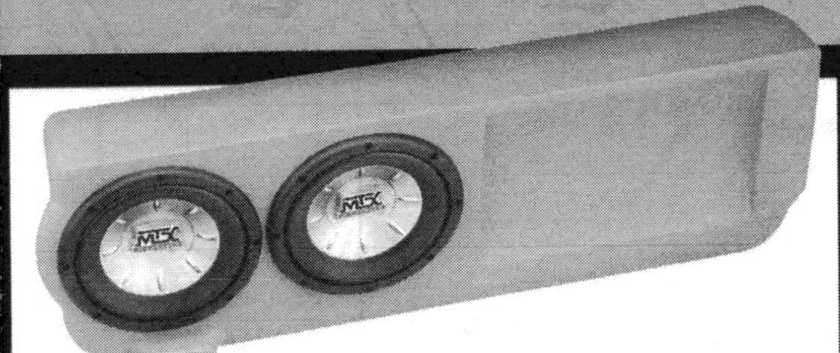

Gehäuseformen

Es gibt viele verschiedene Gehäusetypen, die jeweils verschieden funktionieren und jeweils unterschiedliche Teile des unteren Frequenzspektrums hervorheben. Da es keine Gehäuseart gibt, die für alle Musikgenres die bestmögliche Lösung wäre, bleibt Ihnen nichts anderes übrig, als sich darüber klar zu werden, welcher Sound Ihnen vorschwebt und wie viel Platz Sie zur Verfügung haben. Hier ein kurzer Überblick über die beliebteren Subwoofer-Boxen auf dem Markt:

Freeair – Hier handelt es sich eigentlich nicht um eine Box, die man bauen oder kaufen müsste. Bei dieser Variante wird der Kofferraum Ihres Autos zum Gehäuse, und der bzw. die Subwoofer wird bzw. werden an die Unterseite der Heckablage oder an ein Brett montiert, das seinerseits am Träger hinter dem Rücksitz befestigt ist. Bei diesem Arrangement ist ganz wichtig, dass der Kofferraum abgedichtet und isoliert wird, da der bzw. die Subwoofer sonst nicht sehr viel Wirkung zeigen wird bzw. werden. Außerdem erfordert diese Lösung mehr Verstärkung als andere Gehäuse, und nicht alle Subwoofer sind für die Freeair-Montage geeignet (hierüber informiert der Hersteller oder Ihr Händler). Bei ordnungsgemäßer Ausführung bekommen Sie eine gute Bassleistung für tiefe bis mitteltiefe Frequenzen und können trotzdem Ihren Kofferraum noch benutzen.

Akustische Aufhängung (oder geschlossene Box) – Dies ist der häufigste und am einfachsten zu bauende Gehäusetyp. Es handelt sich allerdings nicht um eine Kiste, die man einfach mit Nägeln und Schrauben zusammenzimmert, um hinterher den Subwoofer hineinzuschrauben. Die Abmessungen müssen so berechnet werden, dass sie zum Subwoofer bzw. den Subwoofern passen und ein einwandfreies Funktionieren ermöglichen, und die Box muss gründlich versiegelt werden. Die Einbaurichtung ist nicht ganz so wichtig, es sei denn, die Subwoofer strahlen den Schall auf eine Fläche – dies würde dazu führen, dass die Schallwellen zurückprallen und neutralisiert werden. Ihren wunden Punkt haben geschlossene Boxen am äußersten unteren Ende des Frequenzspektrums (unterhalb von 30 Hz). Wenn Sie also auf den boomigen, überzogenen Bass scharf sind, dürfte Ihnen diese Variante nicht zusagen.

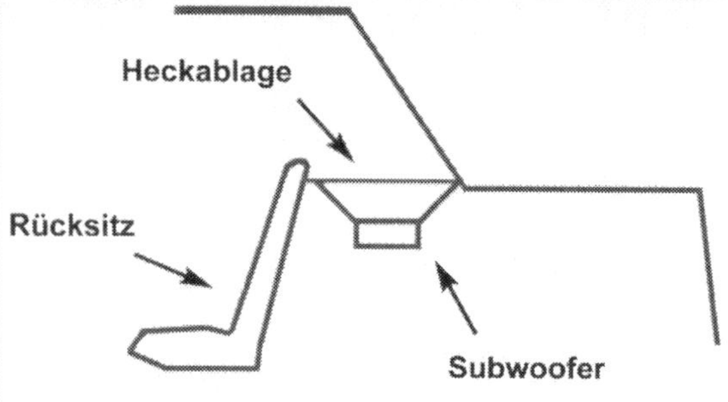

"Free air"
(unter der Ablage)

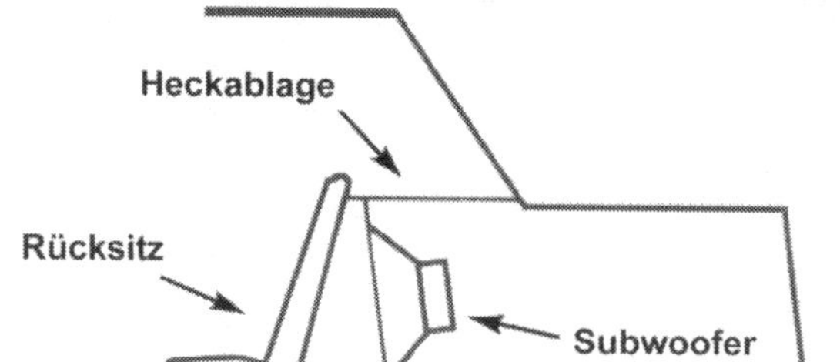

"Free air"
(am hinteren Querblech)

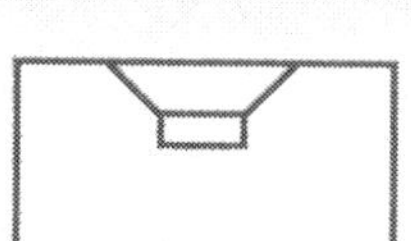

geschlossene Box

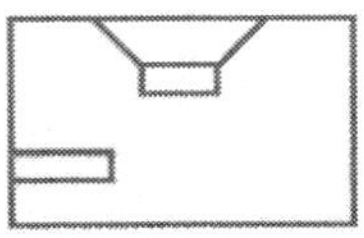

Baßreflex Box

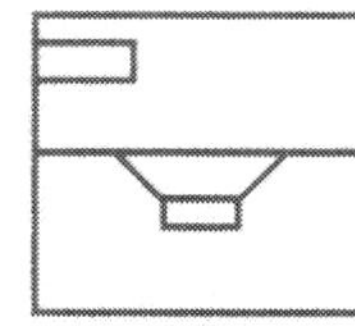

Single Reflex Bandpass

Bassreflex (oder offene Box) – Dieser Gehäusetyp ähnelt der geschlossenen Box, mit dem Unterschied allerdings, dass die Bassreflexbox eine Öffnung mit einem darin eingebauten Rohr hat. Eingestellt wird die Öffnung dadurch, dass der Durchmesser und die Länge des genannten Rohrs sich vergrößern oder verkleinern. Eine gute offene Box ist schwer zu bauen (es gibt aber Computerprogramme, die Ihnen helfen, für die Box die richtigen Abmessungen sowie die Größe und Länge der Öffnung auszurechnen) und hat eine längere Reaktionszeit als ein geschlossenes Gehäuse. Meist müssen offene Boxen größer sein als geschlossene Boxen für einen vergleichbaren Subwoofer, aber dafür sind sie auch tendenziell lauter (und „boomiger"). Wichtig: Beim Montieren der Box darf die Öffnung nicht verdeckt oder versperrt werden.
Bassröhren – Dies sind im Wesentlichen Bassreflexboxen in Form einer praktischen, leicht montierbaren Röhre. Manche Modelle sind sogar getarnt und sehen aus wie Lachgastanks! (siehe Bild oben).
Single Reflex Bandpass – Eine Kombination aus einer geschlossenen und einer offenen Box; eine Kammer ist komplett geschlossen, und die andere Kammer ist mit einem Port versehen. Dieser Gehäusetyp ist schwer zu bauen, aber effizient (tiefe und laute Bässe) und kleiner als eine geschlossene oder offene Box.
Push/Pull-Isobaric-Gehäuse (oder Clamshell-Box) – Im Wesentlichen eine geschlossene Box, in die innen und außen jeweils ein Subwoofer installiert ist, wobei die beiden Subwoofer sich genau gegenüberstehen. Dass diese Anordnung mit zwei Subwoofern arbeitet, heißt nicht, dass sich Ihr Bass-Output verdoppelt, aber Sie bekommen eine gute Basswiedergabe aus einem physisch kleineren Gehäuse. Beim Verdrahten der beiden Subwoofer ist ganz entscheidend, dass der eine polaritätsrichtig und der andere nicht polaritätsrichtig verdrahtet wird (damit beide in die gleiche Richtung laufen) – sonst würden sie sich einfach gegenseitig zerstören!

Bei jedem Subwoofer-Setup ist wichtig, dass auf die sichere Anbringung des Subwoofers und der Box geachtet wird! Subwoofer sind schwer, und Sie wollen doch bestimmt ***NICHT****, dass bei einem Unfall oder einem plötzlichen Bremsmanöver einer dieser schweren Jungs in Ihrem Auto durch die Gegend fliegt.*

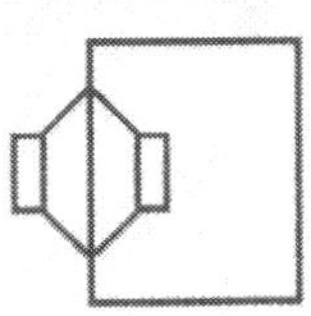

Push/Pull Box

01 Verwenden Sie für das Gehäuse eine 18 mm starke mitteldichte Faserplatte (MDF-Platte), zeichnen Sie die Maße des Gehäuses an und sägen Sie die Platten vorsichtig zurecht.

Bau eines geschlossenen **Gehäuses**

Zuerst müssen Sie eine Stelle für Ihre Subwoofer-Gehäuse ausfindig machen. Suchen Sie den größten und abgelegensten Platz aus, den Sie finden können, vermessen Sie den Bereich dann – Länge, Breite und Höhe. Berechnen Sie den Rauminhalt dieses Bereichs in Kubikmetern, indem Sie Länge und Breite und Höhe in cm multiplizieren, und teilen Sie das Ergebnis anschließend durch 1.000.000 (diese Berechnung bezieht sich auf einen Subwoofer; wenn Sie ein Gehäuse für zwei Subwoofer bauen, müssen Sie das Gehäusevolumen halbieren). Achten Sie darauf, dass Sie genug Platz für die Materialdicke einrechnen (in der nachfolgend beschriebenen Prozedur verwenden wir 18 mm starkes MDF, so dass Sie von jeder Abmessung 3,6 cm abziehen müssen). Nachdem Sie nun eine Vorstellung davon haben, wie groß das Volumen Ihrer Box sein wird, können Sie shoppen gehen und sich einen Subwoofer kaufen, dessen Volumenbedarf für die Box mit dem Platz kompatibel ist, den Sie zur Verfügung haben.

Anmerkung:
Volumen in Liter: Abmessungen in cm multiplizieren, dann durch 1.000 teilen.

05 Fügen Sie jetzt noch die Seitenplatten an und tragen Sie auch hier auf jeden Fall erst etwas Holzleim auf die Kanten auf, die zusammengefügt werden sollen.

06 Damit keine Luftlöcher entstehen, dichten Sie alle Kanten im Gehäuseinneren mit einem Silikondichtmittel ab.

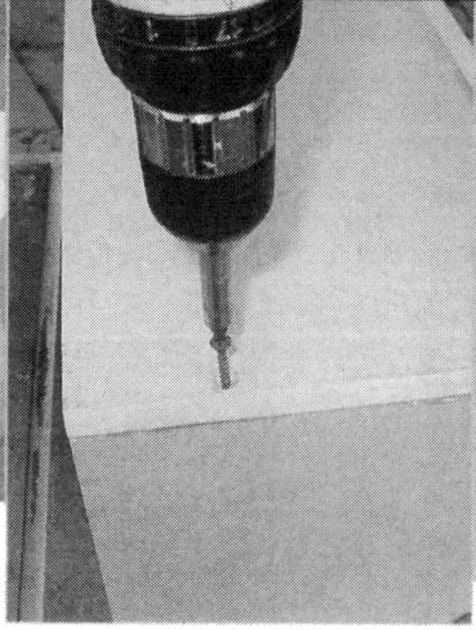

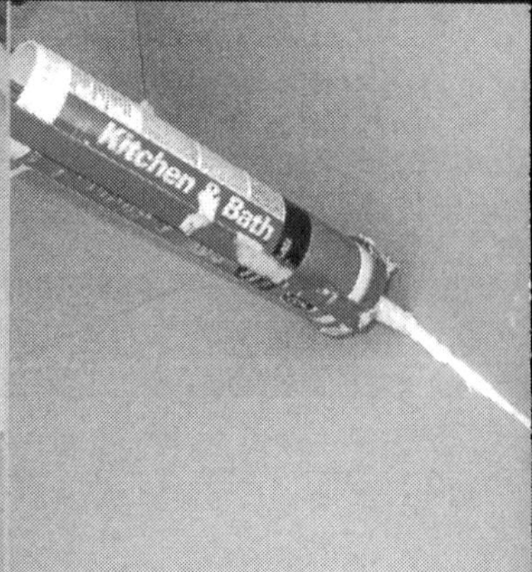

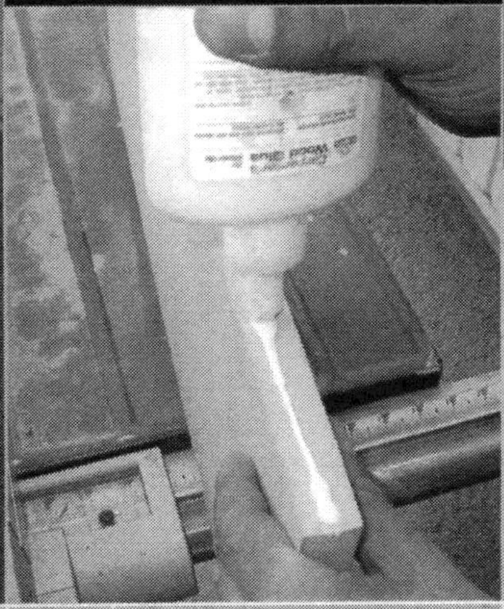

02 Bohren Sie die Löcher für die Schrauben vor, damit die Platte beim Zusammenbau nicht von den Schrauben gespaltet wird.

03 Tragen Sie auf die Kanten etwas Holzleim auf, bevor Sie die Teile zusammenschrauben.

04 Fügen Sie Deck- und Rückplatte zusammen. Justieren Sie die Kante sorgfältig und fügen Sie dann die Rückplatte an die Bodenplatte an.

Anmerkung:
Zur einfacheren Verarbeitung können Sie auch, wie hier gezeigt, eine Nagelpistole zum Fixieren verwenden, erst dann wird geschraubt.

Warnung!
MDF-Staub ist gesundheits-gefährdend. Zur Bearbeitung stets geeignete Schutzmaske tragen.

07 Zeichnen Sie die Umrisse der mit dem Subwoofer mitgelieferten Schablone auf die Frontplatte. Das auszusägende Rundteil bzw. die Rundteile unbedingt zentrieren.

08 Sägen Sie mit einer Stichsäge vorsichtig die Öffnungen für die Subwoofer aus.

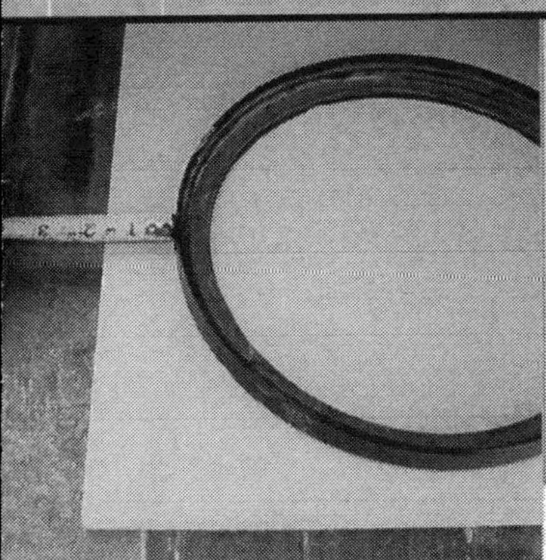

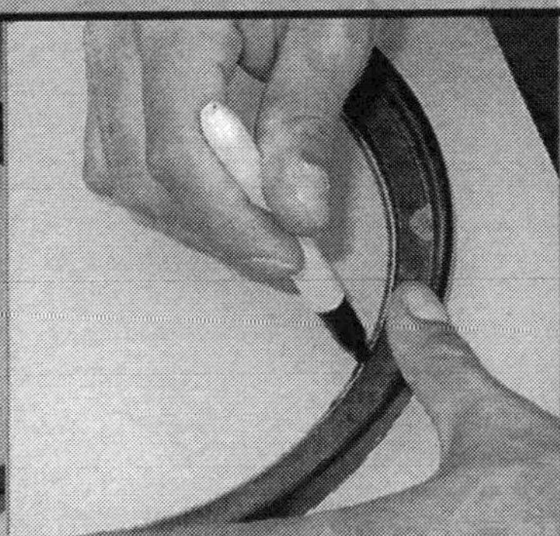

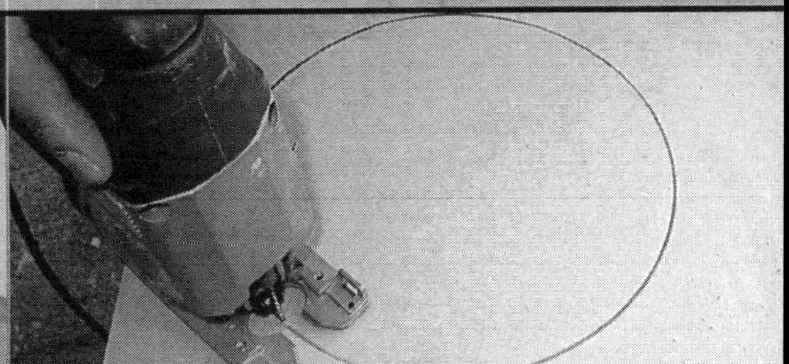

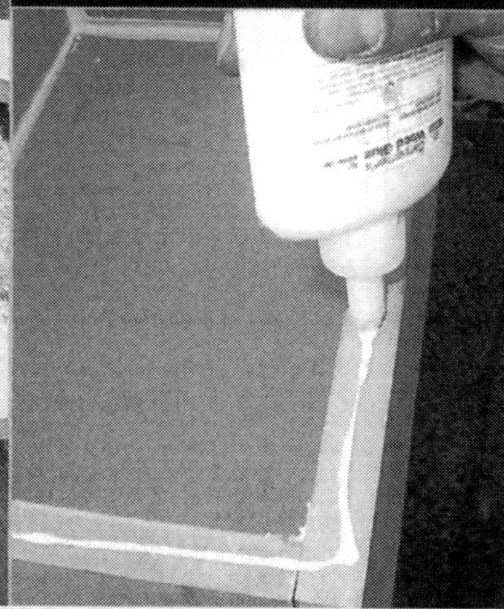

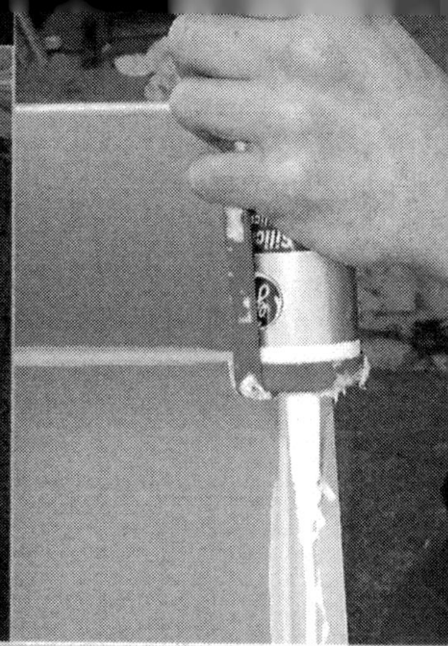

09 Prüfen Sie, ob der Subwoofer einwandfrei in jede der ausgesägten Öffnungen passt. Damit das Gehäuse perfekt dicht ist, sollte der Subwoofer mit enger Passung in der Öffnung sitzen.

10 Tragen Sie entlang der Gehäusekanten erst etwas Leim und anschließend Silikon auf (das Silikon tragen wir deswegen hier auf, weil ein Auftragen vom Gehäuseinneren aus durch die Öffnung hindurch schwierig wäre).

12 Nehmen Sie ein großes Stück Teppich zur Hand und schneiden Sie es grob zurecht. Bringen Sie den Teppich mit Sprühkleber am Gehäuse an, schneiden Sie alle überstehenden Stellen ab und schneiden Sie dann mit einer Rasierklinge die Öffnungen aus.

13 Bohren Sie ein Loch für das Lautsprecherkabel und führen Sie in dieses Loch dann Kabel in ausreichender Länge ein, um hinterher die Subwoofer daran anzuschließen.

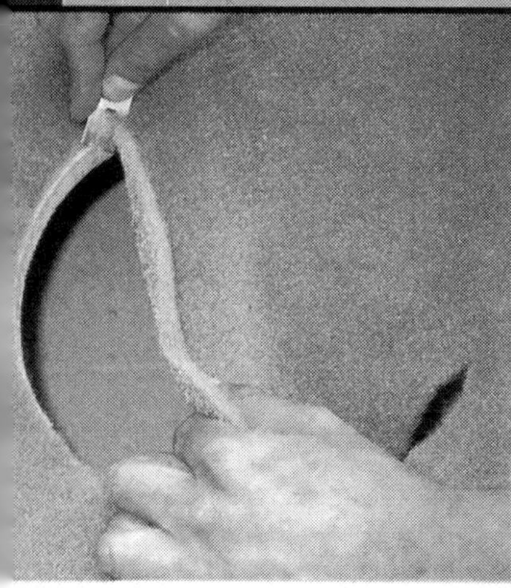

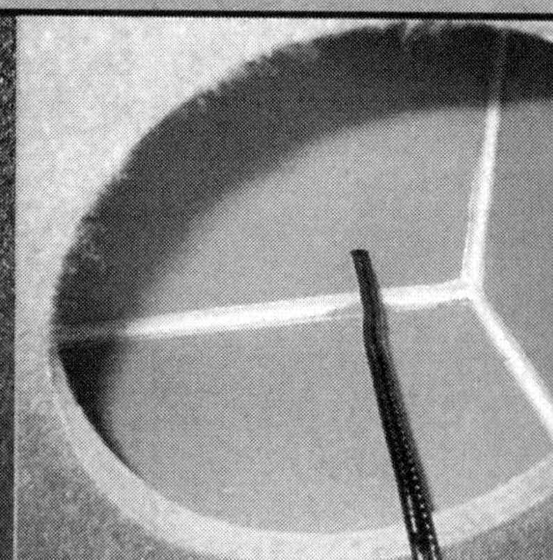

11 Richten Sie die Frontplatte korrekt aus und bringen Sie sie am Gehäuse an.

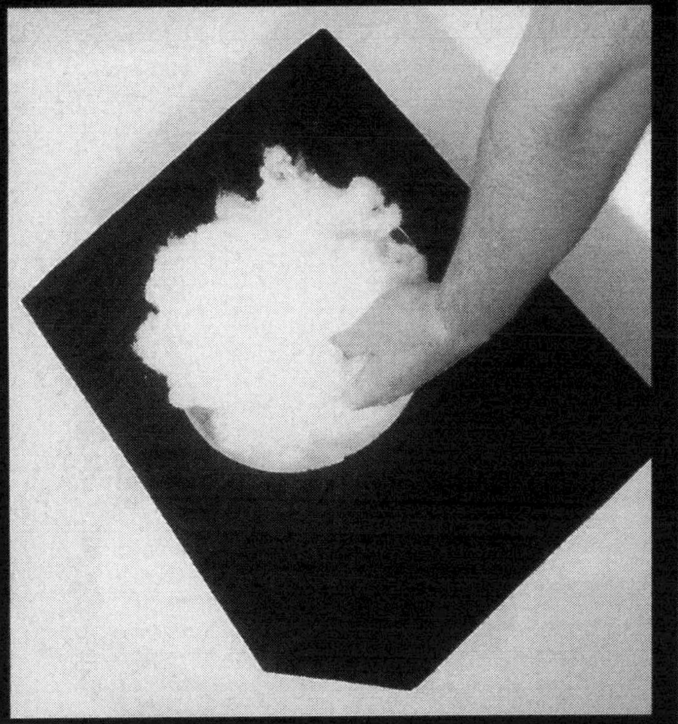

Tipp zur Subwoofer-Box

Wenn Sie ein geschlossenes oder offenes Subwoofer-Gehäuse mit Poly-Fill-Isolierung isolieren, verbessert das die Klangqualität Ihrer Box. Dies wird dadurch erreicht, dass die hinter dem Subwoofer erzeugten Schallwellen gedämpft werden, weil sie sonst gegen die Bewegung der Lautsprechermembran arbeiten würden. Wenn Sie Poly-Fill bei einer offenen Box verwenden, müssen Sie sich überlegen, wie Sie dafür sorgen können, dass das Poly-Fill drinnen bleibt und nicht durch die Öffnung ausgepustet wird.

14 Verschließen Sie das Loch, durch das das Kabel ins Gehäuse geführt wird, mit einer Heißklebepistole.

15 Folgen Sie beim Verkabeln der Subwoofer den Anweisungen des Herstellers, stellen Sie die Subs dann ins Gehäuse hinein und montieren Sie sie – ebenfalls nach den Herstelleranweisungen – im Gehäuse.

16 Schrauben Sie die Subwoofer-Box unbedingt ganz fest, damit sie nicht durch die Gegend rutschen kann. Ein loses Gehäuse kann – insbesondere bei einem Aufprall – sehr gefährlich werden. Und das Letzte, was man bei einem Unfall brauchen kann, ist ja wohl eine halbe Tonne Lautsprecher und Boxen, die missvergnügt auf die Insassen zurasen!

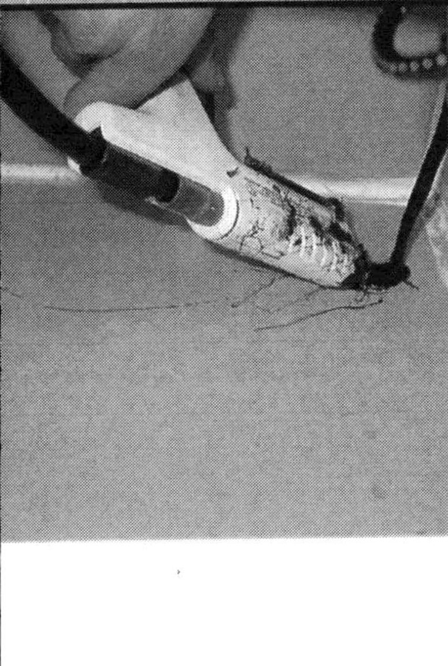

Bau eines Glasfaser-Gehäuses

01 Um Platz für die Box zu schaffen, musste das Reserverad aus dem Kofferraum weichen, und aus einer 18 mm starken mitteldichten Faserplatte (MDF-Platte) wurde eine Stützkonstruktion gebaut.

02 Im nächsten Schritt wurden die Ringe für die Subwoofer vermessen und zugesägt.

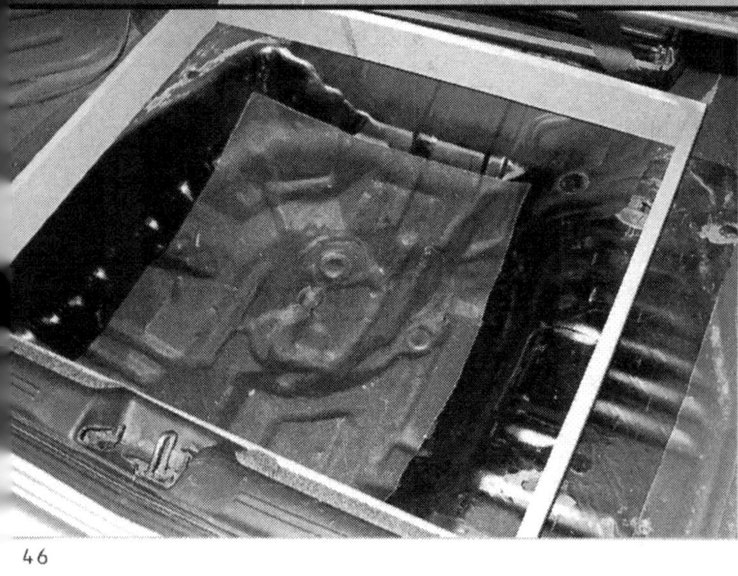

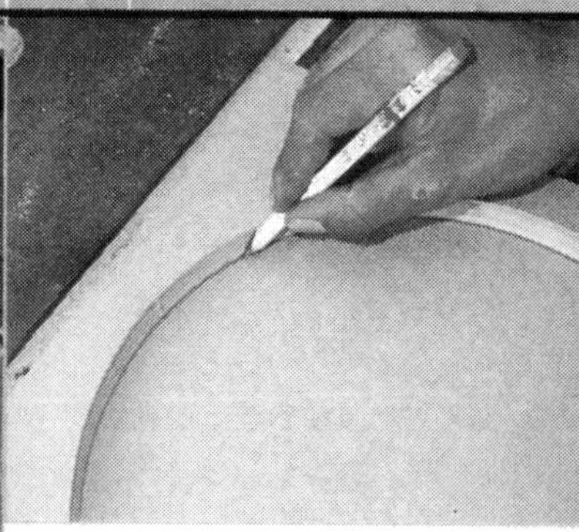

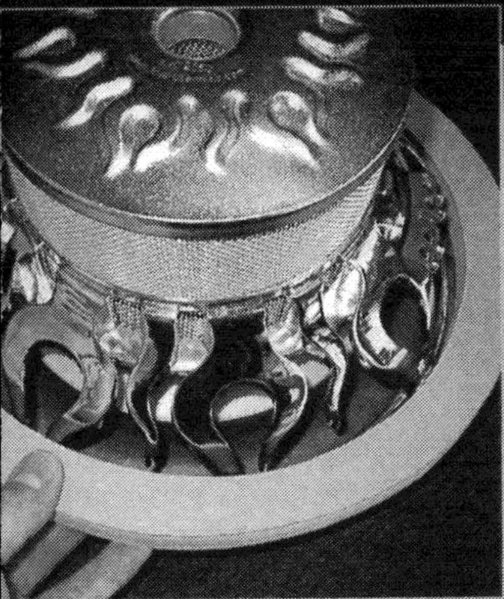

03 Es wird anprobiert, ob die Ringe größenmäßig passen, und dann werden die rauen Kanten mit einer Oberfräse und etwas Schleifpapier geglättet. Setzen Sie eine Filtermaske auf, bevor Sie die MDF-Platte sägen, denn beim Sägen dieses Materials entsteht gesundheitsschädlicher Feinstaub.

04 Als Nächstes werden die Stützkonstruktionen für die Subwoofer-Ringe mit einer Nagelpistole am Rahmen befestigt. Jetzt können die Ringe montiert werden.

05 Stabilisieren Sie die Stützkonstruktion mit Schrauben.

06 In der Mitte werden die Ringe mit einem an den Boden angeleimten Stück MDF zusammengehalten, an dem die Ringe von oben festgeschraubt werden.

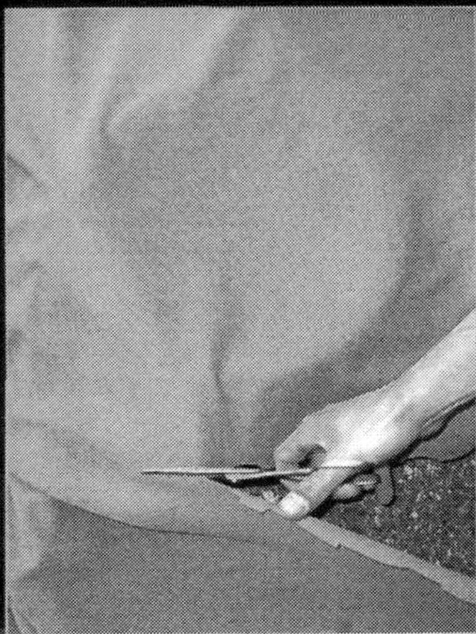

07 Schneiden Sie das Abdecktuch zurecht, spannen Sie es über die Gehäuseoberseite aus, und tackern Sie es an die Seitenteile der Box an.

08 Zeit für das „Glassing" (so nennt man die Ummantelung mit Harz und Fiberglasmatte) des Gehäuseoberteils: Auf das ganze Abdecktuch wird mit dem Pinsel eine Harzummantelung aufgetragen.

09 Ein paar Stunden trocknen lassen...

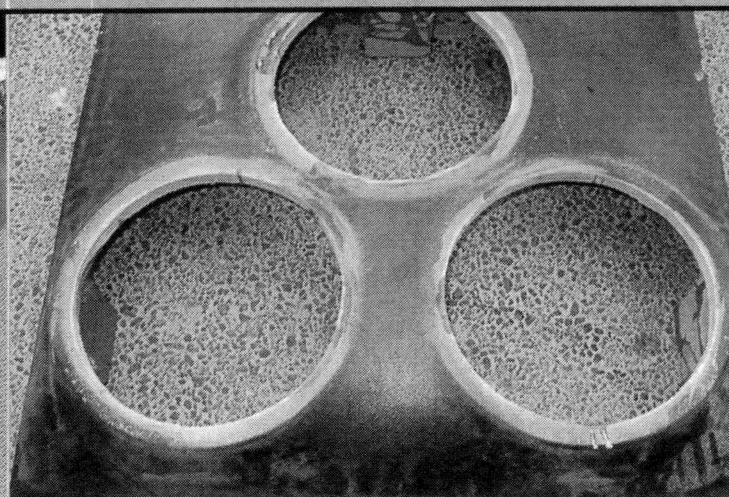

10 ... und dann die Box umdrehen, mit Fiberglasmatte beschichten und mit Harz bepinseln.

11 Wieder trocknen lassen und anschließend die Innenseite mit Stahlgeflecht und Spachtelmasse verstärken.

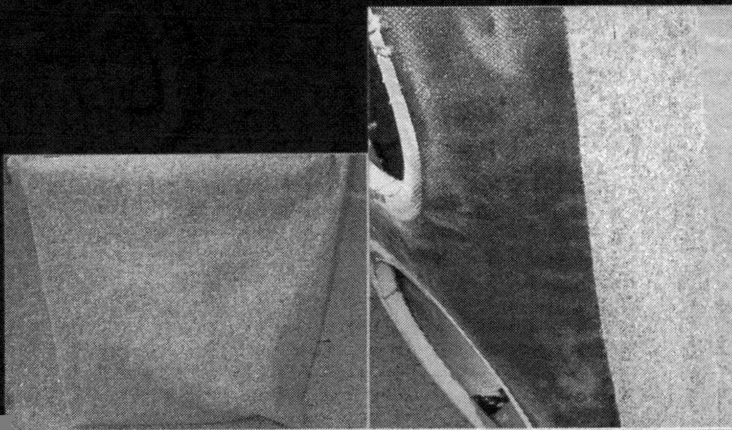

12 Am nächsten Tag wird der Gehäuseboden mit einem Stück Teppich versehen...

13 ...und zum Schutz des Reserveradfachs wird eine Kunststoffplane zurechtgeschnitten.

14 Die Box wird in den Kofferraum gepackt, der Teppich formgerecht am Boden festgedrückt.

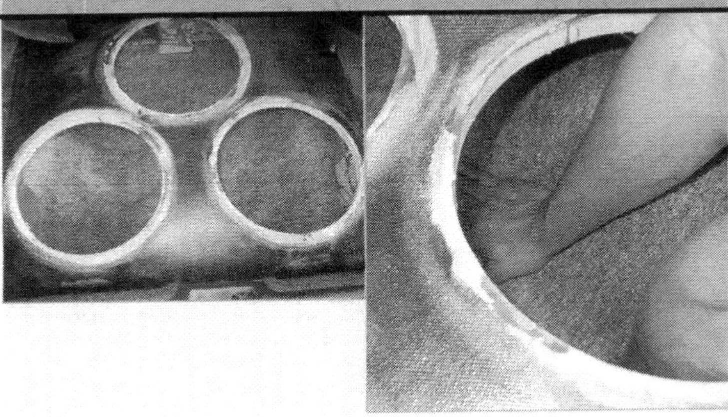

15 Zum „Glassing" des Gehäusebodens wird auf den Teppich im Gehäuseinneren Harz aufgetragen.

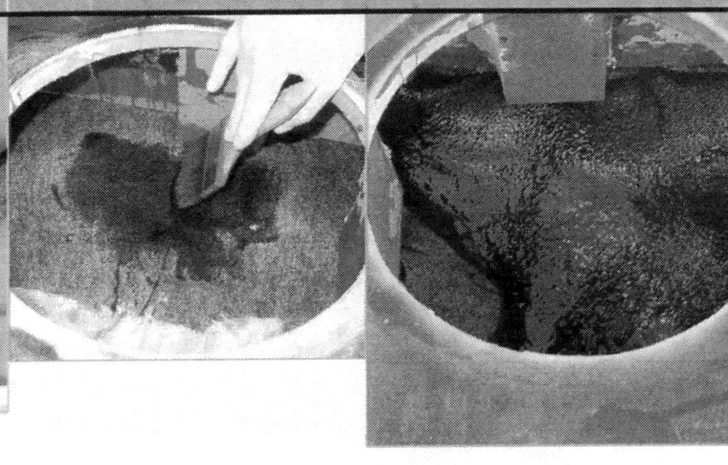

16 Nach ein paar Stunden Trocknungszeit wird die Box aus dem Kofferraum herausgenommen, und die Oberseite der Box wird mit Schleifpapier geglättet. Tragen Sie unbedingt eine geeignete Maske und eine Schutzbrille!

17 Gleichen Sie alle unebenen Stellen mit Spachtelmasse aus...

18 ...und glätten Sie sie anschließend mit Hobel und Sandpapier.

19 Die Oberseite wird mit einer Schicht Grundierung versehen...

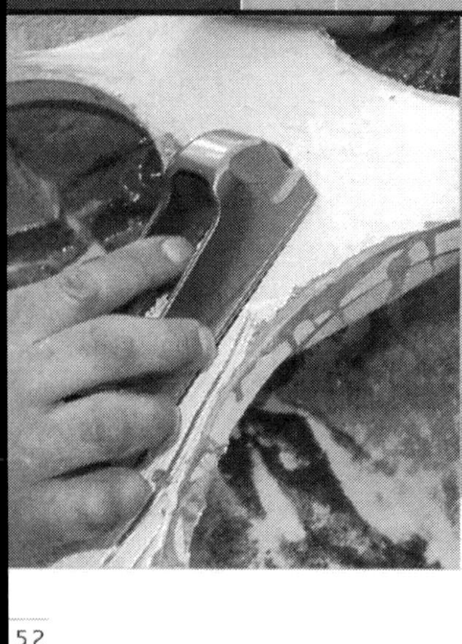

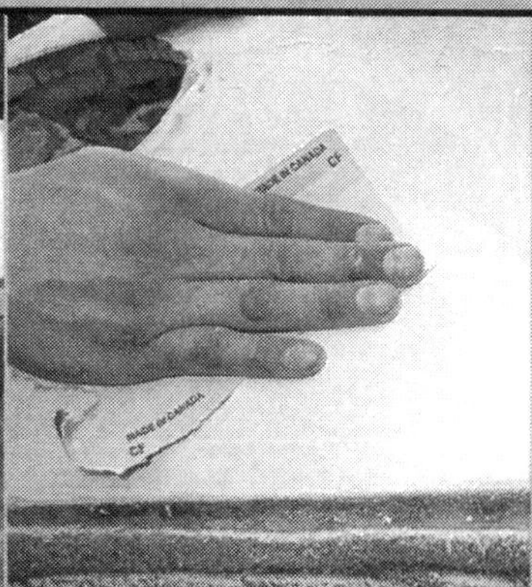

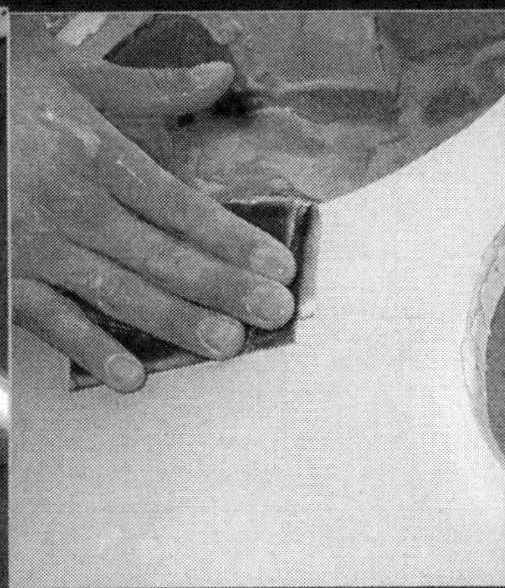

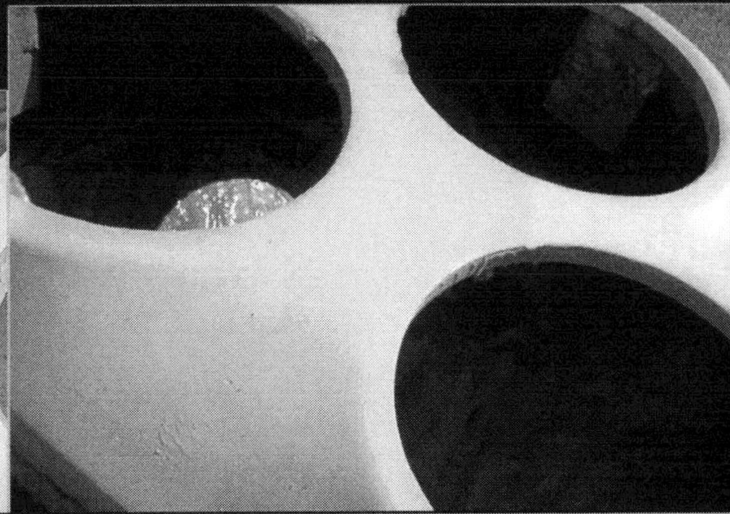

20 ...und dann abgeschliffen, bis die Oberfläche glatt und reif für die Lackiererei ist.

21 Und noch ein paar letzte Arbeitsschritte vor dem Lackieren: Die Passung der Subwoofer überprüfen und die Löcher vorbohren.

22 Nach der Rückkehr aus der Lackierwerkstatt wird die Box schließlich an ihrem endgültigen Standort platziert, und zu guter Letzt werden die Subwoofer verkabelt und montiert. Und nun: *Trommelfell, sei gewarnt!*

Fahrzeugspezifische **Gehäuse**

Manche Hersteller bieten fertige, fahrzeugspezifische Subwoofer-Boxengehäuse an – eine bequeme Alternative für alle, die nicht die Lust oder die handwerkliche Fähigkeit haben, eine Box selber zu bauen, sowie für alle, die eher auf den „Factory-Look" stehen und möglichst wenig Innenraum opfern wollen.

01 Diese aus Fiberglas handgefertigte JL Audio Stealthbox verwandelt unser Mittelsitzkissen und die klappbare Armlehne in ein geschlossenes Gehäuse für einen Downfiring-Subwoofer.

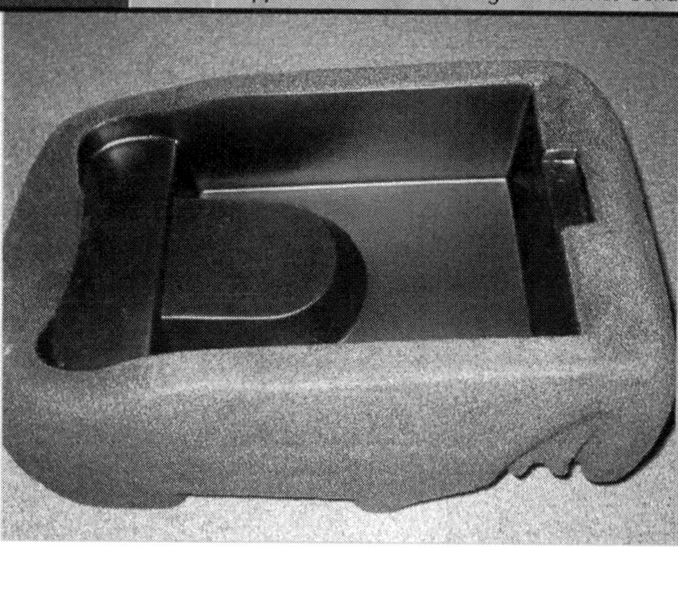

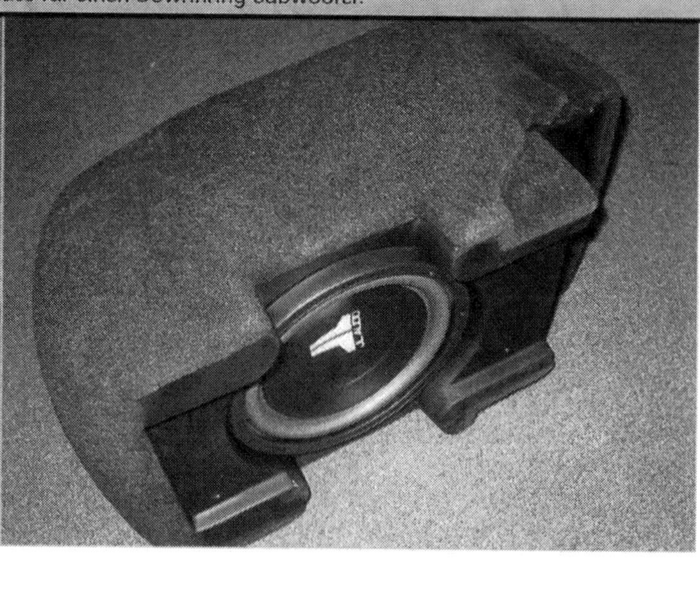

02 Als erstes müssen die Sitze verschwinden. Meistens lässt sich der Sitz einfach ausbauen, indem man die vier Schrauben entfernt, mit denen der Sitz am Bodenblech befestigt ist, und den Sitz aus dem Fahrzeug hebt. Vielleicht müssen Sie auch den einen oder anderen Stromstecker aus seiner Buchse ziehen. Wenn Ihr Auto mit Seitenairbags und/oder mit Gurtvorspannern ausgestattet ist, müssen Sie das Airbag-System deaktivieren.

03 Wenn Fahrer- und Beifahrersitz ausgebaut sind, heben wir die Mittelsitzgruppe aus dem Auto.

04 Nach den Anweisungen des Installationsleitfadens montieren wir das werksseitig eingebaute Polster des Mittelsitzes und die obere Ablage ab. Die Einzelteile der oberen Ablage legen wir allesamt zwecks Wiedereinbau beiseite.

05 Das Sitzgestell des Mittelsitzes muss ein bisschen verändert werden. Entsprechend der Beschreibung im Installationsleitfaden bohren wir alle nötigen Löcher und überprüfen dann die Passung des Gestells, indem wir es auf den Boden der Stealthbox stellen.

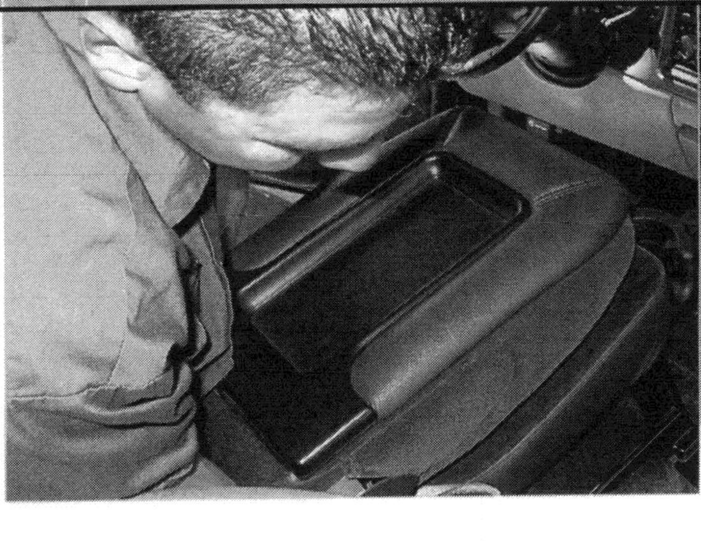

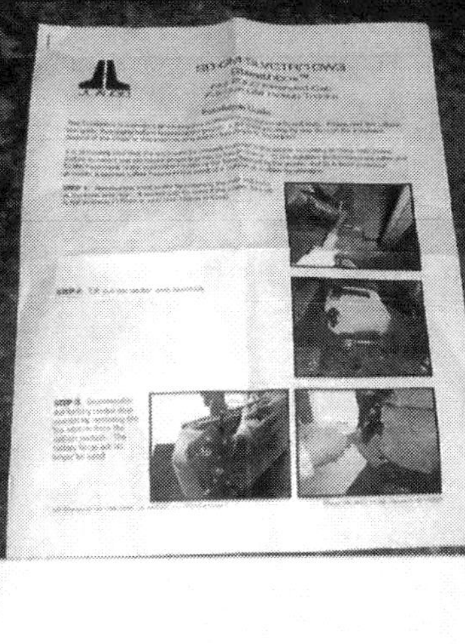

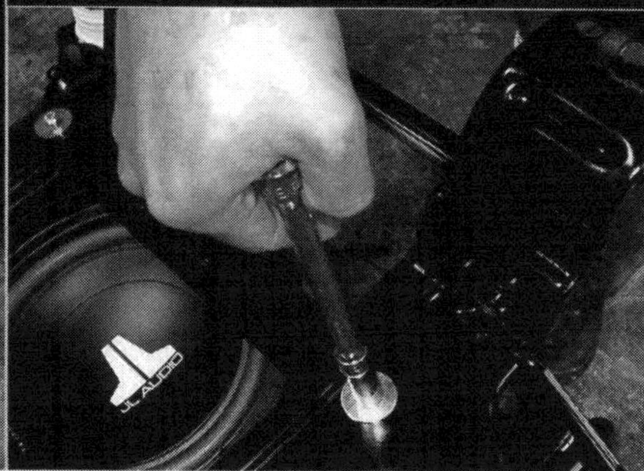

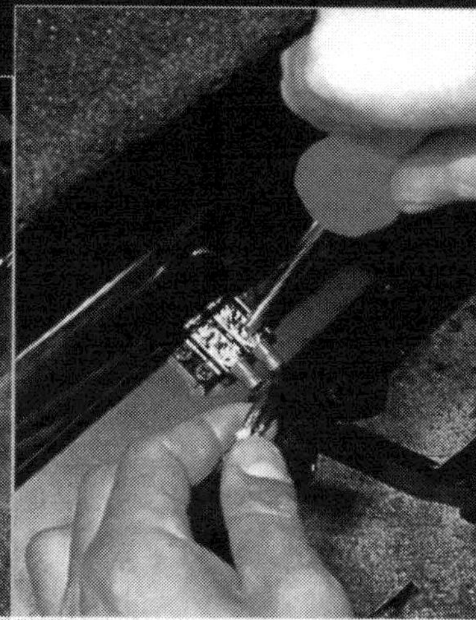

06 Das Gestell passt perfekt, so dass wir es unter Verwendung der mitgelieferten Montage-Hardware am Boden der Stealthbox befestigen können.

07 Bevor wir weitermachen, schließen wir die Lautsprecherkabel an die Stealthbox an und testen, ob sie einwandfrei funktioniert.

08 Streng nach Installationsleitfaden bauen wir den Schnappriegel wieder zusammen und befestigen mit Hilfe des mitgelieferten Montagezubehörs die Ablage an der Stealthbox.

09 Die Stealthbox wird ins Fahrzeug verfrachtet; die Lautsprecherkabel werden angeschlossen.

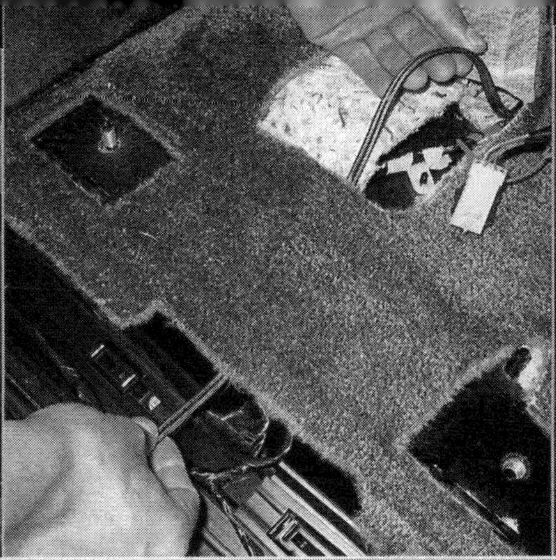

10 Vor dem Wiedereinbau des Fahrersitzes führen wir das Lautsprecherkabel unter dem Teppich hindurch, damit wir es ggf. später an den Verstärker anschließen können.

11 Der letzte Montageschritt ist der Wiedereinbau der Sitze. Die fertige Stealthbox fügt sich perfekt in das Fahrzeuginterieur ein und liefert erstklassigen Sound!

FAQs Subwoofer

Wie groß sollte mein Subwoofer-Gehäuse sein?

Informationen darüber, welche Gehäusegröße zu den Parametern Ihres Lautsprechers passt, sollten im Bedienungshandbuch der Lautsprecher nachzulesen sein. Viele Lautsprecherhersteller liefern diese Informationen auch auf ihrer Website.

Aus welchen Materialien soll ich mein Gehäuse bauen?

Mitteldichte Faserplatten (MDF-Platten) sind eine gute, sägefreundliche Allzwecklösung. Tragen Sie zur Sicherheit auf jeden Fall eine Filtermaske (denn Sie möchten sicher nicht den Staub einatmen, den dieses Zeug verbreitet!).

Womit sollte ich das Gehäuse abdichten?

Verleimen Sie erst einmal alle Verbindungskanten und schrauben Sie diese zusätzlich zusammen. Und abschließend tragen Sie auf alle Verbindungen im Inneren Silikondichtmittel auf.

Welchen Leim soll ich verwenden?

Ein guter Holzleim ist eine sichere Lösung.

Was für einen Silikondichtstoff soll ich verwenden?

Den gleichen, den Sie auch zur Abdichtung Ihrer Badewanne oder Dusche verwenden würden (achten Sie aber auf jeden Fall darauf, dass es sich um Silikondichtstoff und nicht um Dichtungsmasse handelt).

Wie lang soll ich den Leim und den Dichtstoff aushärten lassen, bevor ich die Subwoofer einbaue?

24 Stunden, denn durch die eine oder andere enthaltene Chemikalie kann das Material beschädigt werden, aus dem die Woofer gemacht sind. Und bitte vergewissern Sie sich, dass alles komplett trocken und an seinem Platz ist, denn die Subwoofer werden im Gehäuseinneren mächtig für Druck sorgen.

Wie viele Schrauben brauche ich zur Befestigung der Verbindungskanten?

Am besten verwenden Sie alle 100 mm eine 60 mm-Schraube.

Wie kann ich verhindern, dass das Holz splittert, wenn ich die Platten mit Schrauben befestige?

Bohren Sie die Löcher vor.

05

Verstärker

Verstärker

Das Kraftwerk für Ihre Anlage

Alle anständigen Auto-Stereoanlagen brauchen eine separate Verstärkung. Ihr Steuergerät mag ja von sich behaupten, dass es massenhaft Schallenergie heraushaut – aber sobald Sie einen Verstärker zwischen Steuergerät und Lautsprechern anschließen, werden Sie von den Socken sein, um wie viele Längen besser ein separater Verstärker ist.

Die treibende Kraft hinter Ihren Lautsprechern ist der Verstärker. Das Problem ist allerdings: Der in Ihr Steuergerät eingebaute Verstärker ist nicht sehr kraftvoll und mit Sicherheit nicht kraftvoll genug, um hochwertige Lautsprecher und einen Subwoofer zu versorgen! Die meisten Menschen entscheiden sich für einen zusätzlichen Verstärker, weil sie in ihre Anlage einen Subwoofer einbinden. Auch eine serienmäßig eingebaute Anlage kann durch einen Verstärker erweitert werden – mit dem Erfolg einer erheblich besseren Schallleistung und Klangqualität.

Beim Anschließen eines Verstärkers kommt es verschärft darauf an, alles richtig zu machen. In das Stromkabel des Verstärkers muss irgendwo in Batterienähe eine Sicherung eingebaut werden. Am Eingang des Kabels in den Fahrgastraum muss das Kabel auf jeden Fall durch eine Schutzmanschette geschützt werden. Das Signalkabel vom Steuergerät zum Verstärker sollte genau wie das Stromkabel des Verstärkers abseits der Autoverkabelung geführt werden, damit es sich nicht irgendwelche garstigen Geräusche einfängt.

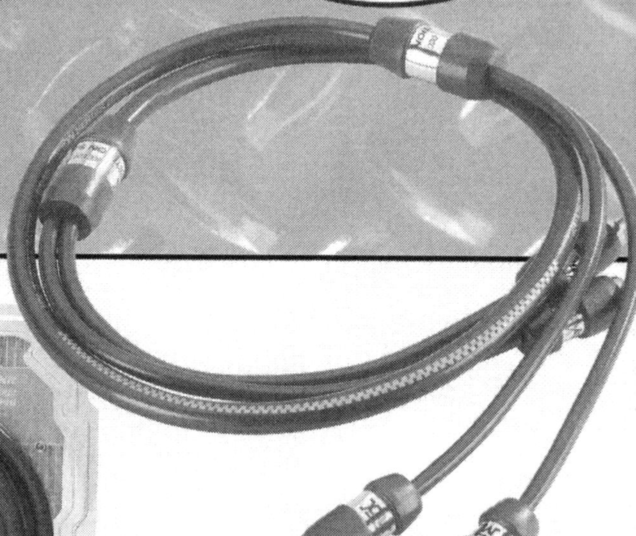

Großes Foto: Der Verstärker passt genau unter den hochklappbaren Rücksitz
Unten und rechts: Wer sich die Installation einfach machen will, kauft sich fertige Verstärkerkabel-Sets wie diese hier.

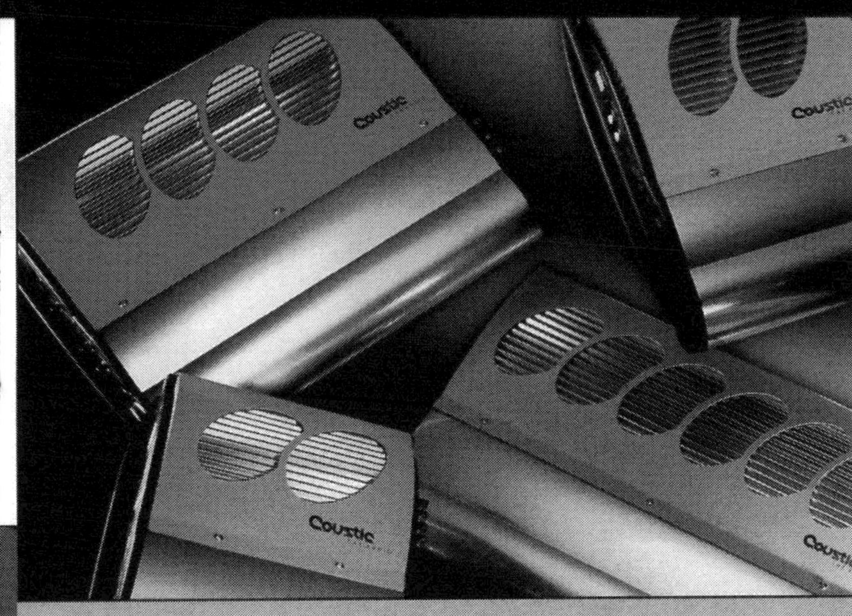

Wenn beim Lauterdrehen der Musik die Autoscheinwerfer dunkler werden, wird womöglich ein externer Kondensator gebraucht. Externe Kondensatoren speichern Strom zwischen dem Verstärker und der Batterie und liefern, falls erforderlich, zusätzlichen Strom, um so eine unnötige Beanspruchung der Lichtmaschine oder der Autobatterie zu vermeiden

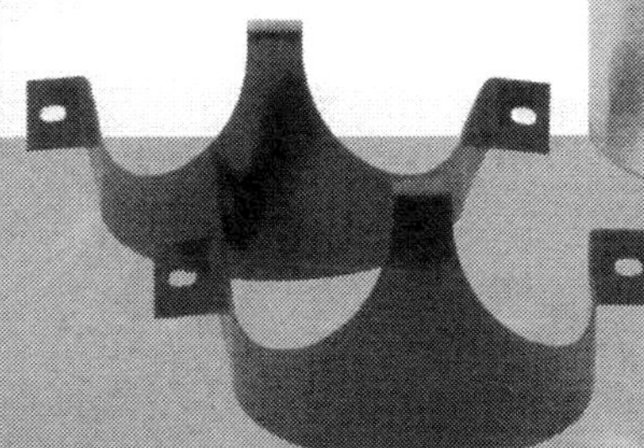

Wie Verstärker **arbeiten**

Der Verstärker nimmt ein Signal und verstärkt es, ohne dem Originalsignal etwas hinzuzufügen oder abzuzwacken. Dafür braucht der Verstärker eine Energieversorgung, deren Dimensionierung sich proportional nach dem gewünschten Output richtet. Das Auto versorgt den Verstärker mit 12 Volt Gleichstrom; die Schallerzeugung erfolgt mit Wechselstrom. Die Stromversorgung des Verstärkers nimmt die 12 Volt vom Auto und verstärkt sie. Dabei wird die Spannung wesentlich erhöht. Und wenn der Lautsprecher Musik wiedergibt, wird dieser Lautsprecher von der Plus-Seite geschoben und von der Minus-Seite gezogen.
In der Stromversorgung kommen in der Regel so genannte Metalloxid-Halbleiter-Feldeffekttransistoren oder auch MOS-Feldeffekttransistoren (nach der englischen Bezeichnung kurz MOSFETs) zum Einsatz, und genau auf die Abkürzung „MOSFET" sollten Sie beim Verstärkerkauf achten. MOSFETs können weitaus mehr Strom steuern als herkömmliche Feldeffekttransistoren (FETs). Dank dieser erhöhten Stromtragfähigkeit kann der Verstärker in einem größeren Temperaturbereich bei niedrigen Impedanzen arbeiten.
Als Impedanz bezeichnet man den Wechselstromwiderstand eines Lautsprechers (Musik ist Wechselstrom). Während Autolautsprecher typischerweise eine Impedanz von 4 Ohm haben, verlangen manche Anwendungen zwei parallel geschaltete Lautsprecher, so dass eine 2-Ohm-Schaltung entsteht. Das Ohmsche Gesetz lehrt uns, dass mit sinkendem Widerstand die Stromstärke zunimmt. Der Verstärker versucht also, eine höhere Stromstärke zu erzeugen, sobald eine niedrigere Impedanz anliegt. Und die MOSFET-Technologie hilft der Stromversorgung des Verstärkers, diesen erhöhten Energiebedarf zu decken.

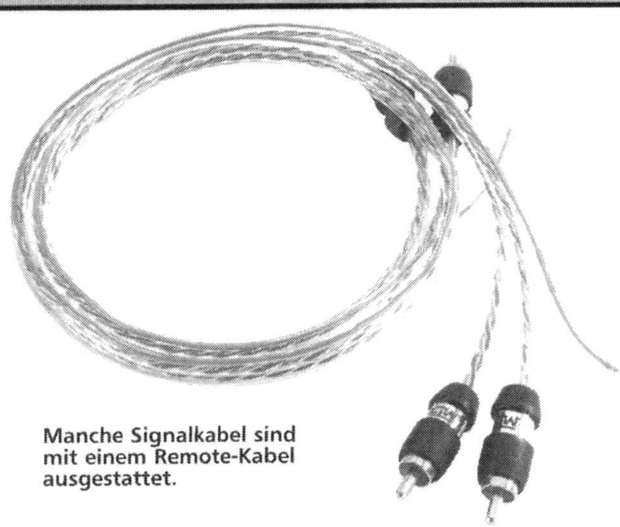

Manche Signalkabel sind mit einem Remote-Kabel ausgestattet.

Kanäle

Für das verstärkte Ausgangssignal sind einer bis acht Kanäle verfügbar. Wenn Sie herausfinden wollen, welcher Verstärker Ihren Bedürfnissen am besten entspricht, ist die Anzahl der Verstärkerkanäle genauso wichtig wie die Ausgangsleistung. Die Kanäle können für verschiedene Anwendungen verschieden konfiguriert werden. So kann zum Beispiel ein 4-Kanal-Verstärker zwei gebrückte Kanäle haben, während die beiden anderen Kanäle in Stereo arbeiten. Das ergibt insgesamt eine 3-Kanal-Anlage. Ein 2-Kanal-Verstärker kann zwei Lautsprecher in Stereo ansteuern, während ein dritter (Subwoofer) über den rechten und den linken Kanal gebrückt wird. Ein 6-Kanal-Verstärker kann zwei gebrückte Kanäle haben, während die vier anderen Kanäle in Stereo arbeiten. Mit Mehrkanalverstärkern kann eine schier unbegrenzte Anzahl von Kombinationen realisiert werden. Beispielsweise kann ein 4-Kanal-Verstärker im 3-Kanal-Modus eingesetzt werden, in dem die Tiefpass-Frequenzweiche (die nur die tiefen Frequenzen passieren lässt) die Bässe zum Mono-Kanal für den Subwoofer-Eingang leitet, dieweil mit dem verbleibenden Stereosignal ein Komponentenpaar in den Autotüren im Hochpass-Modus angesteuert wird.

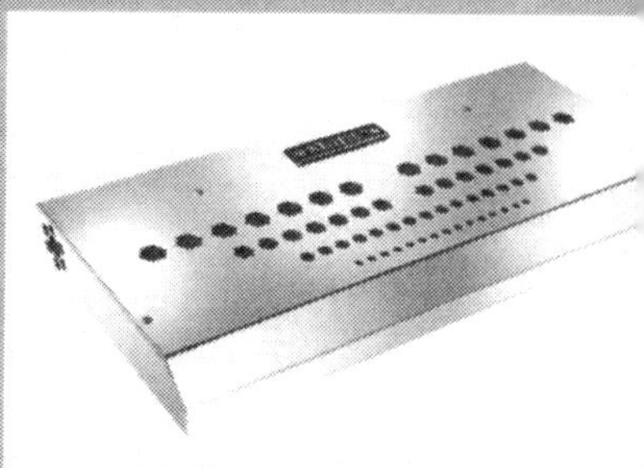

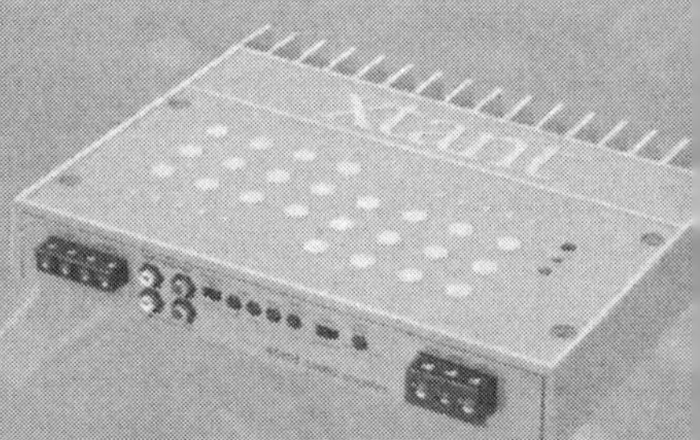

Was bedeutet „brücken"?

Das Brücken eines Verstärkers bedeutet, dass mit dem linken und dem rechten Kanal zusammen ein oder mehrere Lautsprecher angesteuert werden. Die meisten modernen 12-V-Verstärker können gebrückt werden. Dabei werden zwei Kanäle miteinander kombiniert, um für einen Lautsprecher oder eine Gruppe von Lautsprechern eine höhere Ausgangsleistung zu erreichen. Die meisten (aber nicht alle) Verstärker sind heute so gestaltet, dass sie gebrückt werden können. Aber Vorsicht: Die in den Angaben von Verstärkerherstellern genannten Stabilitätsgrenzen beziehen sich auf den gebrückten Modus. Ist ein Verstärker zum Beispiel im gebrückten Modus nur bis zu einer Impedanz von 2 Ohm stabil, darf die Lautsprecheranlage auf keinen Fall eine Last von weniger als 2 Ohm aufweisen.

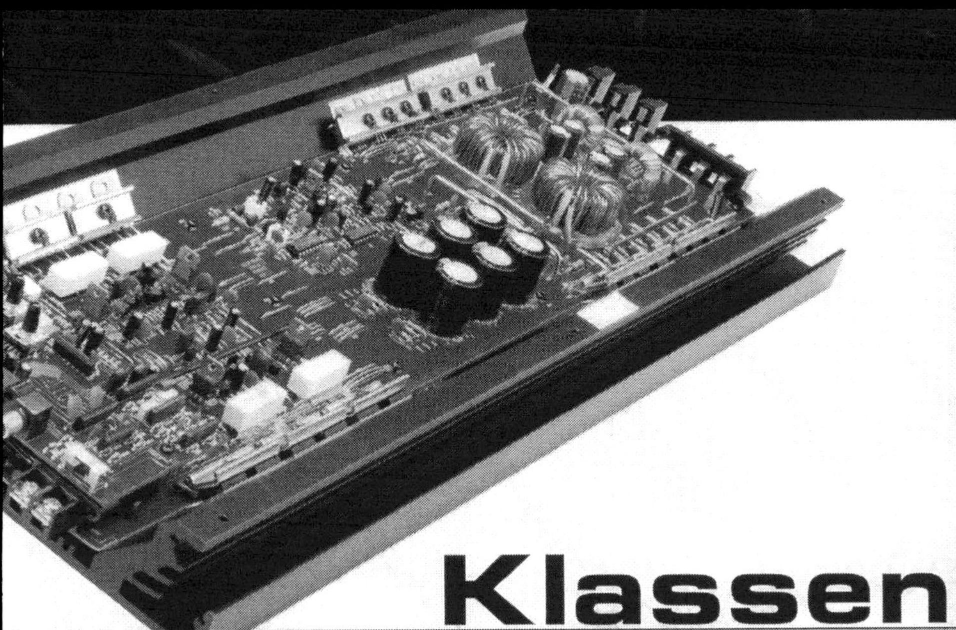

Klassen

Es gibt unterschiedliche Verstärkertypen. Die einzelnen Verstärkerklassen sagen etwas über den Wirkungsgrad und die Klangqualität des betreffenden Verstärkers aus. Grundsätzlich gilt: Je wirkungsvoller der Verstärker, umso schlechter die Klangqualität. Ein Hochleistungs-Steuergerät zum Beispiel verfügt über einen Verstärker mit hohem Wirkungsgrad, ist aber nicht gerade für seine Klangqualität bekannt. Wenn der Ausgangsstrom über einen längeren Teil des Zyklus fließt, ist der Verstärker weniger wirkungsvoll. Fließt der Ausgangsstrom dagegen über einen kürzeren Teil des Zyklus, nimmt der Wirkungsgrad des Verstärkers zu.
Einfacher ausgedrückt: Wenn ein Verstärker 100 Watt Batteriestrom nutzt, aber nur eine Ausgangsleistung von 50 Watt abgibt, dann spricht man von einem Wirkungsgrad von 50 %. Nutzt er 100 Watt Batteriestrom, gibt aber nur 80 Watt Ausgangsleistung ab, so beträgt sein Wirkungsgrad etwa 80 %.

Klasse A: Ein Verstärker der Klasse A hat eine saubere Ausgangsleistung, aber einen geringen Wirkungsgrad. Die meisten Verstärker der Klasse A arbeiten mit einem Wirkungsgrad von rund 20 % bis 30 %. Benötigt der Verstärker zum Beispiel von der Batterie rund 100 Watt Eingangsstrom, dann leitet er nur ungefähr 20 oder 30 Watt in Form von Audiosignalen zum Lautsprecher.

Klasse B: Diese Verstärkerklasse hat einen doppelt so hohen Wirkungsgrad wie die Verstärker der Klasse A. Die Verstärker der Klasse B mögen einem zwar wie eine ideale Lösung vorkommen, aber sie erzeugen akustische Verzerrungen und werden selten in Autoradios eingesetzt.

Klasse AB: Die Verstärker dieser Klasse sind heutzutage wohl die gängigsten 12-V-Verstärker und kombinieren eine gute Klangqualität mit einem hohen Wirkungsgrad. Die meisten Car-Audio-Verstärker verwenden ein Verstärkerdesign der Klasse AB.

Klasse D: Die Klasse D hat einen hohen Wirkungsgrad, erfordert aber einen komplexen Ausgangsfilter und damit Mehrkosten. Der hohe Wirkungsgrad ist der Tatsache zu verdanken, dass die Stromversorgung dem Eingangssignal folgt und sich entsprechend einstellt. Verstärker der Klasse D schalten sich in jeder Sekunde Hunderte oder Tausende Male ein und aus. Anders als man uns bisweilen in der Literatur glauben machen will, steht das „D" in „Klasse D" übrigens nicht für „Digital".

Auswahl des richtigen **Verstärkers**

Als Erstes gilt es, herauszufinden, was Ihre Anlage braucht. Wenn Sie einen Verstärker nur einbauen wollen, um Ihre serienmäßig eingebaute Anlage zu optimieren, genügt unter Umständen eine minimale Verstärkung. Darum reicht in diesem Fall ein kleiner und billiger Verstärker aus. Wenn Sie aber vorhaben, mehrere Subwoofer und Komponentenlautsprecher einzusetzen, werden Sie höchstwahrscheinlich mehrere Verstärker brauchen.

Als Nächstes müssen Sie sich darüber klar werden, ob Sie einen Verstärker mit eingebauter Frequenzweiche oder aber einen Verstärker brauchen, der die Lautsprecher mit Full-Range-Signalen versorgt. Eine eingebaute Frequenzweiche filtert verschiedene Frequenzen, die für einen bestimmten Lautsprecher vorgesehen sind, heraus, während ein 12-Zoll-Subwoofer den besten Sound liefert, wenn er Frequenzen von 100 Hz und darunter abstrahlt. Dies beschert dem Lautsprecher, der in diesem Frequenzbereich abstrahlt, eine längere Lebensdauer.

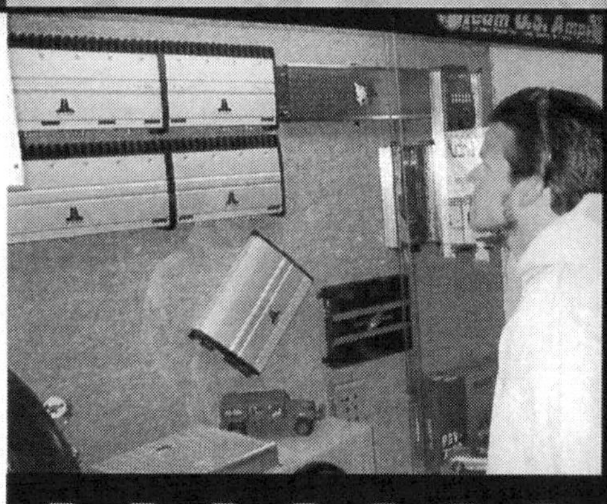

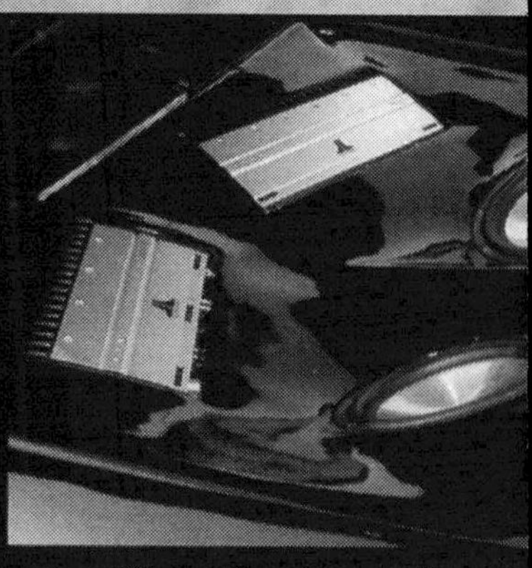

Hinweis:
Wenn Sie einfach nur einen Verstärker zwischen Ihr serienmäßig vorhandenes Steuergerät und die Lautsprecher einbauen möchten, halten Sie nach einem Verstärker mit „Speaker-Level-Eingängen" Ausschau. Auf diese Weise können Ihre Speaker-Level-Anschlüsse von der Radiobuchse direkt an den Verstärker angeschlossen werden.

Wie stark muss der Verstärker für Ihre Anlage sein? Das kommt ganz darauf an, was für Lautsprecher und wie viele Lautsprecher dieser Verstärker ansteuern muss. Der Verstärker sollte das Ein- bis Anderthalbfache der Nennleistung (Dauerleistung oder RMS-Leistung in Watt) des für die tiefsten Frequenzen bestimmten Lautsprechers ausgeben können, der von diesem Verstärker angesteuert werden soll. Wie viel Watt pro Kanal der Verstärker dauerhaft erzeugen kann, können Sie beim Verstärkerkauf den technischen Daten zu dem jeweiligen Gerät entnehmen. So sonderbar es klingen mag – ein Verstärker mit zu geringer Leistung kann Ihre Lautsprecher beschädigen, wenn die Lautstärke hochgedreht wird. Die Wellenform, die der Verstärker ausgibt, verwandelt sich von einer hübsch geschlängelten Sinuswelle eher in eine Rechteckwelle, was Lautsprecher gar nicht gerne haben. Da der untere und der obere Teil der Welle abgezwickt werden – im Englischen sagt man dazu „clipped off", - nennt man diesen Vorgang *Clipping*. Mit einer Extraportion Leistung kommen die Lautsprecher immer noch besser zurecht als mit diesen hässlichen Rechteckwellen.
Und nun noch die Abschlussfrage: Wie viele Kanäle muss der Verstärker haben, damit er zu meiner Stereoanlage passt? Nehmen wir an, Sie setzen vier Lautsprecher ein und möchten zwecks Soundoptimierung Verstärker hinzunehmen. Sie müssen entscheiden, ob Sie weiterhin den Fader nutzen möchten. Wenn ja, müssen Sie sich einen 4-Kanal-Verstärker mit vier unabhängigen RCA-Eingängen zulegen. Ein 4-Kanal-Verstärker kann vier Lautsprecher stereomäßig bedienen, ohne dass die Fadingmöglichkeiten darunter leiden.

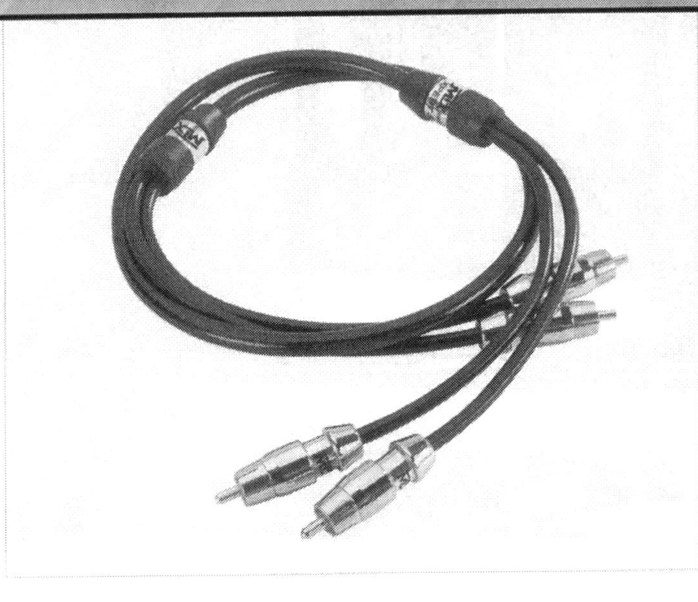

??? Verstärker

Wie nahe an der Batterie soll ich bei der Installation des Verstärkerstromkabels die Sicherung oder den Stromkreisunterbrecher einbauen?

So nah an der Batterie wie möglich. Der professionelle Standard für die Sicherung eines Stromkabels verlangt mindestens 25 cm und höchstens 46 cm Entfernung von der Batterieklemme.

Welchen Mindestabstand soll ich zwischen meinen Signalkabeln und etwaigen Stromkabeln einhalten?

Zwischen Stromkabeln und Signalkabeln sollten mindestens 46 cm Abstand sein.

Wo kann ich meinen Verstärker anbringen?

Grundsätzlich kann ein Verstärker überall montiert werden, wo Platz ist. Gut aufgehoben ist er unter einem der Sitze oder im Kofferraum, sofern dort eine angemessene Belüftung gegeben ist. Den Verstärker verkehrt herum unter irgendeinem Bauteil anzubringen, ist dagegen kein guter Einfall, denn die aufsteigende Wärme, die der Verstärker ja erzeugt, könnte in diesem Fall nirgendwohin abgeleitet werden.

Wo kann ich meinen Verstärker erden?

Je näher am Verstärker, desto besser. Dadurch wird mit dafür gesorgt, dass keine Geräusche in die Anlage dringen. Verwenden Sie ein gutes Ringterminal und achten Sie unbedingt darauf, dass der Kontaktpunkt keine Rost-, Farb- oder Lackspuren aufweist.

Wie groß soll das Stromkabel für meinen Verstärker sein?

Halten Sie sich an die mit Ihrem Verstärker mitgelieferten Herstelleranweisungen und werfen Sie außerdem einen Blick auf die Verstärkerstromkabel-Tabelle, die Sie in diesem Kapitel einige Seiten weiter hinten finden.

Soll ich, wenn ich mehrere Verstärker in meine Anlage einbaue, für jeden einzelnen Verstärker ein jeweils eigenes Stromkabel zur Batterie verlegen?

Ein an die Batterie angeschlossenes Stromkabel sollte mit einem Stromverteilerblock verbunden werden, an den dann die einzelnen Stromkabel von den Verstärkern angeschlossen werden.

Soll ich die serienmäßig vorhandene Batteriekabelklemme ersetzen?

Ja. Sie müssen ein Stromkabel vom Verstärker anschließen. Ideal wäre eine Anschlussklemme mit Zusatzadapter.

Was ist die beste Methode für die Herstellung von Kabelverbindungen im Motorraum?

Am besten sind Lötverbindungen, die Sie aber auf jeden Fall hinterher mit Wärmeschrumpfschläuchen schützen müssen, damit für die Isolierung und den Korrosionsschutz der Verbindung gesorgt ist.

Was tun, wenn ich ein Kabel durch ein Loch in der Karosserie hindurch verlegen muss?

Verwenden Sie in solchen Fällen stets eine Schutzmanschette.

Welche Aufgabe hat ein Kondensator in einer Soundanlage?

Der Kondensator ist vor allem dafür zuständig, je nach Strombedarf des Verstärkers die Stromanlage des Fahrzeugs durch die Zuführung gespeicherter Energie zu unterstützen. Dies sorgt für eine stabilere Spannungsversorgung und ermöglicht zugleich dem Verstärker, seine Arbeit effizienter zu erledigen.

Aufrüstung

Wenn Sie erst einmal mit den Möglichkeiten vertraut sind, die ein Verstärker bietet, bekommen Sie vielleicht Lust auf ein Upgrade und möchten sich einen besseren Verstärker oder ein Gerät mit mehr Funktionen zulegen. Der allerwichtigste Grund, Ihre Anlage mit einem besseren Verstärker nachzurüsten, besteht darin, dass Sie nachher mehr Leistung haben. Ein weiteres gängiges Feature von Verstärkern sind interne Hochpass-, Tiefpass- und Bandpass-Frequenzweichen. Wenn Sie in eine werksseitig vorhandene Anlage einen Subwoofer einbauen, brauchen sie einen Verstärker mit irgendeiner Art von Tiefpass-Frequenzweiche, um die hohen Frequenzen vom Subwoofer fernzuhalten. Ein weiteres Argument für ein Upgrade wäre die mögliche Kanalanzahl des Verstärkers. Wenn in Ihrer Anlage ein Verstärker bereits zwei Hecklautsprecher ansteuert, möchten Sie vielleicht den Frontlautsprechern mehr Leistung gönnen. Am allerbesten erreichen Sie diese Verbesserung, indem Sie Ihre Anlage mit einem 4-Kanal-Verstärker nachrüsten, der sowohl die Front- als auch die Hecklautsprecher ansteuert. Alternativ können Sie auch einfach einen zweiten Verstärker hinzunehmen, der nur die Frontlautsprecher bedient.

Ein sehr wichtiger Faktor, der bei jedem Upgrade bedacht werden will, ist die Größe. Viele Soundfanatiker legen Wert auf Verstärker, die man mühelos so installieren kann, dass sie nicht im Weg sind – unter einem der Sitze, hinter Verkleidungen oder unter dem Kofferraumboden.

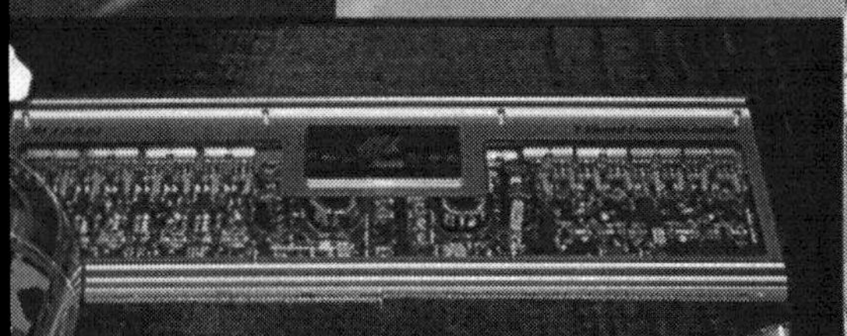

Verstärker
effektiv verwenden

Wenn der Einbau des Verstärkers abgeschlossen ist, muss der Verstärkerpegel passend zum Rest der Anlage eingestellt werden. In der Idealeinstellung wird dem Verstärker das Maximalsignal, aber keinerlei Verzerrung zugeführt. Manche Verstärker sind mit Clipping-Anzeigen ausgestattet, die aufleuchten, sobald der Eingangspegel zu hoch ist. Ist die Eingangsempfindlichkeit (Gain) zu niedrig eingestellt, muss die Lautstärke des Radios hochgedreht werden. Dadurch werden auch unerwünschte Geräusche auf diese Lautstärke verstärkt.

Bei einigen Verstärkern kann zur Leistungssteigerung ein Stabilisierungskondensator eingebaut werden. Ein Kondensator speichert Strom, und wenn der Verstärker mehr Strom anfordert (wenn zum Beispiel der Subwoofer wirklich alles gibt), zieht er sofort Strom aus dem Kondensator bzw. den Kondensatoren. Dadurch kann der Verstärker mehr Leistung liefern. Wenn er anständig funktionieren soll, muss der Kondensator möglichst nah am Verstärker eingebaut werden. Wie groß der Kondensator sein muss, richtet sich nach der Größe des Verstärkers. Empfohlen werden 100.000 Mikrofarad pro 100 Watt Leistung.

Auch der Zustand der Fahrzeugbatterie und der Lichtmaschine hat großen Einfluss auf die Verstärkerleistung. Schließlich kann der Verstärker nicht tun, was er soll, wenn er nicht bekommt, was er dafür braucht.

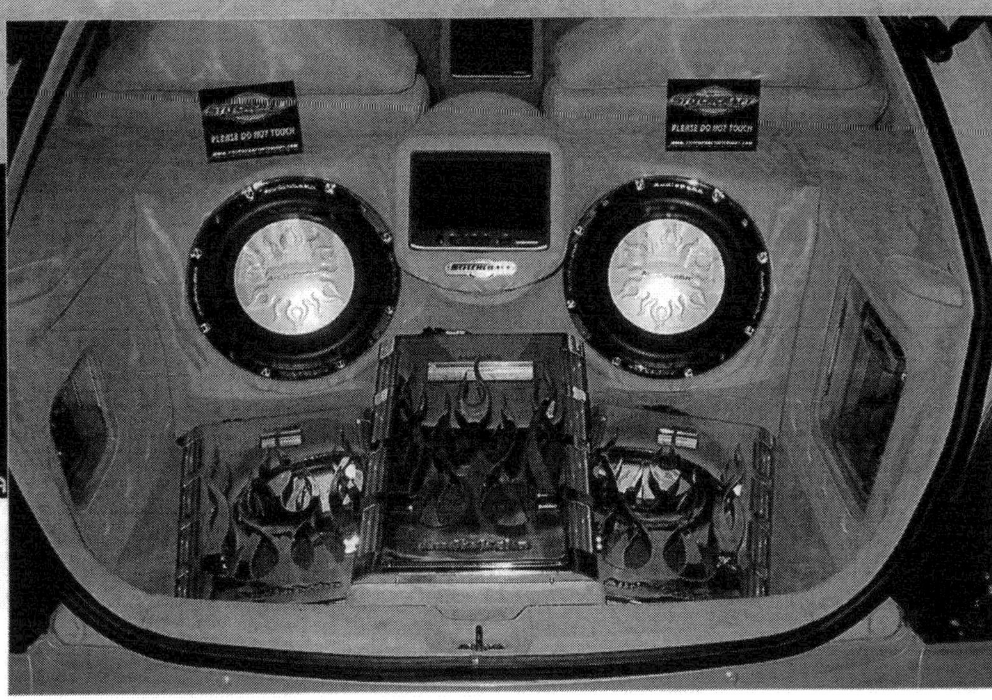

Sonstiges Zubehör
für die Verstärker-Installation

Neben dem Verstärker bzw. den Verstärkern sollten Sie sich die folgenden Dinge besorgen, bevor Sie sich zu Hause an die Installationsarbeiten machen:

- **Drähte und Kabel** – Stellen Sie fest, wie viel Verkabelung Sie zum Anschließen Ihres neuen Verstärkers an die Batterie und auch wie viel Lautsprecherkabel Sie brauchen. Dies wäre übrigens die ideale Gelegenheit, Ihre Standard-Lautsprecherkabel durch Lautsprecherkabel mit großem Querschnitt zu ersetzen.
- **Verbinder und Lötmittel** – Rechnen Sie aus, wie viele Verbinder Sie zum Anschließen Ihrer Verstärker und Lautsprecher brauchen, und kaufen Sie vorsorglich etwas mehr als die errechnete Anzahl. Wenn Sie einige Verbinder anlöten müssen, verwenden Sie dafür ausschließlich Kolophoniumlötdraht.
- **Schrumpfschläuche** – Falls Sie Verbinder verwenden, die an einen Draht oder ein Kabel angelötet werden müssen, besorgen Sie sich etwas Schrumpfschlauch zum Abdecken der Lötstellen. Der Schrumpfschlauch sorgt für eine viel sauberere Installation als Elektrikerklebeband und ist obendrein sicherer und langlebiger.
- **Sicherungshalter** – Besorgen Sie sich einen Sicherungshalter mit einem für Ihr Setup ausreichenden Amperewert. Er wird im Stromkabel möglichst nahe an der Batterie eingebaut.
- **Batterieklemme** – Da Sie ja ein Kabel mit großem Querschnitt vom Pluspol Ihrer Batterie zum Verstärker verlegen, müssen Sie sich eine neue Batterieklemme besorgen, an der man ein zusätzliches oder mehrere zusätzliche Kabel befestigen kann (sofern an die vorhandene Klemme kein weiteres Kabel angeschlossen werden kann).
- **Schutzmanschette** – Wenn Sie für Ihr Verstärkerstromkabel ein neues Loch in die Trennwand bohren müssen, sorgt die Schutzmanschette dafür, dass die Isolierummantelung des Kabels nicht abgescheuert wird und es nicht zum Kurzschluss kommt.
- **Stromverteilerblock** – So ein Gerät brauchen Sie, wenn Sie mehr als einen Verstärker anschließen.
- **Montagezubehör** – Was für Zubehör Sie brauchen, richtet sich danach, wo und wie Sie den Verstärker montieren wollen, aber am besten legen Sie sich vor Beginn der eigentlichen Arbeiten alles zurecht, was Sie nach eigener Einschätzung vermutlich brauchen werden.

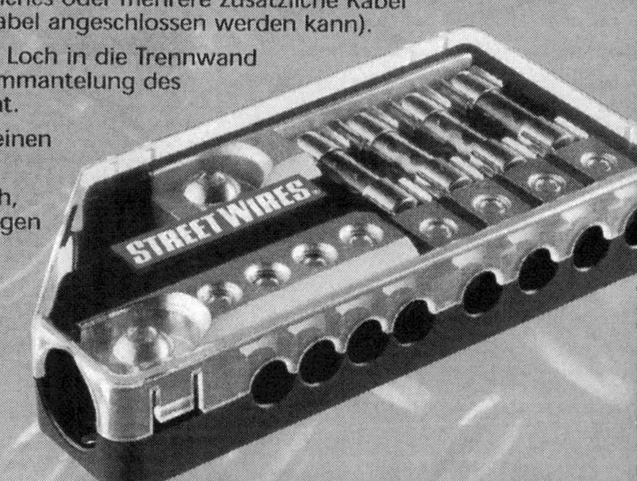

Hinweis:
Die meisten Verstärker-Installations-Sets enthalten alles, was Sie brauchen.

Montage-tipps

Grundsätzlich kann man einen Verstärker überall montieren, wo Platz ist, solange an der betreffenden Stelle keine rauen Umgebungsbedingungen herrschen oder allzu viel Wärme entsteht. Die Montage unter einem der Sitze ist eine gute Lösung, sofern über dem Verstärker noch genügend Freiraum bleibt. Das Gleiche gilt für den Kofferraum. Nur eines tun Sie bitte auf keinen Fall: Montieren Sie den Verstärker nicht an der Unterseite irgendeines Bauteils wie z. B. an der Unterseite der Heckablage. Das würde, da die Wärme ja aufsteigt und in diesem Fall nicht abgeleitet werden könnte, zur Überhitzung des Verstärkers führen.
Der Verstärker muss unbedingt mit allen Halterungen, die mit dem Verstärker mitgeliefert wurden, und mit qualitativ guten Verbindungselementen vorschriftsmäßig befestigt werden. Überzeugen Sie sich davon, dass die Fläche, an der der Verstärker angebracht werden soll, das Gewicht des Verstärkers auch wirklich aushält und dass sich das Gerät bei einem Unfall nicht selbstständig machen kann.
Wenn Sie zwecks Verstärkereinbau Löcher in den Boden oder eine Verkleidungsplatte Ihres Autos bohren müssen, vergewissern Sie sich, dass sich auf der anderen Seite nichts befindet, was durch den Bohrer oder durch das Befestigungselement, das in das gebohrte Loch eingeschraubt werden soll, Schaden nehmen könnte.

Verwenden Sie in jedem Fall qualitativ hochwertige Verbindungselemente. Falls Sie Ringverbinder benutzen, empfiehlt es sich, diese an den Draht oder das Kabel anzulöten, damit auf jeden Fall eine gute und korrosionsbeständige Verbindung entsteht. Ziehen Sie alle Befestigungselemente fest.
Sorgen Sie überall dort, wo Sie ein Kabel oder einen Draht durch die Trennwand oder ein anderes Karosseriebauteil hindurchführen müssen, mit einer Schutzmanschette für die nötige Isolierung der Kabeldurchführung. Das dürfen Sie auf keinen Fall vergessen, weil nur so sichergestellt ist, dass die Isolierung des Kabels nicht durchgescheuert wird und kein Kurzschluss und letztlich kein Brand entsteht.
Die im Stromkabel des Verstärkers eingebaute Sicherung muss sich so nahe an der Batterie befinden wie möglich, und der Amperewert dieser Sicherung muss dem Amperewert der Sicherung bzw. der Sicherungen des Verstärkers entsprechen oder niedriger sein.
Der Verstärker muss mit einem Kabel, das den gleichen Querschnitt wie das Stromkabel haben muss, zuverlässig geerdet werden. Das Erdungskabel des Verstärkers sollte möglichst kurz sein – idealerweise kürzer als 46 cm.

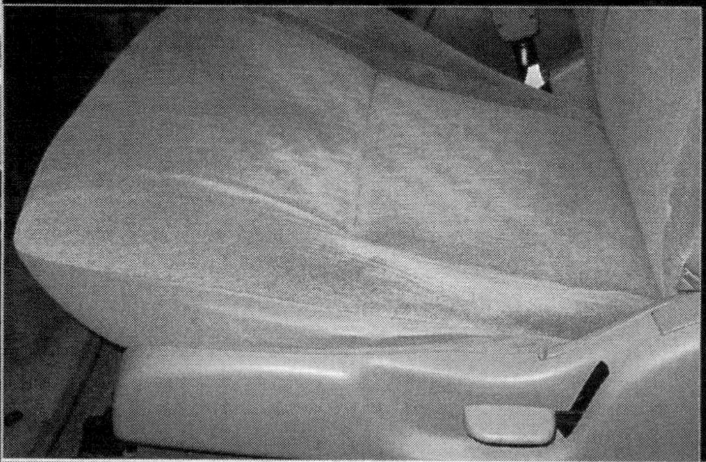

01 Der erste Schritt: Überlegen Sie sich, wo der Verstärker installiert werden soll. In diesem Fall haben wir uns für eine Montage unter dem Vordersitz entschieden.

Installation

Tabelle

Versorgungskabel

Kabellänge / Strom	1 m	2 m	3 m	4 m	5 m	6 m	7 m	8 m
0 - 20 A	4 mm^2	4 mm^2	6 mm^2	6 mm^2	10 mm^2	10 mm^2	10 mm^2	20 mm^2
21 - 30 A	4 mm^2	6 mm^2	10 mm^2	10 mm^2	20 mm^2	20 mm^2	20 mm^2	20 mm^2
31 - 40 A	4 mm^2	6 mm^2	10 mm^2	20 mm^2	20 mm^2	20 mm^2	20 mm^2	35 mm^2
41 - 60 A	6 mm^2	10 mm^2	20 mm^2	20 mm^2	35 mm^2	35 mm^2	35 mm^2	35 mm^2
61 - 80 A	6 mm^2	20 mm^2	20 mm^2	35 mm^2	35 mm^2	35 mm^2	50 mm^2	50 mm^2
81 - 100 A	10 mm^2	20 mm^2	35 mm^2	35 mm^2	50 mm^2	50 mm^2	50 mm^2	70 mm^2
101 - 150 A	20 mm^2	35 mm^2	35 mm^2	50 mm^2	70 mm^2	70 mm^2	95 mm^2	95 mm^2
151 - 200 A	20 mm^2	35 mm^2	50 mm^2	70 mm^2	95 mm^2	95 mm^2	120 mm^2	120 mm^2

Die Vorgabe für die Berechnung der Kabelquerschnitte: Der maximale Spannungsabfall über der Länge des Kabels darf nicht mehr als 0,5 Volt betragen. Die Längenangaben beziehen sich auf den Abstand zwischen Batterie und Verstärker. Die angegebenen Querschnitte gelten für die Hin- und Rückleitung (Plus- und Massekabel).

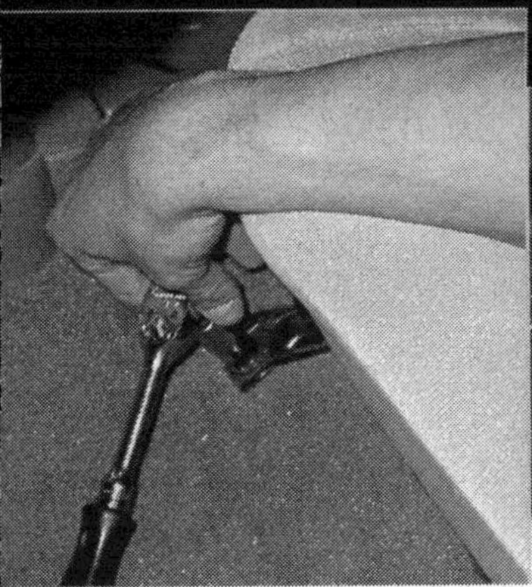

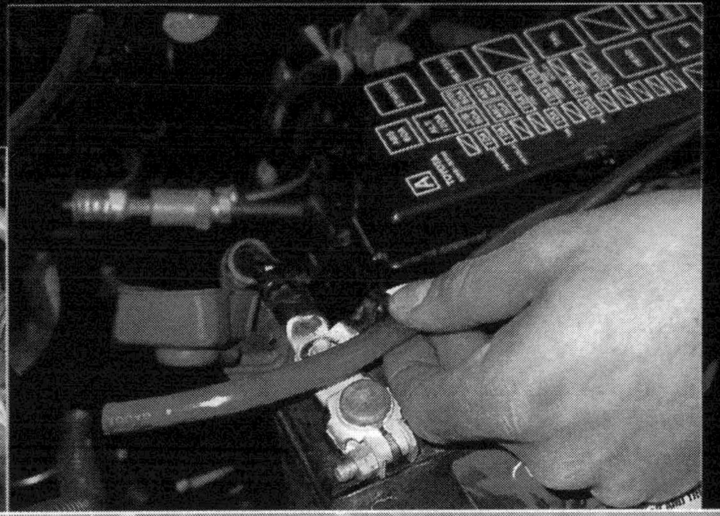

02 Meistens lässt sich der Sitz einfach ausbauen, indem man die vier Schrauben entfernt, mit denen der Sitz am Bodenblech befestigt ist, und den Sitz aus dem Fahrzeug hebt. Vielleicht müssen Sie auch den einen oder anderen Stromstecker aus seiner Buchse ziehen. Wenn Ihr Auto mit Seitenairbags ausgestattet ist, müssen Sie das Airbag-System deaktivieren.

03 Das Verlegen des Verstärkerstromkabels beginnt an der Batterie. Das Hauptstromkabel muss mit einem wasserfesten Sicherungshalter versehen sein, der möglichst nahe an der Batterie montiert wird.

04 Verwenden Sie zwischen Batterie und Sicherungshalter ein kurzes Stück Stromkabel.

Warnung:

Wenn Sie Arbeiten an einem Fahrzeug mit einem oder mehreren Airbags durchführen, muss das Airbag-System unbedingt deaktiviert werden, bevor Sie in der Nähe von Komponenten arbeiten, die zum Airbag-System gehören. Besonders wichtig ist dies bei Arbeiten im Bereich rings um die Instrumententafel und die Mittelkonsole. Wie das Airbag-System deaktiviert wird, erfahren Sie aus dem Service- und Reparaturhandbuch für Ihr Auto. Falls kein solches Handbuch vorhanden ist, besorgen Sie sich die nötigen Auskünfte bei der Kundendienstabteilung eines Autohändlers oder bei einer qualifizierten Reparaturwerkstatt. Ferner dürfen Sie ein Kabel, das zum Airbag-System gehört, NIEMALS anzapfen oder für einen Kabelabzweig verwenden. Außerdem darf an Kabeln des Airbag-System nie eine Prüflampe oder ein Multimeter verwendet werden. In den meisten Fahrzeugen sind die Kabel für das Airbag-Systems entweder gelb oder in gelben Kabelkanälen verlegt oder aber haben zumindest gelbe Stromverbinder.

05 Bringen Sie die andere Hälfte des Sicherungshalters an einem der Enden des kurzen Stromkabels an...

06 ...und quetschen Sie auf die Seite, die an die Batterie angeschlossen wird, eine runde Quetschklemme.

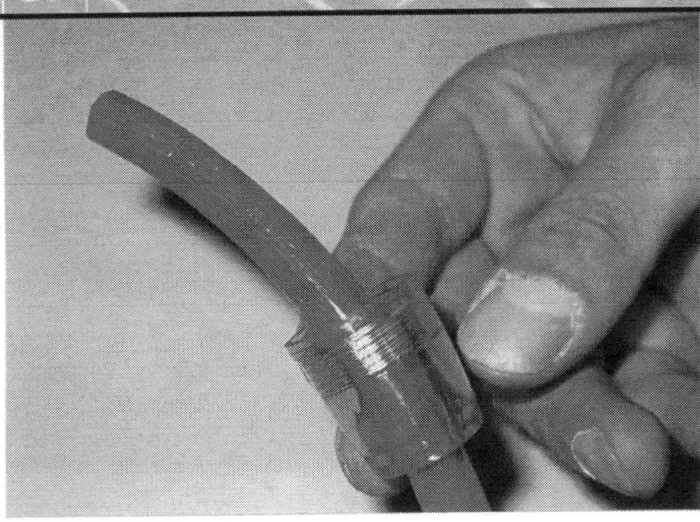

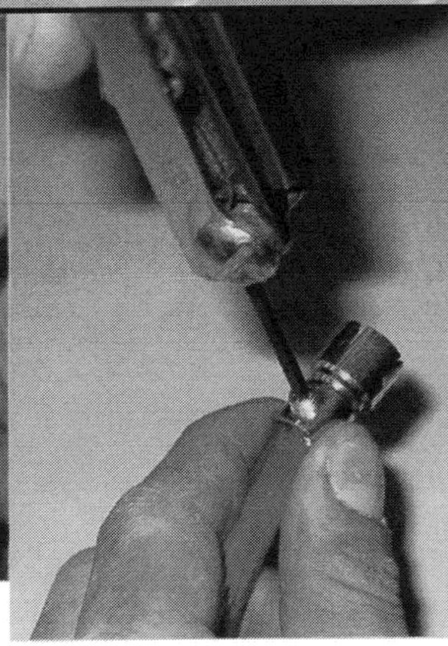

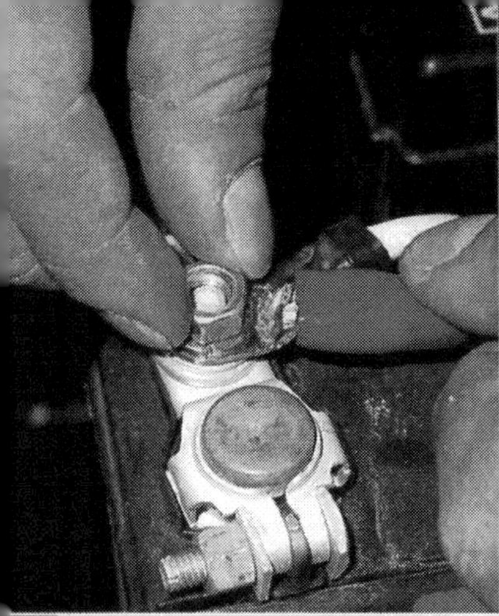

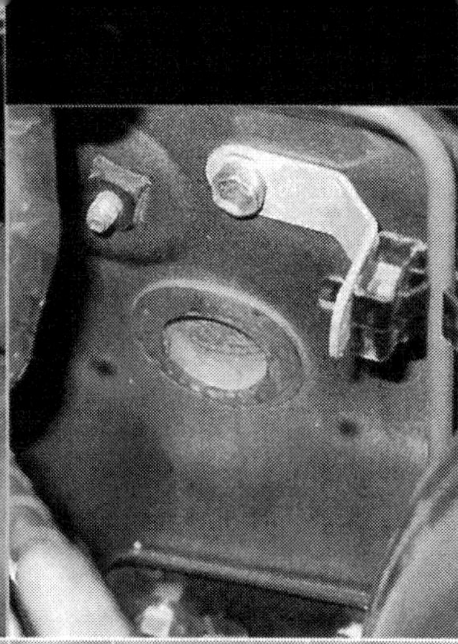

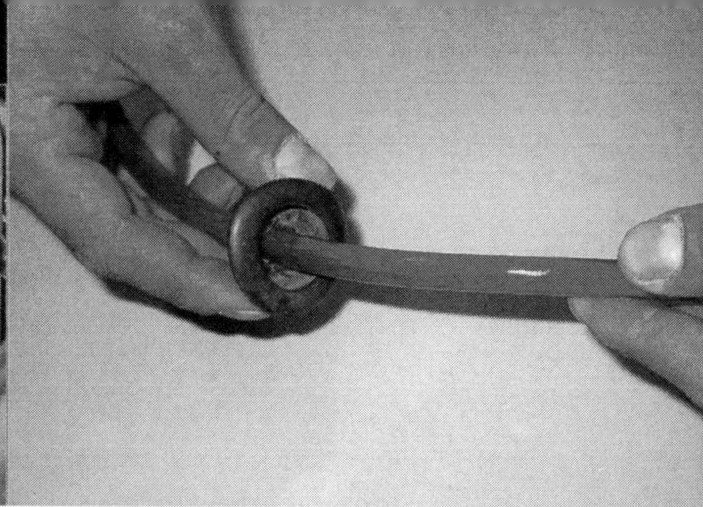

07 Das Stromkabel können Sie ruhigen Gewissens an die Klemme anschließen, aber AUF KEINEN FALL dürfen Sie eine Sicherung installieren und die Stromverbindung fertig stellen, ehe Sie nicht mit der Installation insgesamt fertig sind.

08 Jetzt muss das Stromkabel in den Fahrgastraum geführt werden. Die Durchführung des Kabels durch die Trennwand muss kein großes Drama sein – suchen Sie einfach ein schon vorhandenes Loch wie dieses hier,...

09 ...entfernen Sie die Schutzmanschette, schneiden Sie ein kleines Loch hinein und führen Sie das Stromkabel durch die Schutzmanschette und die Trennwand. Bringen Sie die Schutzmanschette auf jeden Fall im Anschluss wieder richtig an, damit keine Wasserundichtigkeiten entstehen und das Kabel geschützt ist.

10 Im Fahrgastraum wird das Stromkabel über seine gesamte Länge in einem schützenden Schlitzschlauch verstaut.

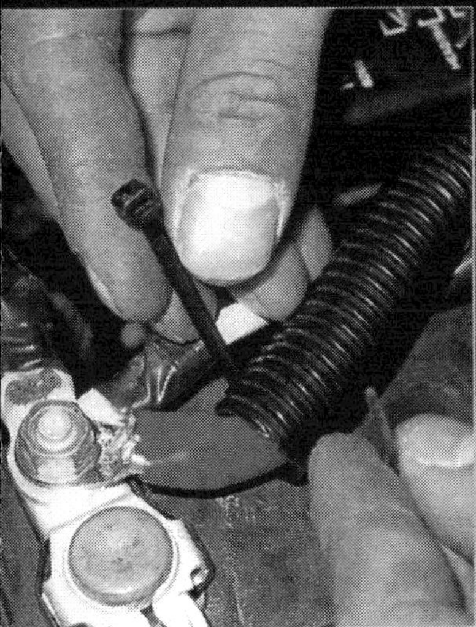

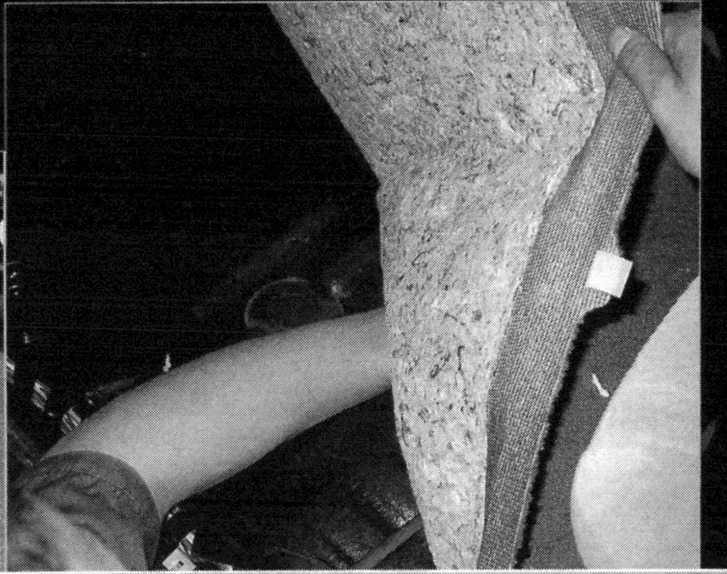

11 Binden Sie den Schlauch mit Kabelbindern fest, damit er nicht verrutscht.

12 Im Fahrgastraum muss das Stromkabel ordnungsgemäß befestigt werden, damit es sich nicht verheddert oder den Pedalen in die Quere kommt.

13 Ziehen Sie den Teppich zurück, damit das Kabel dorthin geführt werden kann, wo der Verstärker montiert werden soll.

Hinweis:
Beim Verlegen der Signalkabel einen Mindestabstand von 46 cm zu Stromkabeln und Kabelbäumen einhalten.

14 Das Remotekabel und das Signalkabel des Verstärkers müssen hinten an der Rückseite des Stereo-Steuergeräts angeschlossen werden. Führen Sie das Remotekabel in Richtung Verstärkerstromkabel zu der Stelle, wo das Stromkabel in der Trennwand verschwindet.

15 Führen Sie das Stromkabel und das Remotekabel des Verstärkers zusammen unter dem Teppich entlang – und sorgen Sie mit Hilfe von Kabelbindern oder Elektroklebeband dafür, dass kein Kabelgewirr entstehen kann.

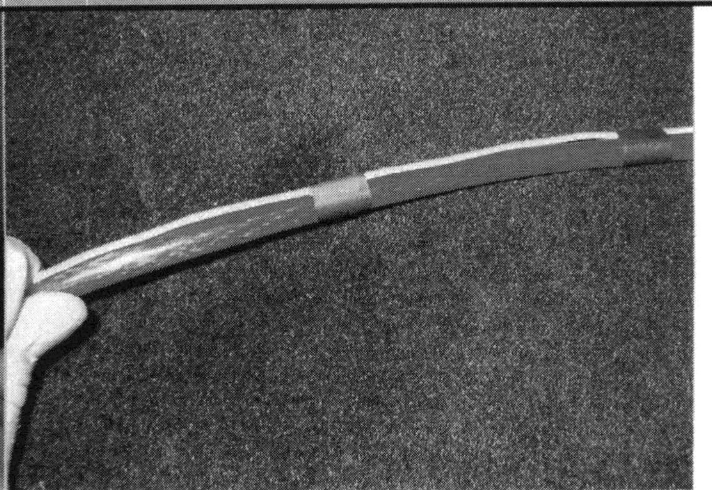

16 Falls Sie zwei Verstärker installieren, können Sie am Verstärker einen Stromverteilerblock einsetzen.

17 Wenn das Hauptstromkabel gut befestigt ist...

18 ...führen zwei getrennte Kabel mit kleinerem Querschnitt zu jedem der beiden Verstärker ab.

19 Schneiden Sie ein kurzes Kabelstück für den Erdungsanschluss ab und quetschen Sie auf eines der Enden ein Ringterminal. Suchen Sie eine Stelle, wo Sie das Erdungskabel am Fahrzeugchassis anbringen können. Entfernen Sie mit Schleifpapier alle Farb- oder Lackspuren, so dass eine Verbindung direkt am Metall entsteht.

20 Schließen Sie das Stromkabel, das Remotekabel und das Erdungskabel an den Verstärker an. Bei diesem Gerät von JL Audio werden die Kabel mit einem Inbusschlüssel direkt am Verstärker angeschlossen, so dass man ohne Kabelklemmen auskommt.

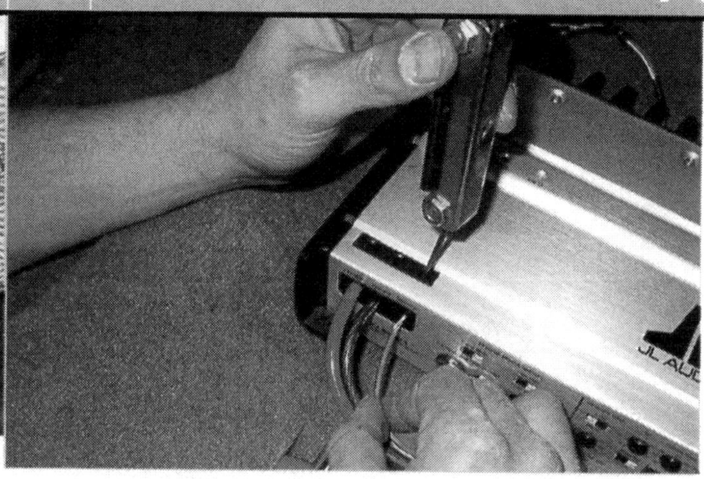

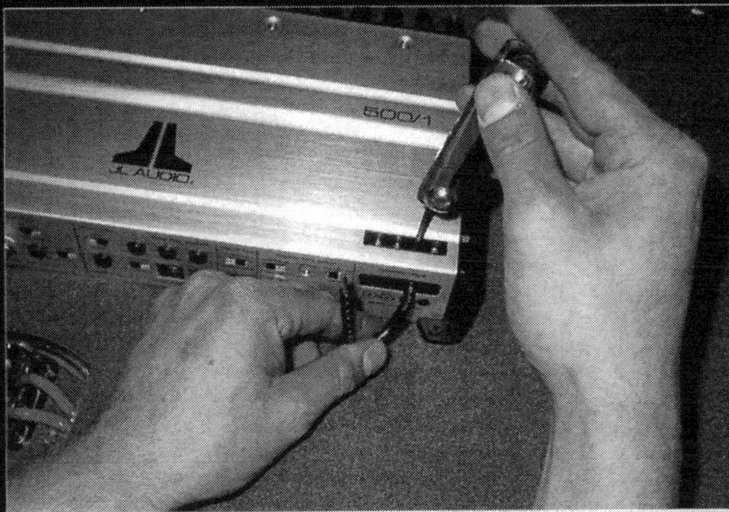

21 Genauso wird mit den Lautsprecherkabeln für den Subwoofer verfahren.

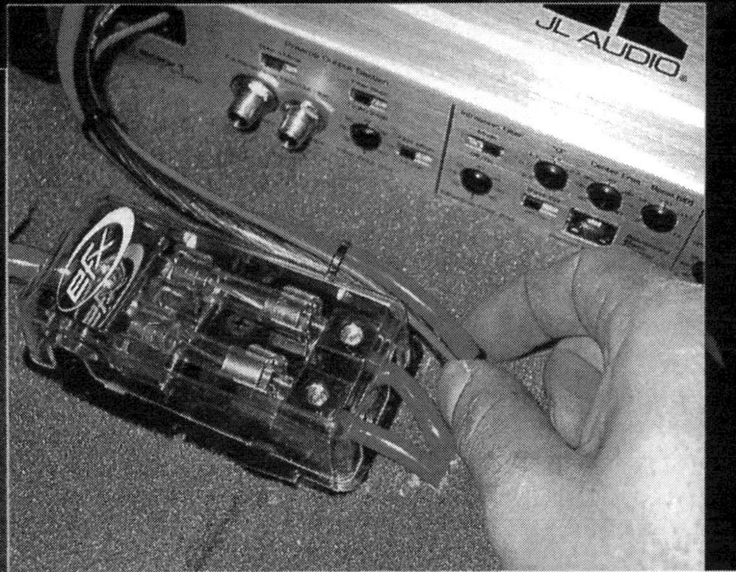

22 Mit Kabelbindern können Sie dafür sorgen, dass Strom-, Remote- und Erdungskabel beieinander bleiben.

Hinweis:
Folgen Sie beim Einbau des Verstärkers stets den Anweisungen des Herstellers. Besonders wichtig ist eine ordnungsgemäße Befestigung des Verstärkers, damit er nicht verrutschen kann. Ein Verstärker, der nicht richtig befestigt ist und ins Rutschen gerät, kann die Anlage beschädigen oder – noch schlimmer – bei einem Unfall zu einer echten Gefahr werden. Und ein UFO (kurz für „unnötiges Flugobjekt") im Fahrgastraum ist ja wohl das Letzte, was Sie bei einem Unfall brauchen können!

23 Schließen Sie die Signalkabel an den Verstärker an.

24 Wenn Sie mit der Installation fertig sind, können Sie die Sicherung einbauen und den Verstärker testen. Beachten Sie sorgfältig die Anweisungen des Herstellers, wenn Sie den Verstärker einschalten und die nötigen Einstellungen vornehmen.

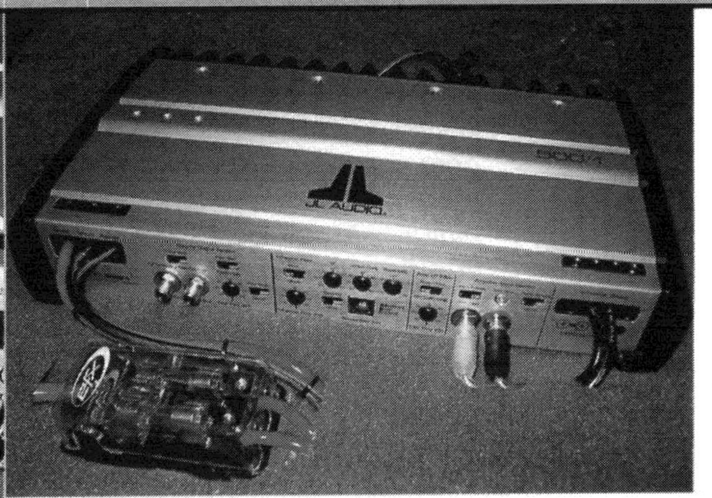

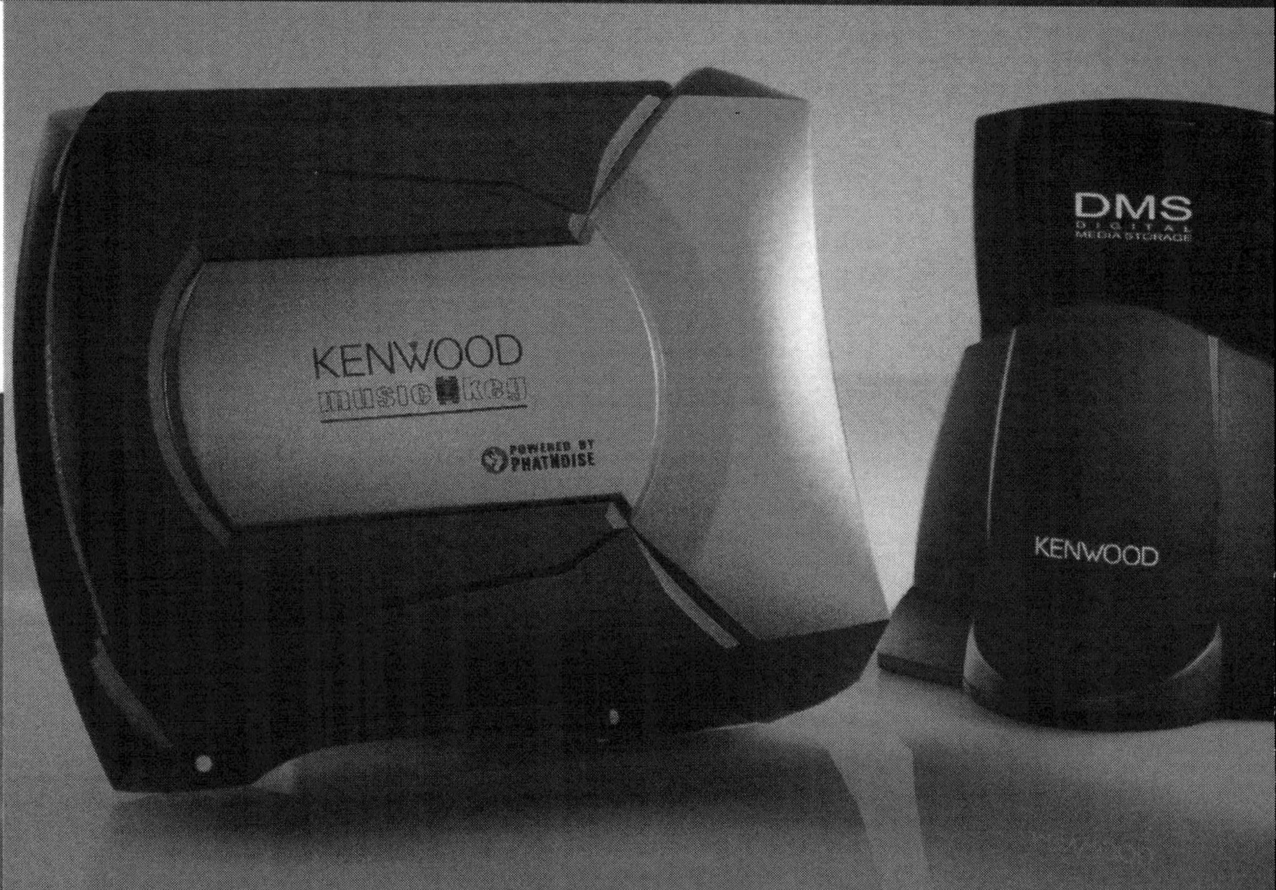

CD-Wechsler und digitale Abspielgeräte

Der perfekte Begleiter, wenn Sie länger unterwegs sind oder wenn Sie einfach keine Lust haben, sich mit dem Radio oder einzelnen CDs und Kassetten herumzuärgern: Ein CD-Wechsler oder digitales Abspielgerät speichert viele Stunden Ihrer Lieblingsmusik. Die ultimative Basis für Ihre Sound-Anlage.

Kenwood USA Corp.

CD-Wechsler

Ein CD-Wechsler kann Ihre Anlage bereichern, bietet er doch eine Reihe von Optionen wie Zufallswiedergabe und Wiederholung.
Der Einbau ist ziemlich einfach, weil ein CD-Wechsler wegen seines kompakten Designs praktisch beliebig irgendwo im Auto installiert werden kann und auch das Anschließen kein Problem ist.
CD-Wechsler gibt es in drei Grundtypen, die sich danach unterscheiden, wie sie an Ihre Sound-Anlage angeschlossen werden:

- *Direktanschluss*
- *Mit Frequenzmodulation (nicht in allen Ländern zugelassen)*
- *Auxiliary-Eingang*

Direktanschluss

Bei dieser Installationsart werden der CD-Wechsler und ein Radio/Steuergerät der gleichen Marke (oder ein Radiosteuergerät, das CD-Wechsler steuern kann und mit dem CD-Wechslers kompatibel ist) durch ein Kabel miteinander verbunden. Viele neuere Steuergeräte, die als Originalausrüstung verwendet werden, sind werksseitig so voreingerichtet, dass sie mit einem CD-Wechsler kombiniert werden können. Dadurch, dass als Originalausstattung vorhandene Wechsler-Controller in der Regel das gleiche Kabel wie die jeweilige Nachrüstversion verwenden, kann man einen kompatiblen Wechsler leichter an das Steuergerät anschließen. Diese Installationsart erfreut sich so großer Beliebtheit, dass die Hersteller auch "Plug-and-Play"-Kabeladapter anbieten, die mit den voreingebauten Steuergeräten kompatibel sind.

Frequenzmoduliert

Frequenzmodulierte (auch FM- oder RF-modulierte) CD-Wechsler sind beliebt, weil man für diese Variante nur einen Wechsler, einen Frequenzmodulator und eine Remote-Steuereinheit einbauen muss. Das eingebaute Steuergerät braucht nicht ersetzen werden, weil der Wechsler das CD-Signal in eine FM-Frequenz umwandelt und über das vorhandene FM-Radio/Steuergerät abspielt.
Der einzige Nachteil der frequenzmodulierten Lösung ist der, dass die Klangqualität durch die Wiedergabemöglichkeiten des Radios begrenzt wird, aber wegen der einfachen Installation ist sie eine der beliebtesten Varianten, wenn es um die Auswahl des richtigen CD-Wechslers geht.

Auxiliary-(AUX-)Eingang

Dies ist die wohl einfachste Möglichkeit, einen CD-Wechsler zu installieren, denn hier wird das Gerät einfach als zusätzliche Klangquelle (Auxiliary-Quelle) mit einem Kabel an ein vorhandenes Steuergerät angeschlossen. Die Verkabelung ist zum größten Teil bereits vorhanden, weil die nötigen Schaltfunktionen üblicherweise entweder in das Steuergerät oder in einen nachgeschalteten Vorverstärker-Prozessor integriert sind.
AUX-Eingänge befinden sich als 5-, 8- oder 13-polige DIN-Buchsen an der Rückseite des Steuergeräts, und Kabeladapter zu zumutbaren Preisen findet man in vielen Elektronikgeschäften. Da der interne Kanalwähler bereits über eine AUX-Position für die zusätzliche Audioquelle verfügt, kann der Eingangswähler zwischen dem Tuner-, dem Kassetten- und dem Zusatzeingang des Steuergeräts wahlen. Das als Originalausstattung vorhandene Steuergerät ist nicht in der Lage, die Funktionen der Auxiliary-Quelle zu steuern – darum braucht man zur Bedienung des CD-Wechslers eine separate Steuereinheit.

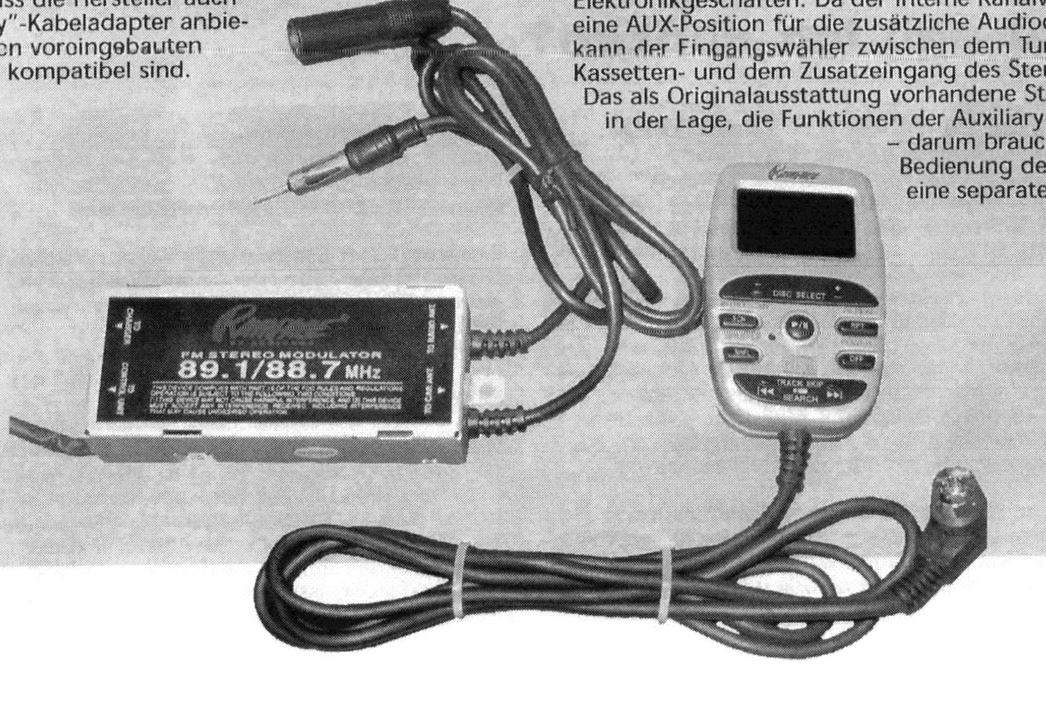

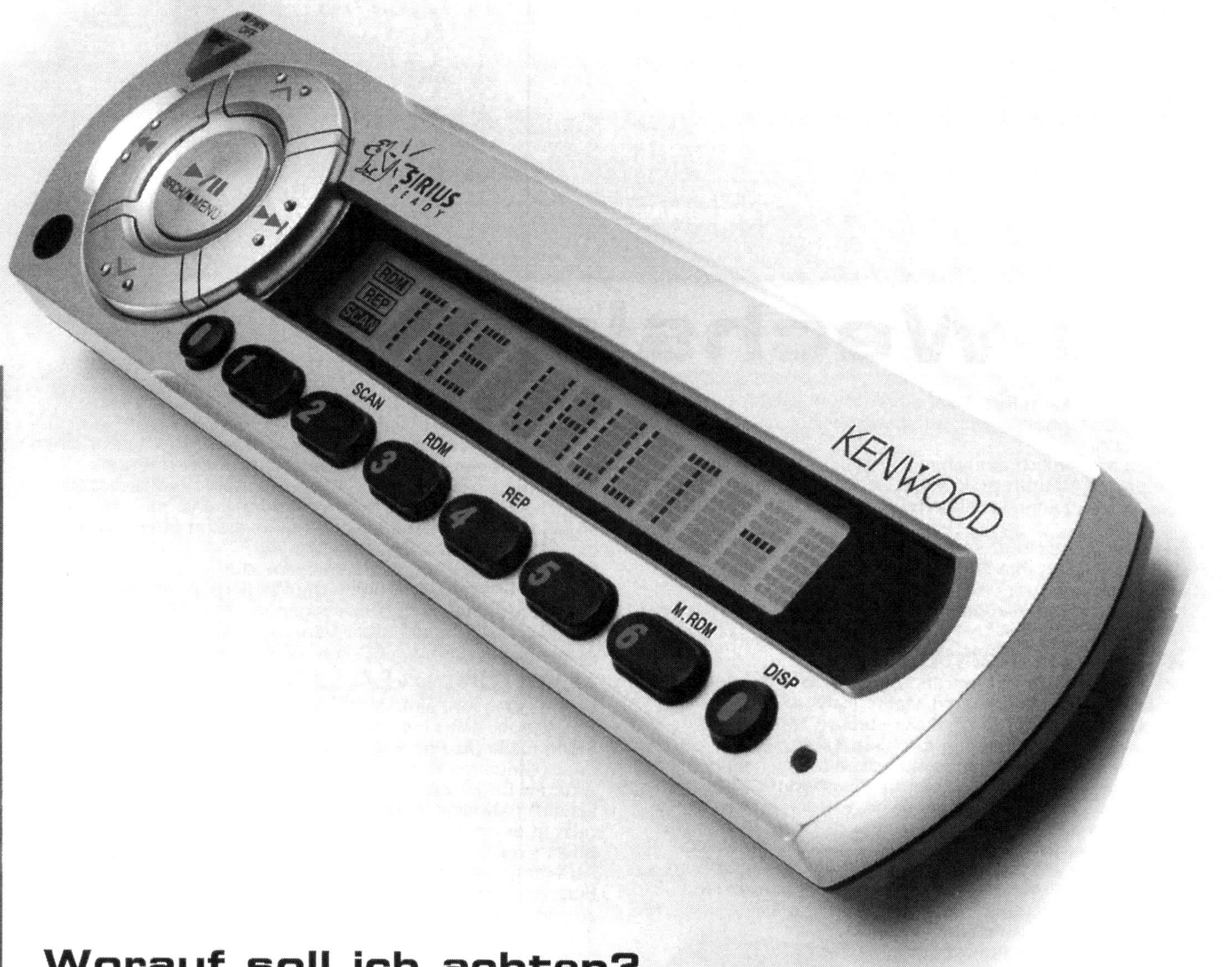

Worauf soll ich achten?

Bei der Entscheidung, welchen CD-Wechsler Sie sich zulegen, müssen Sie Funktionsmerkmale und Preis gegeneinander abwägen und sich dann darüber klar werden, was am besten zu Ihren Bedürfnissen passt. Meist werden CD-Wechsler als 6-fach-, 10-fach- und 12-fach-Modelle angeboten (das sind jedenfalls die gängigsten Varianten), so dass Sie sich entscheiden müssen, wie viel Musikabspielzeit und Vielfalt Sie haben wollen.

Wenn diese Entscheidung gefallen ist, nehmen Sie die technischen Daten unter die Lupe. Spielt das Gerät auch CDs ab, die Sie zu Hause am Computer selbst gebrannt haben? Die meisten CD-Wechsler sind dazu in der Lage, aber zur Sicherheit sollten Sie es überprüfen – denn die Möglichkeit, gekaufte CDs ebenso wie selbst gebrannte CD-Rs oder CD-RWs mit MP3-Dateien in den Wechsler stecken zu können, ohne darüber nachdenken zu müssen, ob sie nun abgespielt werden oder nicht, ist ein echter Vorteil!

Wenn das Gerät Informationen auf dem ans Armaturenbrett montierten Steuergerät anzeigen kann, ist auch das ein weiteres komfortables Feature. Auf diese Weise wissen Sie beim Musikhören immer, welcher Interpret gerade welchen Titel singt.

Drahtlose Fernbedienung – Eine weitere vorteilhafte, wenn auch nicht unbedingt notwendige Funktion. Sie erspart Ihner beim Durchstöbern Ihrer CDs und Musiktitel einfach den Grif hoch nach oben zur Instrumententafel.

Elektronischer Stoßschutz – Diese Funktion arbeitet mit einem digitalen Speicher in der Wiedergabeschaltung, der fü aussetzerfreie Musikwiedergabe sorgt, wenn Sie ein krasses Schlagloch erwischen und die CD sonst „springen" würde. Da ist eine enorme Verbesserung gegenüber älteren CD-Wechsler und ebenfalls ein Funktionsmerkmal, auf das zu achten sich lohnt.

Vergewissern Sie sich, dass das Gerät wirklich auch da montiert werden kann, wo Sie es montieren wollen – und zwar nicht von seiner Größe her, sondern auch im Hinblick auf sein Ausrichtung; kann es waagerecht oder senkrecht installiert werden oder noch irgendwie anders? Bevor Sie einkaufen gehen, sollten Sie sich darüber klar werden, welche Einbauerfordernisse in Ihrem Fall zu beachten sind.

FAQs
CD-Wechsler

Welche Features sorgen dafür, dass die CD nicht springt?

CD-Wechsler mit elektronischem Stoßschutz bieten einen Pufferspeicher, der die Musikdaten im Voraus liest und einen Teil der Informationen ein paar Sekunden im Voraus speichert, schon bevor Sie diese Informationen hören.

Kann ich an mein vorhandenes Steuergerät jeden beliebigen CD-Wechsler vom Nachrüstmarkt anschließen?

Das kommt darauf an, ob Schnittstellenadapter des Originalteileherstellers erhältlich sind, die einen Anschluss des CD-Wechslers möglich machen. Bei einigen Anwendungen ist dies genauso einfach, wie den CD-Wechsler-Stecker zunächst an den Adapter und dann an den werksseitig eingebauten Kabelbaum anzuschließen.

Was tun, wenn mein Steuergerät keine Steuerungselemente für einen CD-Wechsler hat?

Sie können für die Steuerung des Wechslers einen Frequenzmodulator einbauen.

Was sind CD-Rs und CD-RWs?

Das R im Namen der CD-R steht für "recordable" (beschreibbar), denn auf diese Art von CDs kann man Daten einmalig dauerhaft speichern. CD-RWs bieten die Möglichkeit, Daten beliebig oft zu speichern und zu löschen.

Kann mein CD-Player auf CD-Rs oder CD-RWs gebrannte MP3-Dateien abspielen?

Nur wenn es sich um einen MP3-kompatiblen Player mit MP3-Decoder handelt.

Dieser Compact-Drive bietet die Kapazität von 15 CDs

Digitale Spieler

Die Musik der neuesten Generation wird nicht mehr auf Vinyl gepresst oder auf Band aufgenommen, sondern als Computerdatei digitalisiert und heruntergeladen. Und wie nimmt man diese Musik mit auf Reisen? Mit einem digitalen Abspielgerät für Ihr Auto.

Genau wie CD-Wechsler machen es digitale Abspielgeräte möglich, Unmengen von Musik für unterwegs mitzunehmen, ohne dass man dafür auch nur eine einzige CD in die Hand nehmen muss. Manche Geräte bieten obendrein verschiedenste Möglichkeiten, Ihre Musik zu organisieren – zum Beispiel nach Musikrichtung, Interpret oder Album. Die meisten digitalen Player unterstützen alle gängigen digitalen Musikformate.

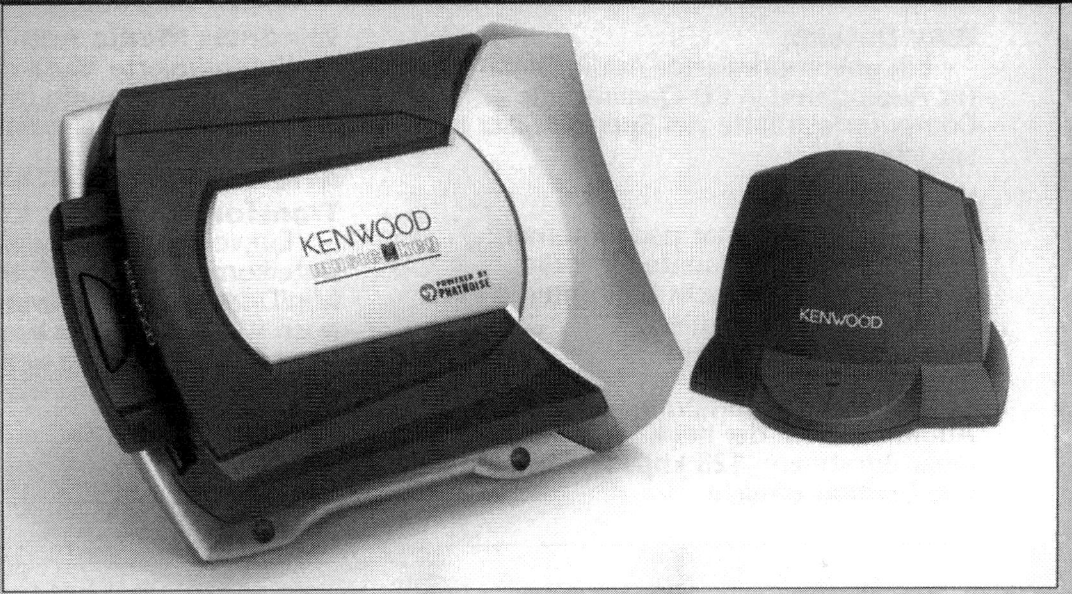

Digitale Abspielgeräte – verschiedene Typen

CD/MP3-Steuergerät

Die einfachsten digitalen Abspielgeräte sind Stereo-Steuergeräte, die CDs mit gebrannten MP3-Musikdateien wiedergeben. Das ist eine kostengünstige Möglichkeit, kontinuierlich eine Menge Musik abzuspielen, ohne dafür einen CD-Wechsler oder ein separates Musikspeichergerät in die Anlage einbinden zu müssen.

Ins Armaturenbrett integrierte Festplatte

Ein anderer Steuergerättyp zum Abspielen digitaler Musik ist die ins Armaturenbrett integrierte Festplatte. Die Speicherkapazität ist von Gerät zu Gerät unterschiedlich, bewegt sich aber meistens (zum Speicherzeitpunkt) im Bereich von rund 10 Gigabyte Musikdaten. Mit einem solchen Gerät kann man Musik von CDs, CD-Rs oder CD-RWs direkt auf die Festplatte speichern. Manche sind auch mit "Memory-Sticks" ausgestattet, auf die Sie Musik direkt von Ihrem Computer herunterladen können. Sie brauchen den Memory-Stick nur noch ins Steuergerät einzustecken und kommen somit komplett ohne CD aus.

Remote-Festplatte

Die beliebteste Variante bei den digitalen Abspielgeräten ist die separat montierte Festplatte, die genauso an Ihre Anlage angeschlossen wird wie ein CD-Wechsler. In der gängigsten Ausführung wird eine herausnehmbare Festplatte aus dem Steuergerät ausgestöpselt und in eine an Ihren PC angeschlossene Docking-Station eingesteckt. Daraufhin können Sie Musikdateien auf die Festplatte herunterladen und auf das Abspielgerät übertragen und müssen auch auf langen Fahrten keinen einzigen Song zweimal hören! Eine andere Variation dieses Prinzips funktioniert ganz ähnlich, erspart Ihnen aber dank drahtloser Übertragung auch noch den Transport der Festplatte vom Auto zu Ihrem PC zu Hause. Ein an Ihren Computer angeschlossener Sender beamt Ihre Songs von der Festplatte über bis zu rund 45 m Entfernung direkt raus auf die Festplatte in Ihrem Auto – sogar durch Wände hindurch!

Die gebräuchlichsten digitalen Musikdateiformate:

WAV-Dateien

Ein unkomprimiertes Audio-Dateiformat für Audiodaten in CD-Qualität, die auf Ihrer Computerfestplatte viel Speicherplatz beanspruchen.

MP3-Dateien

Kodierungsformat nach Internet-Standard, das Audiodaten zwecks Speicherung auf einem Computer in eine kleine Datei komprimiert.

MP4-Dateien

Der neueste Komprimierungstyp für Audio-Dateien, der bei Komprimierung mit einer Bitrate von 128 kbps (Stereo) CD-ähnliche Qualität erreicht.

Windows Media Audio (WMA)

Komprimierte Musikdatei mit hoher Wiedergabetreue und im Vergleich zur MP3-Komprimierung kleineren Dateigrößen.

ATRAC3-Dateien (ATRAC = Adaptive Transform Acoustic Coding)

Ein von Sony entwickeltes Dateikomprimierungsformat, das zuerst für MiniDiscs eingesetzt wurde und mittlerweile auch für Memory-Sticks und manche Festplattenlautwerke verwendet wird. ATRAC3-Dateien können nicht auf CDs gebrannt werden.

Digitalen Spieler mit FM-Modulator installieren

01 Klemmen Sie zunächst die Batterie ab und entfernen Sie dann das Stereo-Steuergerät, um an das Antennenkabel und die Stromverbinder zu gelangen.

02 Überlegen Sie sich, wo Sie den FM-Modulator montieren wollen (zum Beispiel unter einem der Vordersitze, im oder unter dem Handschuhfach).

03 Suchen Sie eine Stelle aus, an der Sie das Erdungskabel des Modulators an einen gut geeigneten Erdungspunkt anschließen können.

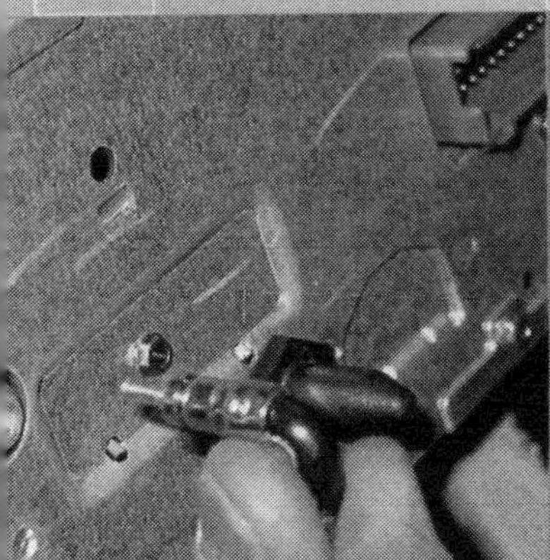

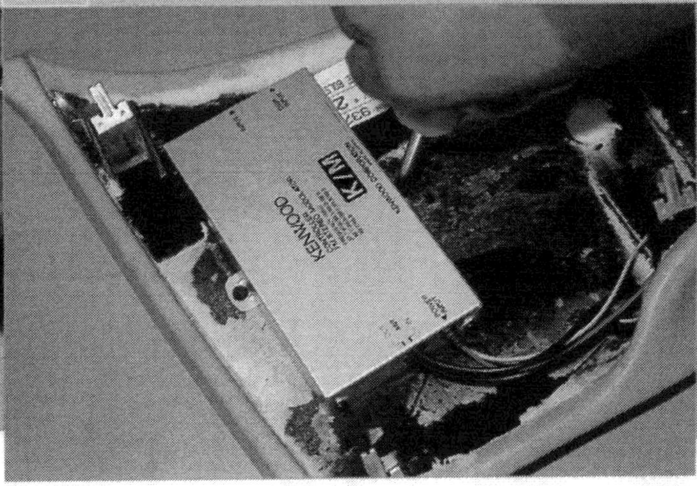

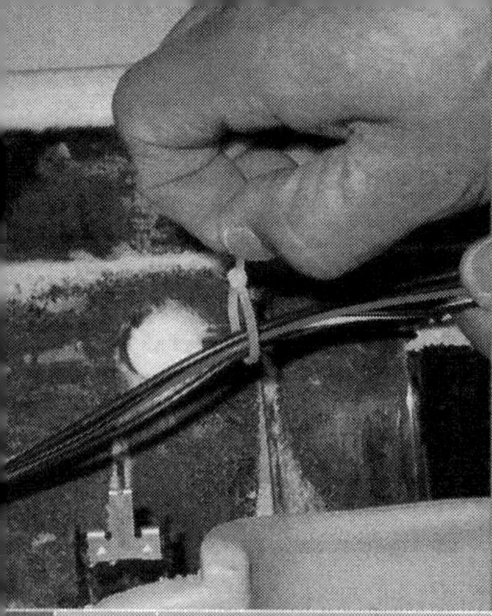

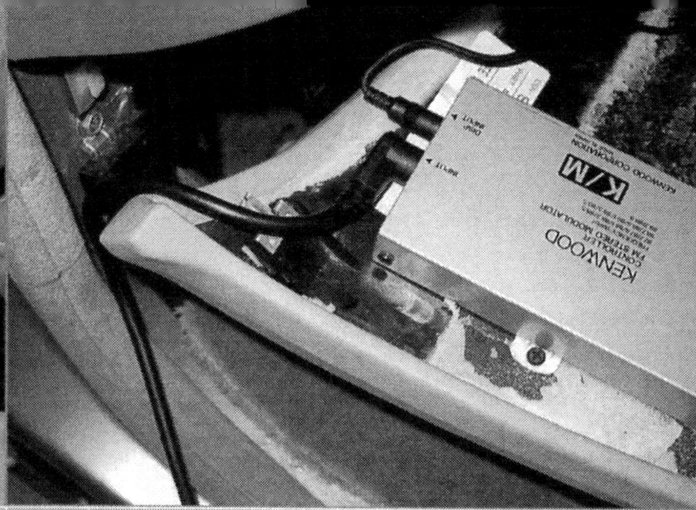

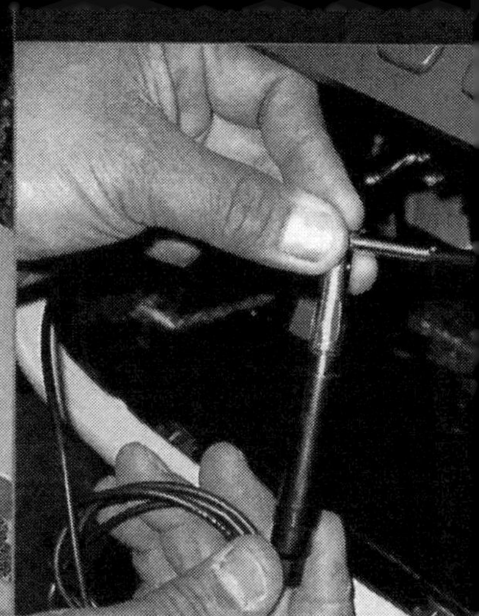

04 Sorgen Sie mit Kabelbindern dafür, dass die Kabel hübsch und wohl geordnet beieinander bleiben.

05 Schließen Sie das Kabel des Anzeigegerätes und das Kabel des digitalen Abspielgerätes an den Modulator an.

06 Schließen Sie auf der Rückseite des Stereo-Steuergerätes das Auto-Antennenkabel an den Antenneneingang des Modulators und verbinden Sie anschließend das Ausgangskabel des Modulators mit dem Antenneneingang des Steuergerätes. Bringen Sie das Steuergerät wieder am Armaturenbrett an.

10 Schließen Sie die Stromkabel an und folgen Sie dabei den Anweisungen des Herstellers. In dem hier gezeigten Beispiel verwenden wir eine Prüflampe, um in der Sicherungsdose zusätzlichen Strom zu finden.

11 Verbinden Sie anschließend das B+ Stromkabel und das Zünd(-schalt-)kabel.

12 Schließen Sie die Docking-Station an Ihren PC an und laden Sie mit Hilfe der mitgelieferten Software Ihre Lieblingstitel herunter.

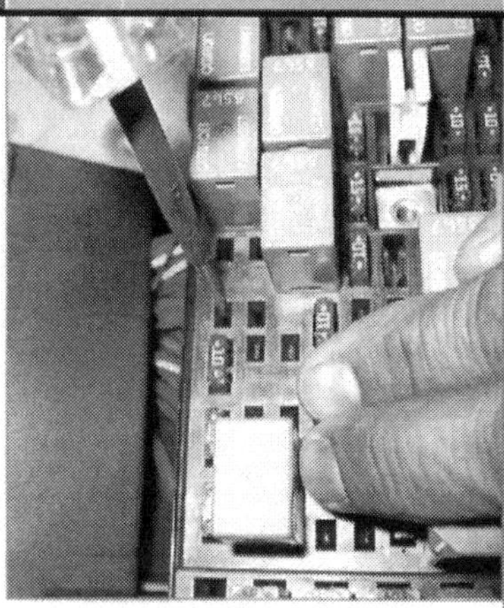

07 Montieren Sie die Controller-Einheit und folgen Sie dabei den Anweisungen des Herstellers. Hier haben wir den Controller mit den mitgelieferten Velcro-Streifen an einer günstigen Stelle montiert.

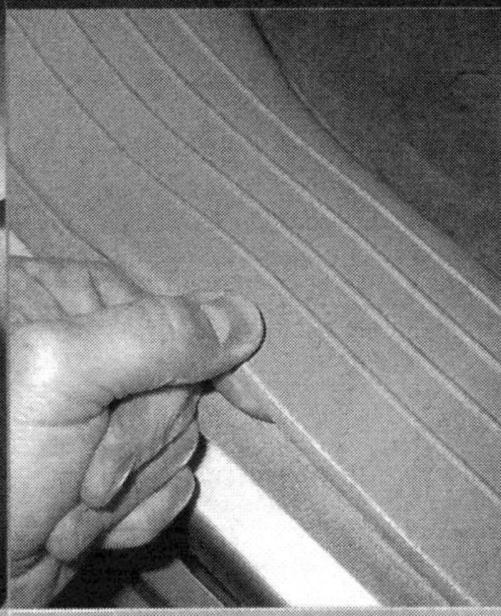

08 Nehmen Sie die Türschwellenabdeckung ab und verlegen Sie das Steuerkabel unter dem Teppich entlang zum Kofferraum. Bauen Sie, wenn nötig, den Rücksitz aus und suchen Sie eine geeignete Stelle, an der das Kabel in den Kofferraum geführt werden kann.

09 Montieren Sie das Abspielgerät und folgen Sie dabei den Anweisungen des Herstellers. In der hier gezeigten Anwendung haben wir das Gerät mit den mitgelieferten Schneidschrauben im Kofferraum an der Verkleidung unter der Heckablage angebracht.

13 Stecken Sie das Steckmodul des Abspielgerätes ein …

14 … und schließen Sie dann das Steuerkabel an die Rückseite des Gerätes an. (Bei dem hier gezeigten Gerät braucht man nur beim *ersten* Einschalten zu überprüfen, ob das Steckmodul eingesteckt ist, und kann dann das Kabel anschließen; bitte lesen Sie unbedingt die mit dem Gerät mitgelieferten Anweisungen.)

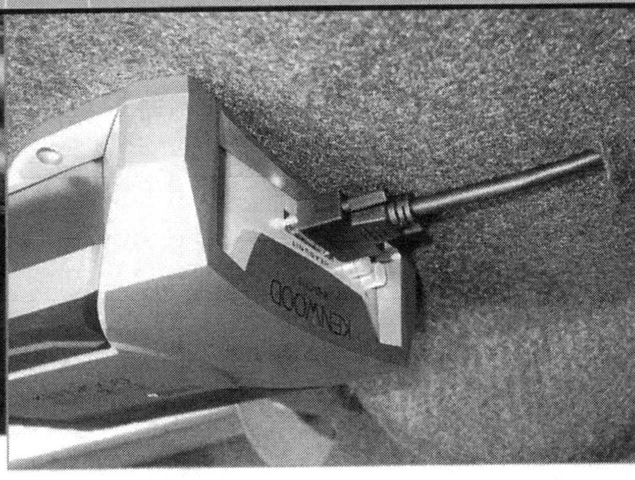

15 Wenn Sie mit der Installation fertig sind, stellen Sie entsprechend den Herstelleranweisungen das Anzeigegerät ein und testen Sie dann das Abspielgerät.

Serien-CD-Wechsler-Installation

Viele Autos werden bereits im Werk mit der nötigen Vorverkabelung für einen CD-Wechsler ausgestattet. Häufig wird der Wechsler beim Erstkauf vom Autohändler eingebaut – in der Regel zu gesalzenen Preisen. Sie können allerdings im Handumdrehen Ihren eigenen fabrikneuen CD-Wechsler einbauen und sich so die Installationskosten sparen. Aber wie finden Sie heraus, ob Ihr Auto vorverkabelt ist? Werfen Sie einen prüfenden Blick auf das vorhandene Steuergerät: Wenn es CD-Bedienelemente hat, haben Sie wahrscheinlich einen Kabelbaum, der nur darauf wartet, dass Sie ihm Ihren neuen CD-Wechsler einstöpseln. Schauen Sie in Ihrem Bedienerhandbuch nach, wo der Wechsler installiert werden sollte und wo Sie die Kabel am besten verstecken können.

01 Nachdem wir die für den Einbau geeignete Stelle gefunden haben, müssen wir die Kofferraum-verkleidung abnehmen und das werksseitig eingebaute Signal-/Steuerkabel...

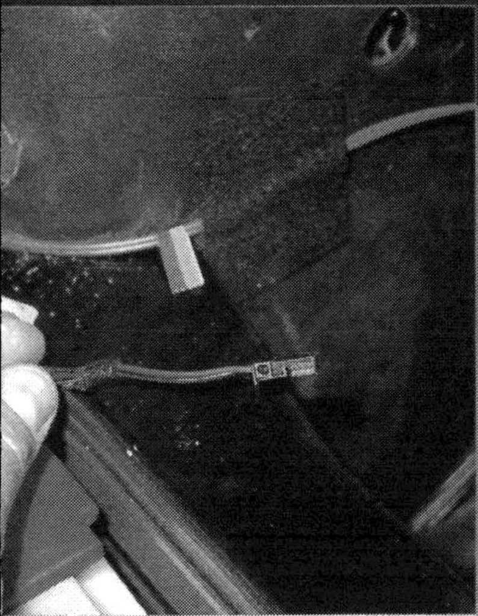

02 ... sowie das Stromkabel für den CD-Wechsler finden.

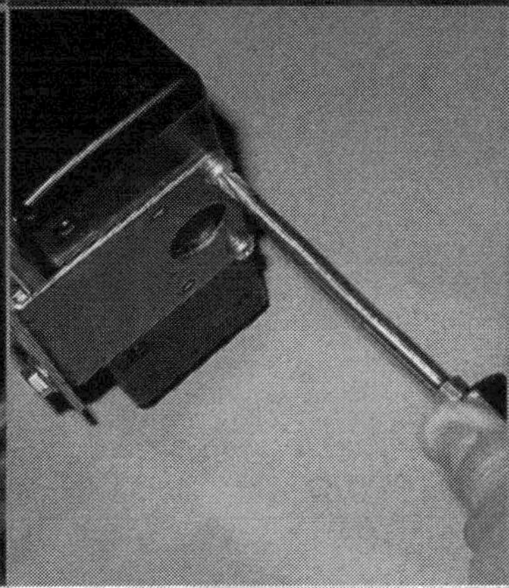

03 Die Montagehalterungen werden an den Seiten des CD-Wechslers angebracht.

04 Schließen Sie das Stromkabel...

05 ... und das Steuerkabel für den CD-Wechsler an.

06 Senken Sie den Wechsler vorsichtig in die Einbaunische hinein und schrauben Sie die Befestigungsschrauben in die vorgestanzten Öffnungen.

07 Bringen Sie die Kofferraumverkleidung wieder an.

08 Überprüfen Sie, ob das Magazin des CD-Wechslers eingesteckt und mühelos aus dem Wechsler herausgenommen werden kann.

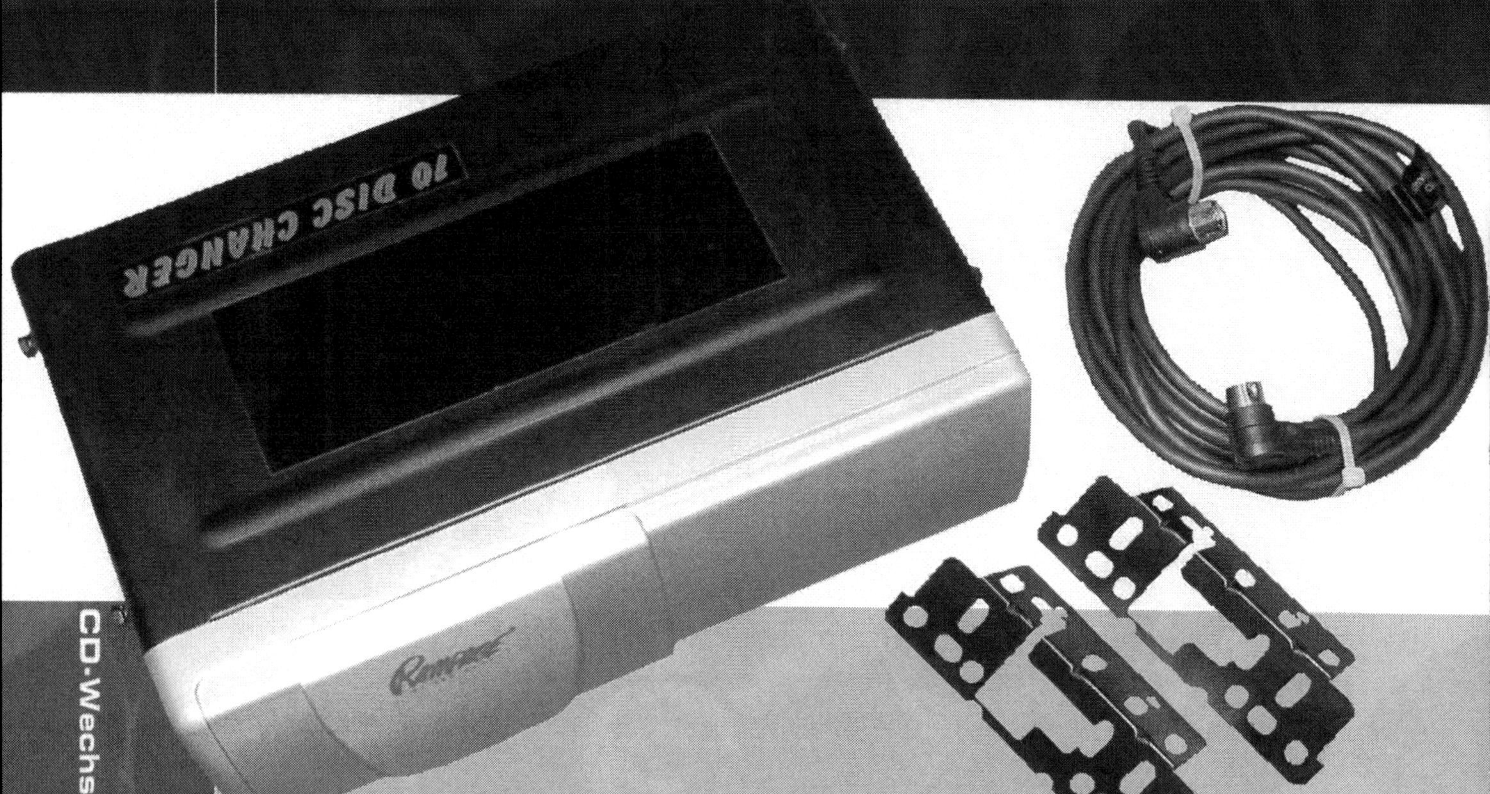

CD-Wechsler mit FM-Modulator installieren

01 Klemmen Sie zunächst die Batterie ab, um dann das Stereo-Steuergerät auszubauen und die Antennen- und Stromstecker herauszuziehen.

02 Überlegen Sie sich, wo Sie den FM-Modulator am besten montieren können (zum Beispiel unter einem der Vordersitze, im oder unter dem Handschuhfach). Bei diesem Fahrzeug wird der Modulator im Freiraum unter dem Radio hinter der Instrumententafel montiert.

03 Markieren Sie die Löcher für die Befestigungsschrauben des Modulators und bohren Sie vorsichtig die Löcher.

04 Schließen Sie die Stromkabel für den FM-Modulator an und folgen Sie dabei den Anweisungen des Herstellers. In dem hier gezeigten Beispiel haben wir den Schaltplan zu Rate gezogen und fanden mit Hilfe einer Prüflampe (am Stromverbinder des Steuergerätes) B+ Stromkabel und zusätzliche (Schalt-)Kabel.

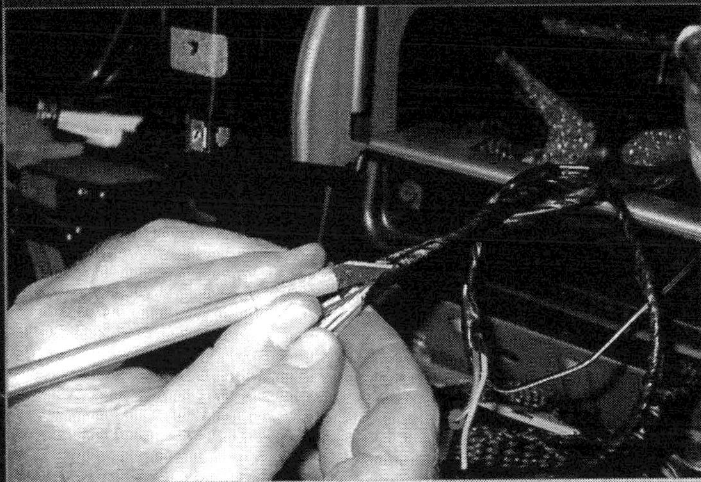

05 Schneiden Sie, wenn nötig, vorsichtig etwas von dem Klebeband am Kabelbaum weg, damit Sie mehr Spielraum haben.

06 Der Einfachheit halber wurden die Anschlüsse für das B+ Stromkabel und das zusätzliche (Schalt-)Kabel mit Scotchlok-Verbindern hergestellt. Prüfen Sie auf jeden Fall, ob die Verbinder mit den Kabelquerschnitten kompatibel sind.

07 Befestigen Sie die Kabel mit Isolierband, damit es hübscher und sauberer aussieht.

08 Suchen Sie sich eine Stelle aus, an der Sie das Erdungskabel des Modulators an einen gut geeigneten Erdungspunkt anschließen können.

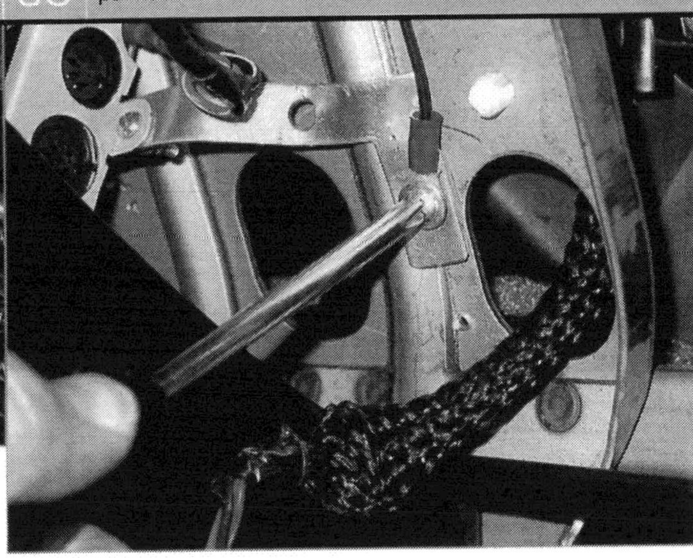

09 Schließen Sie auf der Rückseite des Stereo-Steuergerätes das Auto-Antennenkabel an den Antenneneingang des Modulators an und verbinden Sie anschließend das Ausgangskabel des Modulators mit dem Antenneneingang des Steuergerätes.

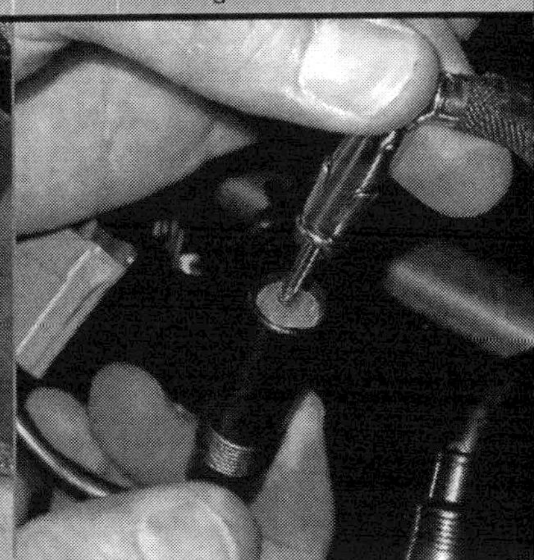

10 Stecken Sie die Radiostecker wieder ein...

11 ...und bringen Sie das Steuergerät wieder am Armaturenbrett an.

12 Verlegen Sie das Steuerkabel bis zu der Stelle, an der der CD-Wechsler installiert wird. Wir haben die Türschwellenabdeckung entfernt...

16 ... anschließend Löcher für die Montagebolzen gebohrt...

17 ...und die Halterungen mit den Montagebolzen befestigt. Schauen Sie sich an, wie wir im Interesse einer sicheren Montage die Rückseite der Verkleidung mit einer dünnen Platte verstärkt haben.

18 Stellen Sie unbedingt die horizontalen/vertikalen Schrauben (sofern vorhanden) des CD-Wechslers richtig ein.

19 Wenn Sie mit der Anbringung von Verkleidung und CD-Wechsler fertig sind, kann das Steuerkabel angeschlossen werden.

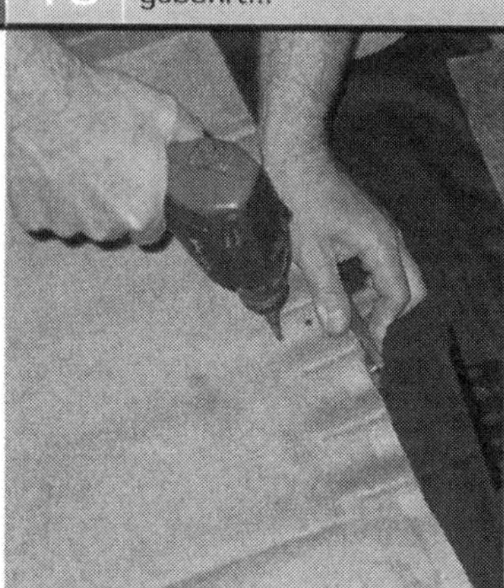

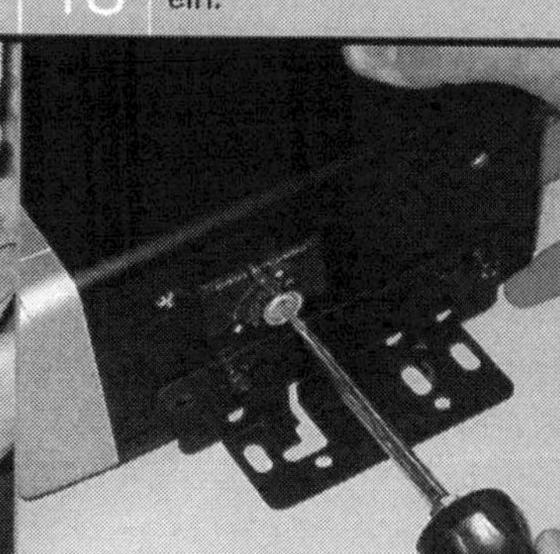

13 ...und das Kabel unter dem Teppich verlegt.

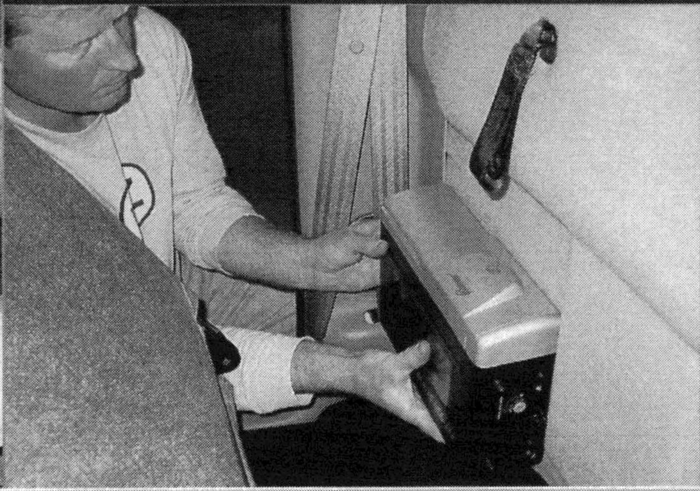

14 Wir haben vor, den Wechsler an die Verkleidung hinter dem Sitz zu montieren.

15 Nachdem wir die Verkleidung abgenommen haben, haben wir die Stellen markiert, an denen die Montagehalterungen angebracht werden müssen,...

20 Umwickeln Sie alle überschüssigen Steuerkabel mit Kabelbindern.

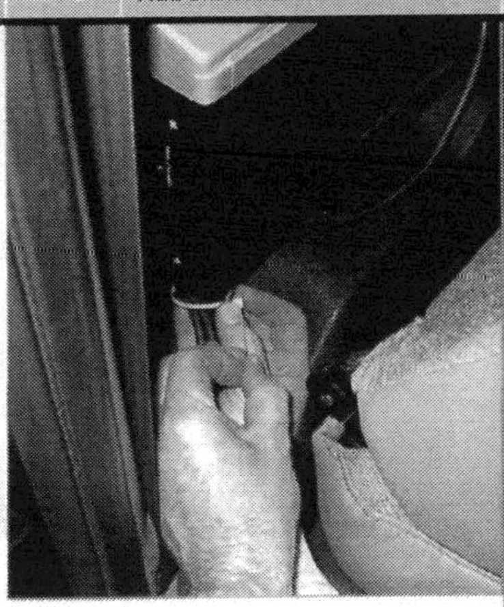

21 Verlegen Sie das Kabel der Steuereinheit vom FM-Modulator zu einem geeigneten Ort. Wenn Sie mit der Installation fertig sind, folgen Sie den Anweisungen des Herstellers, um das Steuergerät auf den richtigen UKW-Sender einzustellen und das Abspielgerät zu testen.

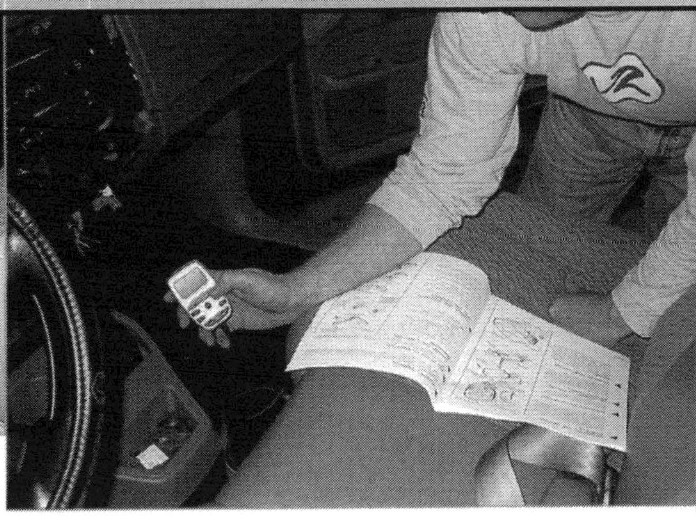

22 Der letzte Arbeitsschritt: Den Controller mit Hilfe von Velcro an der Mittelkonsole anbringen.

Mobiles Video

Es geht nicht nur darum, im Stau keine Langeweile aufkommen zu lassen. Mobile Videosysteme sind dafür da, dass man DVDs gucken, einen Fernseher, Videorecorder oder sogar Spielekonsolen anschließen kann. Wir verbringen eine Menge Zeit unterwegs. Da liegt es doch nahe, den fahrbaren Untersatz entsprechend aufzurüsten.

Was früher ein nur für edle Limousinen erschwinglicher Luxus war, ist heute in jeder beliebigen Menge zu haben: Videosystemkomponenten, mit denen man bei Beifahrern und sich selbst für Kurzweil sorgen oder seine Freunde beim Abhängen in der Freizeit beeindrucken kann.

Die einfachsten mobilen Videosysteme sind tragbare, unabhängige Geräte, die zwischen den beiden Vordersitzen festgeschnallt werden. Ähnliche Systeme, die sich allerdings nicht so leicht wieder abmontieren lassen, gibt es auch zum Einbau in die Mittelkonsole.

1

Wenn diese Videosystemvarianten nicht das sind, was Ihnen vorgeschwebt, ist für Sie ein Komponentensystem die Alternative. Im Grunde besteht ein Komponentensystem aus Videoquelle, Bildschirm und Ton. Komponentensysteme lassen sich flexibel um weitere Bildschirme oder andere Quellen erweitern, so dass Sie Ihr ganz individuelles, beinahe „kinoähnliches" Environment kreieren können.

2
2A
3
3A
4

Links - DVD-Spieler

Unten - Fernsehempfänger

VHS player

Videoquelle

Der Anfang eines jeden Komponentensystems ist die Videoquelle. Verwenden kann man dafür einen separat montierten VHS-Videorecorder (für Nostalgiker) oder DVD-Spieler bzw. DVD-Wechsler, aber auch einen ins Armaturenbrett eingebauten DVD-Spieler oder Multimedia-Player, einen Flipdown-Deckenmonitor mit integriertem DVD-Spieler, eine Spielkonsole, einen TV-Tuner oder eine Kombination all dieser Varianten.

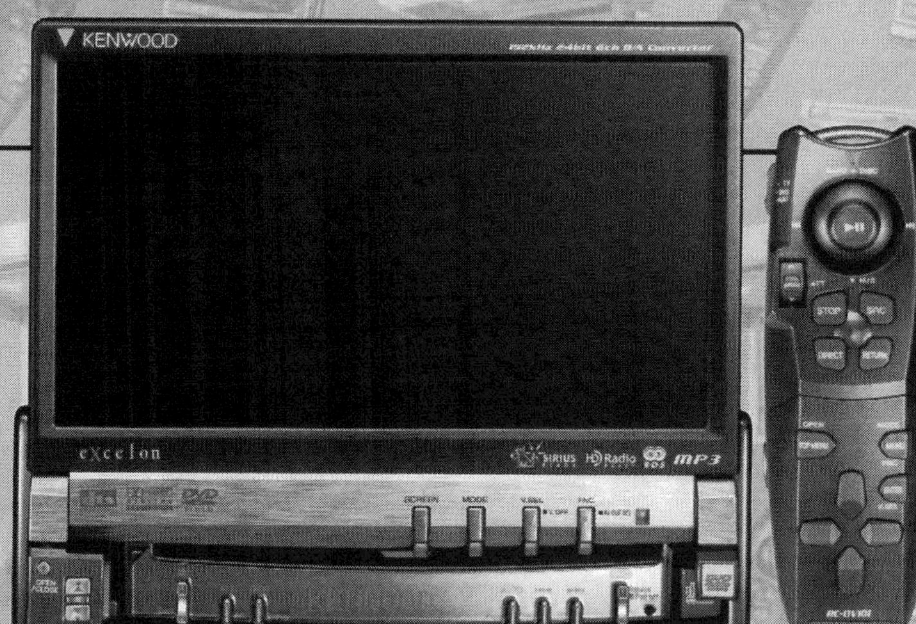

Flip-Down-
Deckenmonitor

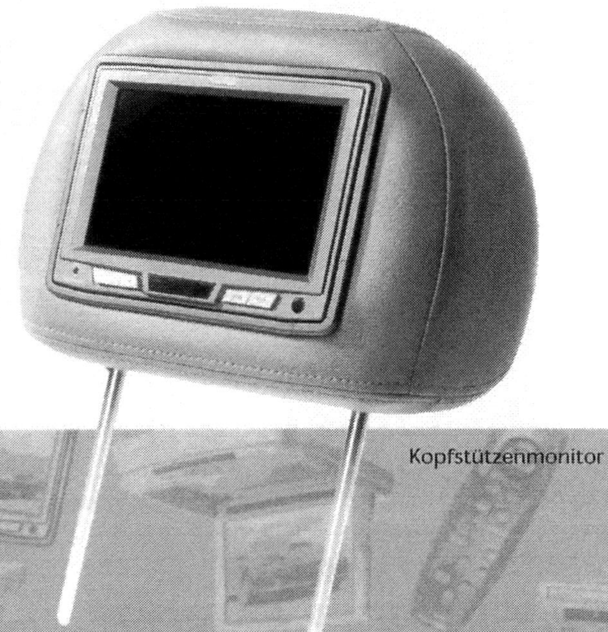

Kopfstützenmonitor

Umschalter

Bildschirme

Die Auswahl an Bildschirmtypen reicht von ins Armaturenbrett eingebauten, motorisierten Monitoren, Sonnenblenden-monitoren, Kopfstützenmonitoren und Flip-Down-Konsolen-monitoren über Monitore für die Mittelkonsole bis hin zu Monitoren, die auf Sockeln oder Stützkonsolen an irgendeiner beliebigen Stelle im Auto angebracht werden können, wo Platz dafür vorhanden ist. Bitte denken Sie daran, dass während der Fahrt kein für den Fahrer einsehbarer Bildschirm eingeschaltet sein darf.

Ton

Für manche Systeme sind Infrarotkopfhörer erhältlich, mit denen die Autoinsassen die Soundtracks von Filmen oder Videospielen ohne jedes Kabelgewirr hören können. Bei diesen Systemen wird das Infrarotsignal durch Sender, die in die Monitorgehäuse eingebaut sind, oder von Funksendern übermittelt, die an der Dachverkleidung oder an der Rückseite der Deckenkonsole an einer Stelle angebracht sind, wo die Sichtlinie zwischen Sender und Kopfhörer nicht unterbrochen wird.
Der Ton kann auch über die vorhandenen Autolautsprecher ausgegeben werden. Wenn Sie Ihre Audio-Anlage mit einem Surround-Sound-System veredelt haben, können Ihre Bei- und Mitfahrer Filme fast wie im Kino erleben. Die Quelle kann entweder fest mit der Anlage verdrahtet werden, oder Sie verwenden einen FM-Modulator, was die Installationsarbeiten sehr vereinfacht.

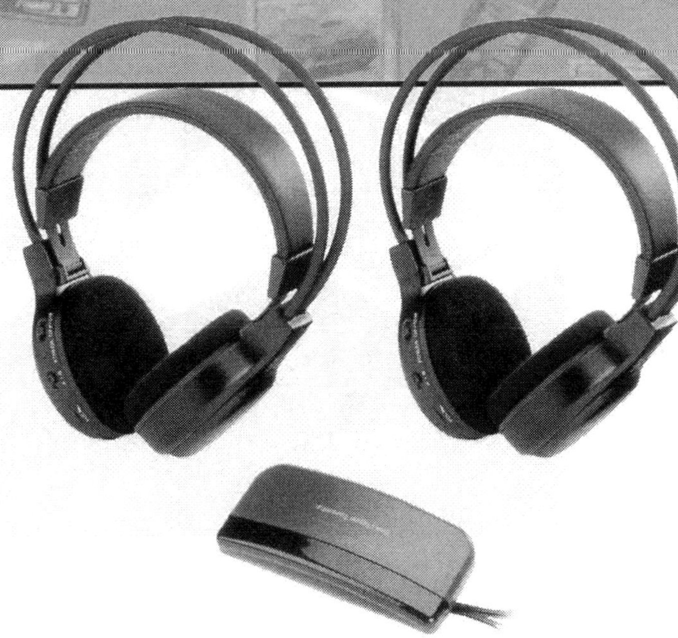

Manche Umrichter können in den Zigarettenanzünder eingesteckt werden, aber wenn Sie diesen häufig für andere Zwecke benutzen, sollten Sie den Umrichter am besten fest im Auto verdrahten. Folgen Sie dabei den Anweisungen des Herstellers. Der im Bild gezeigte Umrichter wurde zwecks Anschluss an eine Videospielkonsole unter dem Rücksitz montiert.

Wie kann ich meine PlayStation2-Konsole anschließen?

Die Einbindung von Videospielkonsolen in die Anlage erfolgt mit Hilfe einer Signalverteilerbox und eines Umrichters, der 12 Volt Gleichstrom in 230 Volt Wechselstrom umwandelt. Und mit einer Switchbox oder Videoeingangsbuchsen gelingt das Anschließen einer Videospielkonsole im Handumdrehen.

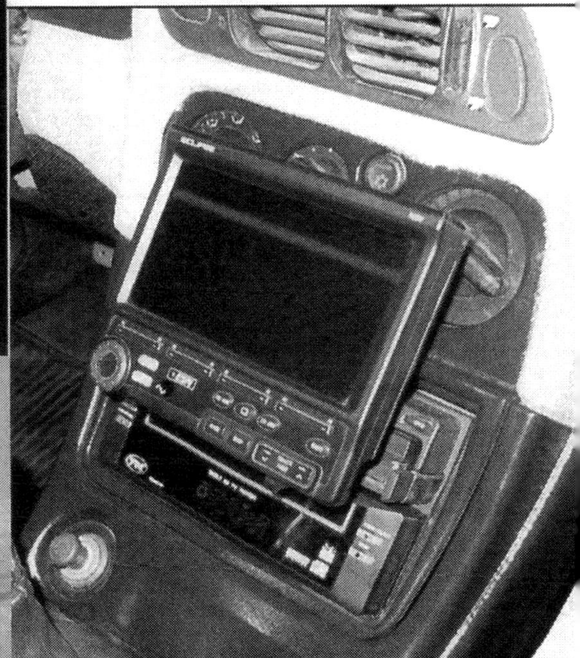

Die Rubrik „Was man darf und was man nicht darf"...

Angesichts der Ablenkungsprobleme für den Fahrer im Zusammenhang mit Videobildschirmen gilt Folgendes:

- Die Installation eines für den Fahrer einsehbaren LCD-Feldes bzw. Videomonitors in Kraftfahrzeugen ist zulässig, wenn dieses LCD-Feld oder dieser Videomonitor für Fahrzeuginformationen, zur Systemsteuerung, zur Beobachtung des Geschehens hinter oder neben dem Fahrzeug oder zur Navigation verwendet wird.
- Werden das LCD-Feld oder der Videomonitor für den Fernsehempfang oder zum Abspielen von Videos oder DVDs genutzt, muss das LCD-Feld oder der Videomonitor so installiert werden, dass diese Funktionen nur betrieben werden können, wenn die Handbremse des Autos angezogen ist.
- LCD-Felder oder Videomonitore, die für den Fernsehempfang oder zum Abspielen von Videos oder DVDs genutzt werden, während ein Gang eingelegt oder die Fahrzeug-handbremse nicht angezogen ist, müssen hinter dem Fahrersitz an einer Stelle installiert werden, die für den Kraftfahrzeugführer weder direkt noch indirekt einsehbar ist.

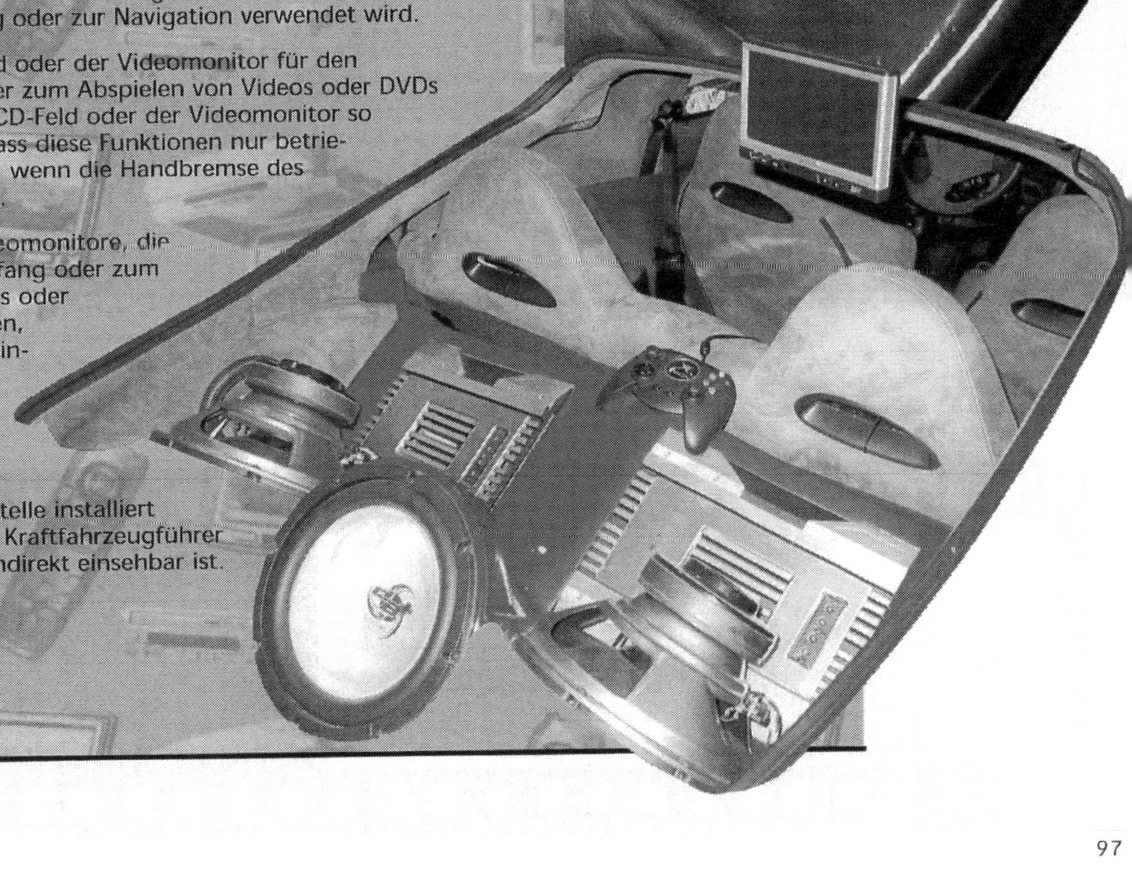

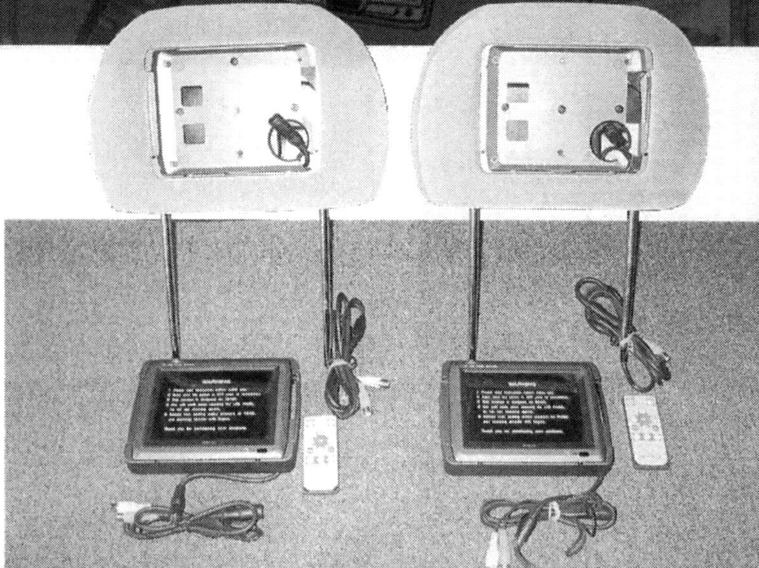

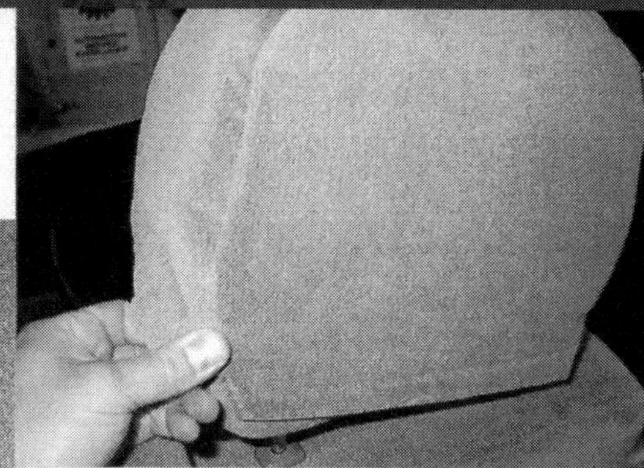

Die Anschaffung einer Kopfstützenabdeckung als optionales Extra ist nicht nur eine gute Maßnahme im Interesse der Sicherheit, sondern schützt Ihren Monitor auch vor Schmutz oder Kratzern, wenn er gerade nicht benutzt wird.

Die Installation von mobilen Videosystemen

Fahrzeugspezifische Kopfstützen

Wenn Sie sich für den Einbau von Kopfstützenmonitoren entschieden haben, werden Sie sich das wohl kaum so vorgestellt haben, dass Sie die vorhandenen Kopfstützen zerschneiden, einen Teil des Schaumstoffs herauskratzen, einen Rahmen installieren und dann den Monitor in den Rahmen einrasten lassen. Einfacher ist es, fahrzeugspezifische Kopfstützen einzubauen. Die Installation geht ohne Entstellung der Kopfstützen vonstatten – die fahrzeugspezifischen Kopfstützen sind dafür gemacht, dass sie die vorhandenen Kopfstützen ersetzen, und der Monitor lässt sich mit wenigen einfachen Arbeitsschritten installieren.

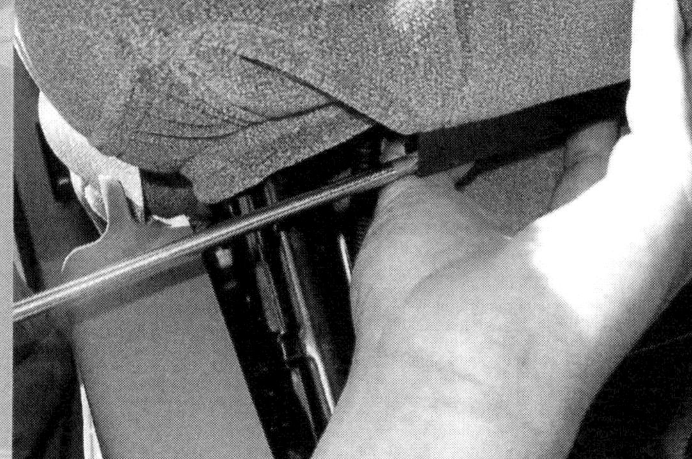

01 Nachdem wir zunächst die vorhandene Kopfstütze abgenommen haben, lösen wir den Stoff unten an der Sitzlehne.

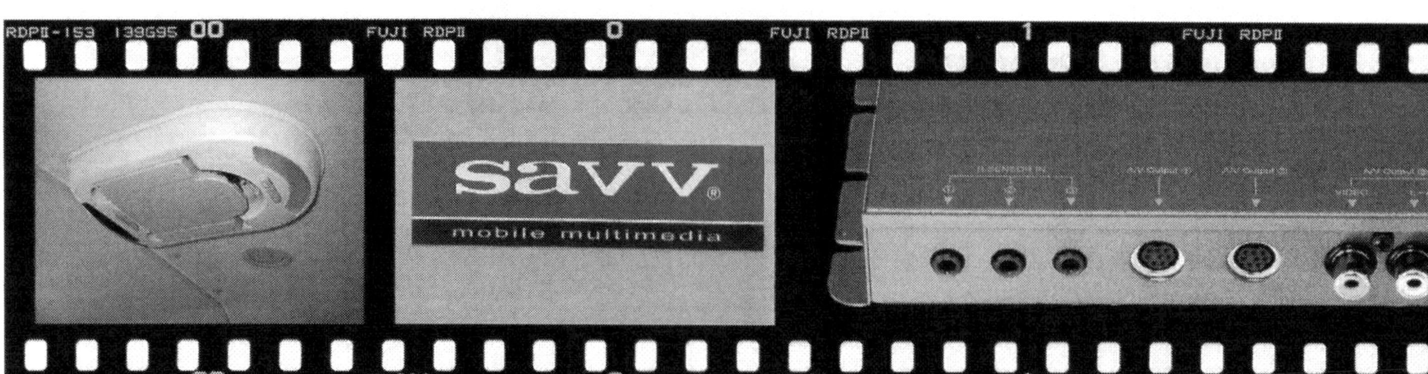

02 Das Kabel vom Kopfstützenhohlraum wird nach unten durch den Sitz gesteckt; dann wird die Kopfstütze installiert.

03 Wir stecken den 8-poligen DIN-Stecker des Monitors in die 8-polige DIN-Buchse der Kopfstütze.

04 Der Rest des Kabels wird in die Kopfstütze geführt.

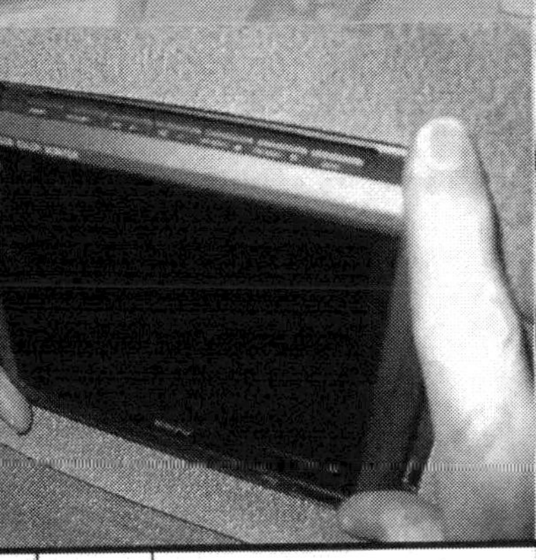

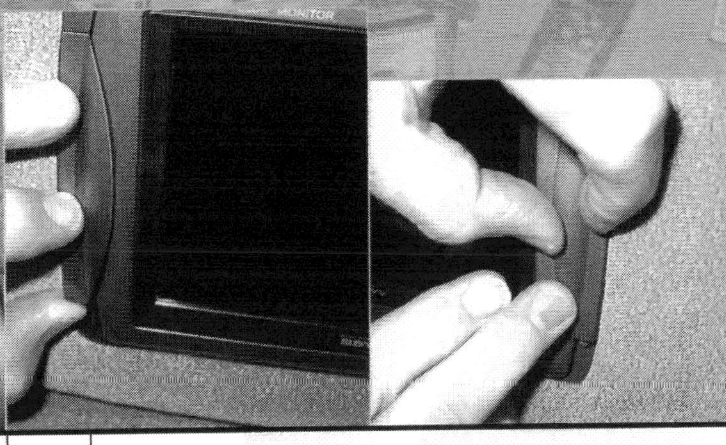

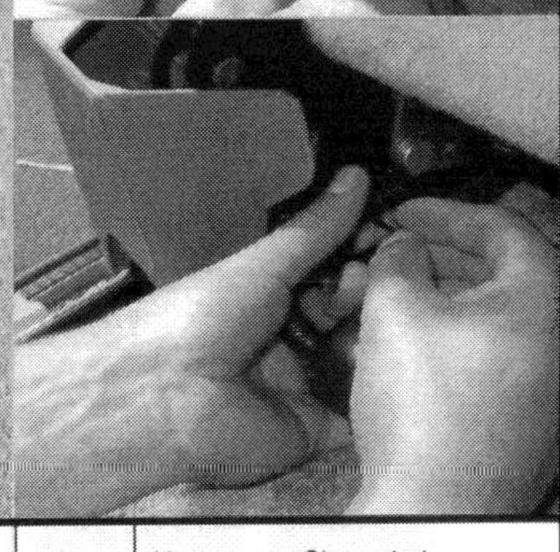

05 Anschließend wird der Monitor in seinen Montagerahmen eingebaut...

06 ...und mit den Befestigungsclips gesichert.

07 Unten am Sitz wird das DIN-Kabel des Monitors an das externe A/V-Kabel angeschlossen (dies ist das DIN-zu-RCA-Kabel, das mit dem AV-Umschalter verbunden wird). Damit die Verkabelung den beweglichen Teilen des Sitzes nicht in die Quere kommt, sichern Sie die Kabel auf jeden Fall mit Kabelbindern.

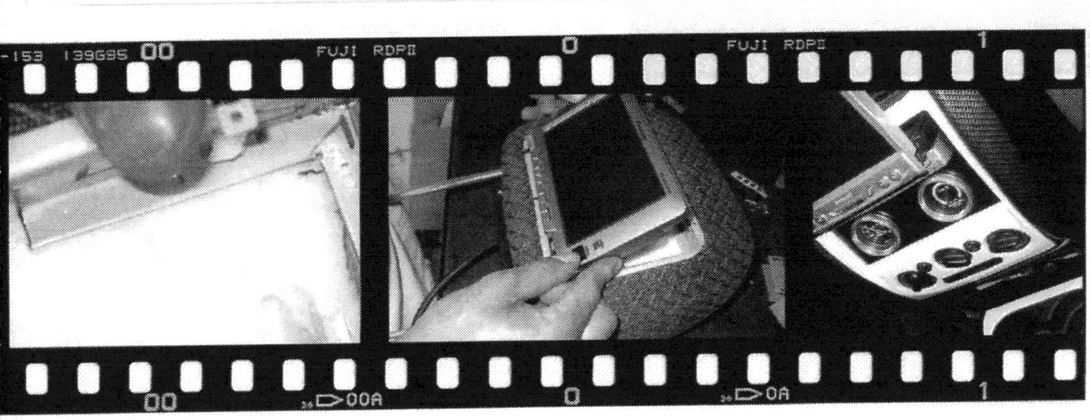

Installation Kopfstützenmonitor

Wenn für Ihr Fahrzeug keine fahrzeugspezifischen Kopfstützen mit Monitoren angeboten werden oder Sie aus irgendeinem Grund Ihre vorhandenen Kopfstützen behalten möchten, können Sie Ihre Kopfstützen so verändern, dass sie einen Videomonitor aufnehmen können. Wenn Sie genügend Zeit investieren und behutsam vorgehen, haben Sie hinterher eine sehr sauber gearbeitete Installation und sparen obendrein ein bisschen Bares. Der einzige wirkliche Nachteil dieser Variante ist, dass ein Stückchen des zum Monitor führenden Kabels freiliegt, wenn die Kopfstütze hochgeschoben wird.

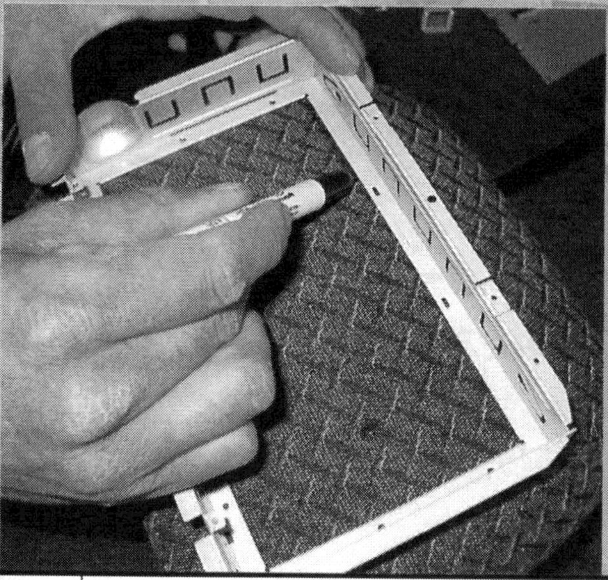

01 Zeichnen Sie den Stoffbereich an, der aus der Kopfstütze ausgeschnitten werden soll, und benutzen Sie dabei die Innenkante des Gehäuses als Schablone. Achten Sie unbedingt darauf, dass das Gehäuse mittig und gerade ausgerichtet ist!

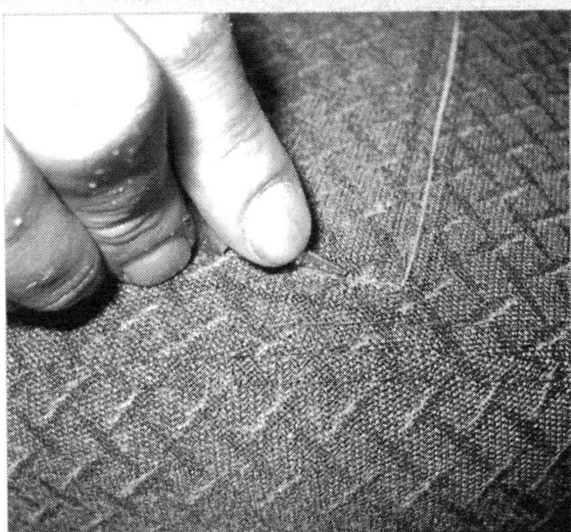

02 Schneiden Sie den Stoff mit einer scharfen Rasierklinge vorsichtig innen entlang der gerade angezeichneten Markierung.

03 Schneiden Sie das Schaumstoffpolster nur so tief, dass das Gehäuse gerade bequem in die Kopfstütze passt und bündig mit der Kopfstützenrückseite abschließt, und nehmen Sie den ausgeschnittenen Schaumstoff heraus.

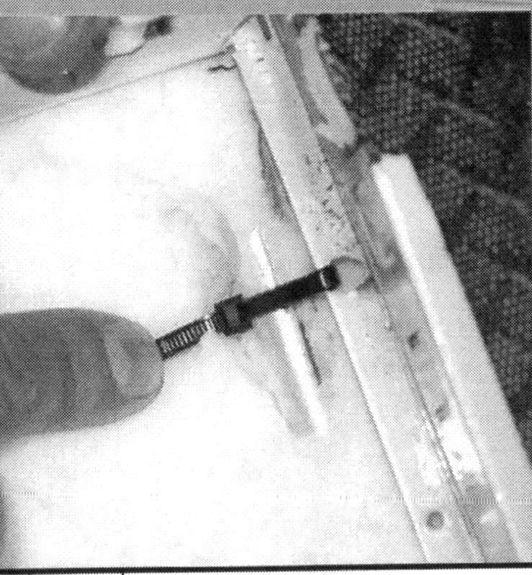

04 Da Kopfstützen je nach Hersteller unterschiedlich gestaltet sind, müssen Sie herausfinden, wie Sie das Gehäuse montieren können. Bei der hier gezeigten Kopfstütze befestigen wir das Gehäuse mit einer Reihe von Kabelbindern an den Innenträgern der Kopfstütze.

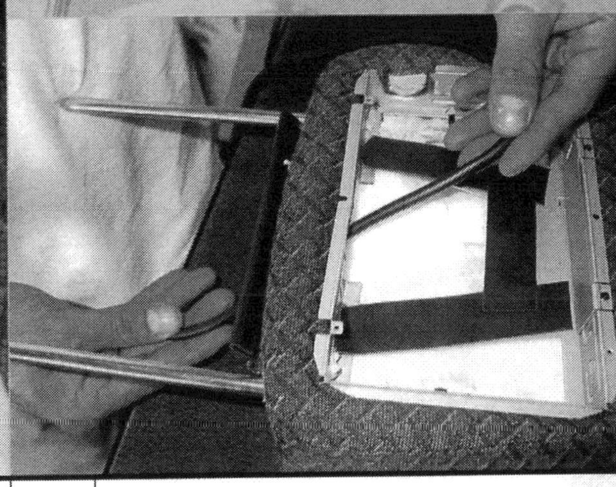

05 Das A/V-Kabel des Monitors sollte durch das Gehäuse gesteckt werden und an der Unterseite der Kopfstütze in der Nähe einer der Stützen der Kopfstütze austreten.

06 Schließen Sie das A/V-Kabel an und bauen Sie den Monitor anschließend nach den Anweisungen des Herstellers in das Gehäuse ein.

Installation Deckenmonitor

Zu viele Kinder? Nicht genügend Kopfstützen? Dann installieren Sie einen Deckenmonitor, und alle sind glücklich und zufrieden!
Einige Deckenmonitore werden mit standardisiertem Gehäuse geliefert. In dem Bausatz ist alles enthalten, was man zur Installation eines Deckenmonitors braucht, der beinahe aussieht wie bei der Fahrzeuganschaffung gleich mitgekauft.

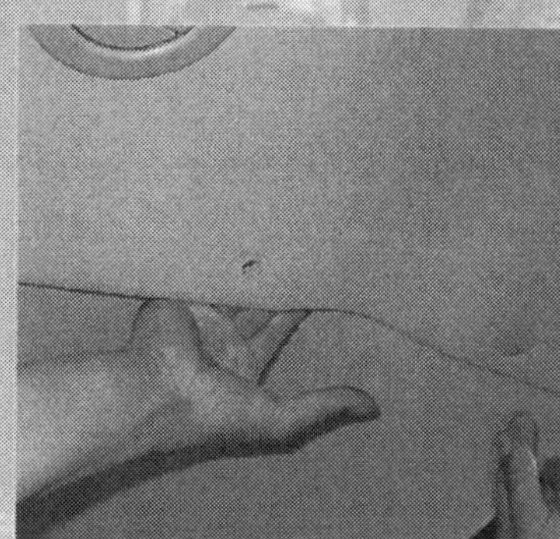

01 Wer einen Deckenmonitor einbauen will, muss auf einen Teil der Deckenverkleidung verzichten.

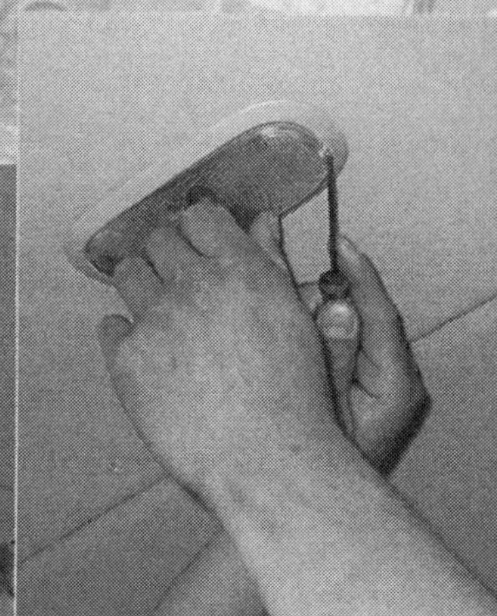

02 Dieser Deckenmonitor nimmt den Platz der Innenleuchte ein.

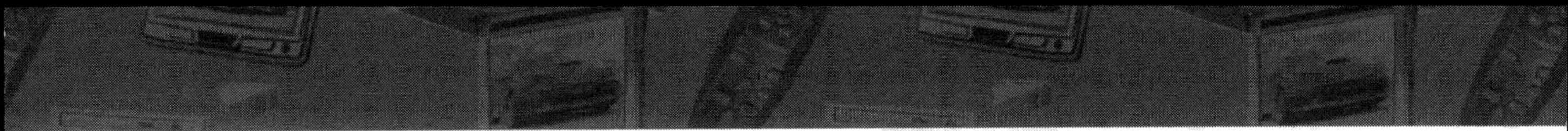

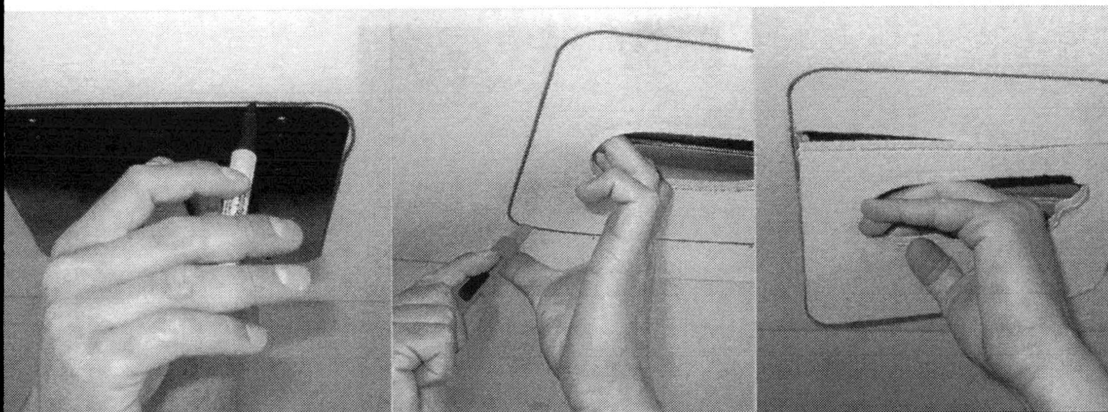

03 Für die Montagehalterung und die Verkabelung des Monitors wird auf der Deckenverkleidung eine Aussparung angezeichnet, bevor diese Aussparung dann ausgeschnitten wird.

04 Die Montage-halterung wird an der Dachstützkonstruktion befestigt...

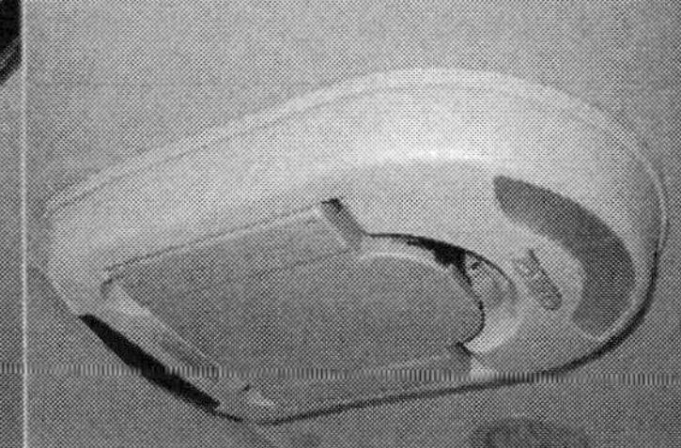

05 ...und an einer mit Silikon und doppelseitigem Klebeband am Dach angebrachten Platte.

06 Anschließend wird das Monitorgehäuse an der Montagehalterung befestigt.

07 Lücken zwischen Monitorgehäuse und Deckenverkleidung werden mit der mitgelieferten Dichtung verschlossen.

08 Zum Verlegen der Videokabel muss die eine oder andere Platte der Innenverkleidung abmontiert werden.

Installation DVD-Spieler

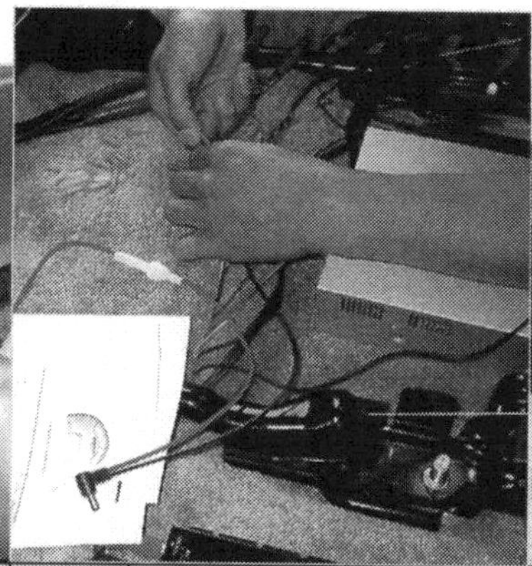

01 Ein eigenständiger DVD-Spieler kann an einer passenden Stelle montiert werden – zum Beispiel, wie hier im Bild gezeigt, unter dem Mittelsitz.

02 Mit den mitgelieferten Montagehalterungen lässt sich das Gerät in Nullkommanichts am Boden befestigen.

03 Folgen Sie beim Anschließen der Stromkabel den Anweisungen des Herstellers.

04 DVD-Spieler mit zusätzlichen Eingängen bieten die Möglichkeit, eine Videospielkonsole oder eine alternative Videoquelle anzuschließen.

??? FAQs

Video im Auto

Muss ich, um Kopfstützenmonitore zu installieren, meine Kopfstützen zerschneiden?
Für die meisten Autos sind fahrzeugspezifische Kopfstützen erhältlich, mit denen sich ein Zerschneiden der vorhandenen Kopfstützen erübrigt.

Wie viele Lautsprecher brauche ich für mehrkanaligen Surround-Sound?
Vier Lautsprecher an der Seite, zwei vorn und zwei hinten. Hinzu kommen noch ein Center-Lautsprecher und ein Subwoofer.

Wie viel Daten kann eine DVD speichern?
Auf einer einseitigen DVD können bis zu 4,7 GB gespeichert werden.

Kann ein DVD-Spieler, den ich kaufe, auch meine CDs abspielen?
Die meisten DVD-Spieler können auch Audio-CDs abspielen.

Ich habe für meine Videoanlage zwei Kopfhörer, aber ständig verheddern sich die Kabel, oder man stolpert darüber. Was kann ich dagegen machen?
Es gibt drahtlose Kopfhörersysteme zu kaufen, die das Audiosignal entweder per Infrarot oder Funk übertragen.

Kann ich den Ton meiner Videoanlage in die vorhandene Audioanlage meines Autos integrieren?
Ja, die einfachste Lösung wäre ein FM-Modulator, aber wenn Sie sich verbessern möchten, ersetzen Sie das werksseitig vorhandene Steuergerät durch einen DVD-Spieler oder eine Multimedia-Station.

Was für Videosysteme sind am einfachsten zu installieren?
Für Do-It-Yourself-Fans sind tragbare, unabhängige Geräte wohl am leichtesten zu installieren. Meist braucht man hierfür nur das Stromkabel an die 12-Volt-Strombuchse anzuschließen (Zigarettenanzünder).

Welche Monitorgrößen sind erhältlich?
Derzeit bewegen sich die Größen für Automonitore zwischen ca. 13 und 51 cm (5 bis 20 Zoll).

05 DVD-Spieler mit Funksensor können elegant irgendwo am Armaturenbrett angebracht werden.

Installation Videoumschalter

01 Dieser Videoumschalter ist für die unabhängige Steuerung der Videoquellen von bis zu drei Monitoren bestimmt.

02 Jede Fernbedienung sollte möglichst nahe an den Monitor montiert werden, den sie steuert. Die fest verdrahteten Fernbedienungen steuern jeweils die Videoquelle, deren Inhalte auf dem entsprechenden Monitor wiedergegeben werden...

03 ...so dass der eine Fahrzeuginsasse vielleicht ein Video-Game spielt...

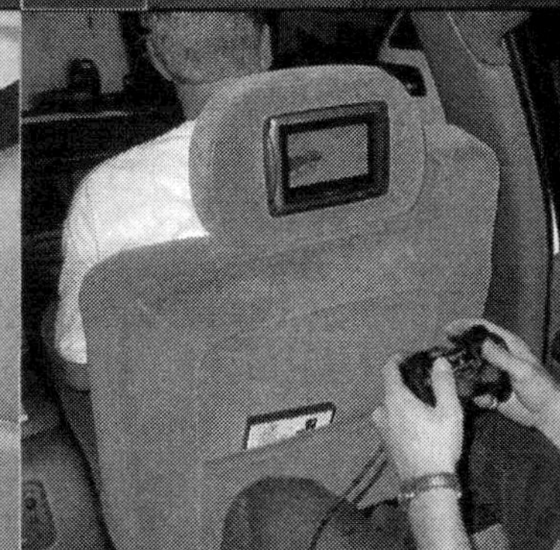

04 ...während sich ein anderer auf einem anderen Bildschirm einen Film ansieht.

05 Da an den Videoumschalter eine Menge Kabel angeschlossen werden, ist man wirklich gut beraten, wenn man ihn an einer Stelle montiert, wo kein „Fußgängerverkehr" stattfindet.

X-Box

Bildschirm

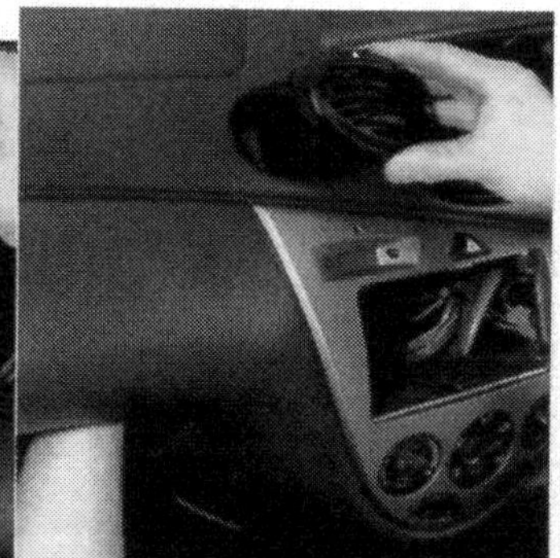

Sind Ihnen Ihre CDs gerade mal langweilig? Im Radio läuft nichts Vernünftiges? Wir haben genau das Richtige für Sie und Ihre Beifahrerin oder Beifahrer, wenn Sie sich langweilen oder im 15-Kilometer-Feiertagsstau stecken. Ein Trend, der in der In-Car-Entertainment-Szene definitiv auf dem Vormarsch ist: In keinem topmodernen Auto dürfen heute Spielkonsole, Bildschirm und DVD-Spieler fehlen – und nach oben gibt es so gut wie kein Limit. Lassen Sie sich nur nicht beim Spielen während der Fahrt erwischen – das ist alles.

01 Da man ohne Bildschirm nicht allzu viel sieht, fangen wir damit an. Die kniffligste Frage ist die nach dem besten Platz für einen Bildschirm. Natürlich muss er für beide Fahrzeuginsassen auf den Vordersitzen einsehbar sein – also irgendwo in der Mitte. Aber in welcher Höhe? Halten Sie den Bildschirm und seine Halterung probeweise an und prüfen Sie, ob er wunschgemäß passt. Ist er von unten / hinten zugänglich, damit die Kabel zugeführt werden können? Wir haben uns diesen Platz neben den Lüftungsöffnungen in der Mitte ausgesucht.

02 Da sich der Bildschirm natürlich leichter montieren lässt, wenn man eines dieser Lüftungselemente ausbaut, zieren Sie sich nicht, es auseinanderzunehmen. Wir haben es Ihnen hier vorgemacht. Sobald das Handschuhfach nicht mehr im Weg war (wie wir die zusätzliche Sicherungsdose eingebaut haben, können Sie im Kapitel »Zubehör und Nützliches« lesen), ließ sich das Lüftungselement von der Innenseite aus herauskomplimentieren.

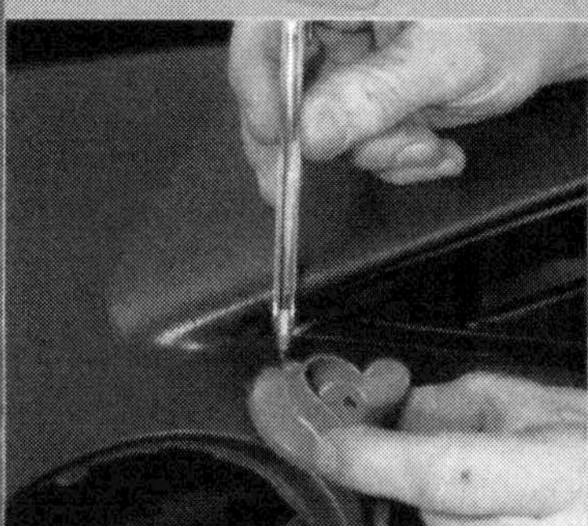

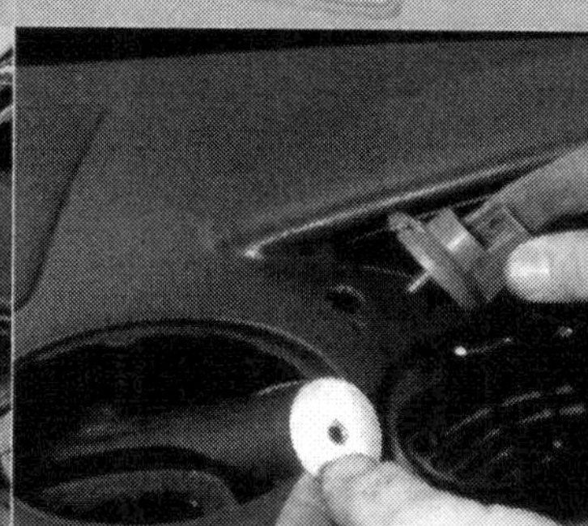

03 Das ist die Befestigungsscheibe für den Bildschirm – halten Sie sie an die Montagestelle an und zeichnen Sie ihren Umriss an, um nachher das Loch entsprechend zu bohren. Da dieser Vorgang direkt an Ihrem entzückenden Armaturenbrett ausgeführt wird, prüfen Sie mehrmals, ob auch wirklich alles stimmt,...

04 ...bevor Sie mit dem Bohren ernst machen. Jetzt gibt es kein Zurück mehr.

05 Das Loch muss so groß sein, dass es auch die Videoleitung des Bildschirms sowie deren recht klobigen Stecker aufnehmen kann. Wahrscheinlich müssen Sie das Loch mit einer Feile weiten. Das Armaturenbrett ist zwar recht solide, aber trotzdem sollten Sie die Montageverbindung auf der Innenseite mit einer großen Unterlegscheibe verstärken.

06 Bringen Sie den Bildschirm an der Montagehalterung an und führen Sie dann die Videoleitung samt Stecker ein. Mit unserer großen Unterlegscheibe und der dazugehörigen Mutter ist die solide Befestigung des Bildschirms am Armaturenbrett eine leichte Übung,...

07 …und das Gleiche gilt, da das neue Headset noch nicht montiert ist, für das Heraufholen der anderen Hälfte der Videoleitung zwecks Anschluss hinter dem Armaturenbrett. Dieser Centurion-Bildschirm, obgleich ein kostengünstiges Modell, hat eingebaute Lautsprecher und sogar eine Kopfhörerbuchse. Sieht gut aus, funktioniert aber noch nicht – führen wir's also zu Ende.

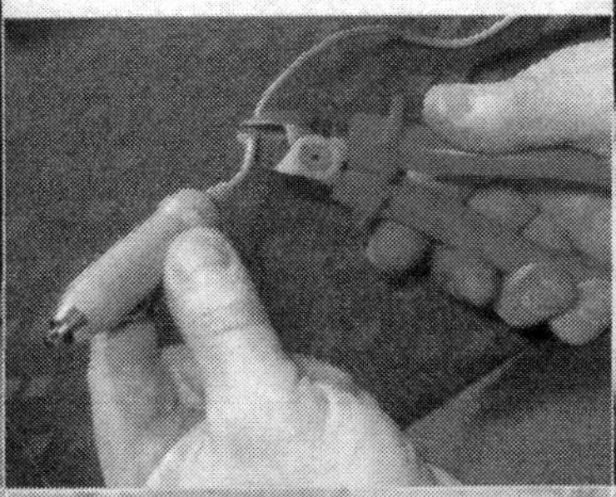

08 Im Lieferumfang unseres Bildschirms war ein All-in-One-Kabel enthalten, das die dreiteilige Videoleitung von der X-Box (oder vom PS2/DVD-Player) sowie die Stromversorgung und Erdleitung enthält. Die X-Box schließen wir später an – jetzt wollen wir unserem Bildschirm erst einmal etwas Strom gönnen. Der Hersteller hat einen Stecker zum Einstecken in den Zigarettenanzünder mitgeliefert, der allerdings ein bisschen dürftig aussieht – verkabeln wir den Bildschirm lieber ordentlich. Schneiden Sie den Stecker ab, isolieren Sie die Kabelenden ab, und schon haben wir ranke, schlanke rote und schwarze Kabel.

09 Das rote Kabel ist (wie Sie sicher schon geahnt haben) ein spannungsführender Leiter, den wir von unserer zusätzlichen Sicherungsdose holen (deren Einbau Sie im Abschnitt »Zubehör und Nützliches« nachlesen können).

10 Auch ein Erdungspunkt für den schwarzen Draht ist rasch gefunden. Unten im Fußraum für den Fahrer bohren wir uns ein Loch in die Metallkarosserie (und achten dabei sorgfältig auf all die anderen Kabel),…

11 …stecken durch dieses Loch eine Mutter und eine Schraube, und in puncto Erdung haben wir alles, was wir brauchen.

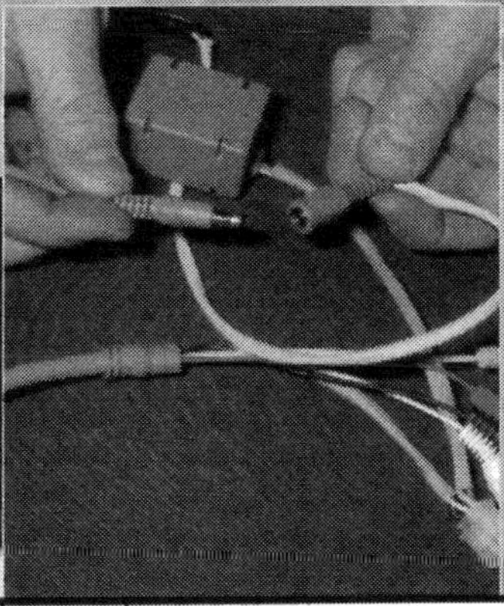

12 Sobald Sie den in der All-in-One-Leitung des Bildschirms enthaltenen Stromstecker anschließen, melden die kleinen grünen Lämpchen, dass der Bildschirm ab sofort einsatzbereit ist – los geht's also.

X-Box

Für die Stromversorgung Ihrer Konsole brauchen Sie einen AC-Umrichter – unser Umrichter von Comet hat uns ungefähr 75 Euro gekostet. Dieses Gerät nimmt den 12-Volt-Gleichstrom Ihres Autos und wandelt ihn in Netzspannung um, so dass Sie in Ihrem Auto eine Steckdose ganz wie zu Hause haben – wenn das nicht cool ist! Ebenso wie bei unserem Bildschirm war auch beim Umrichter ein unbrauchbarer Stecker für den Zigarettenanzünder mitgeliefert.

01 Wir haben ihn zerlegt. Der Draht, den wir hier gerade abknipsen, ist die Erdungsleitung,...

02 ...an die wir ein Ringterminal angebracht haben. Dann haben wir den Draht an einen Erdungspunkt geschraubt, den wir an der Kofferraumrückseite eingerichtet haben.

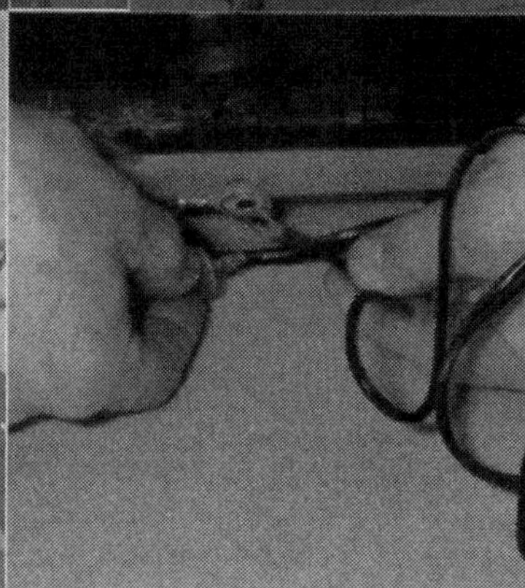

03 Wir haben das Ende des spannungsführenden Drahts abisoliert und ihn an eine der spannungsführenden Leitungen gelötet, die wir für einen der Verstärker verwenden,...

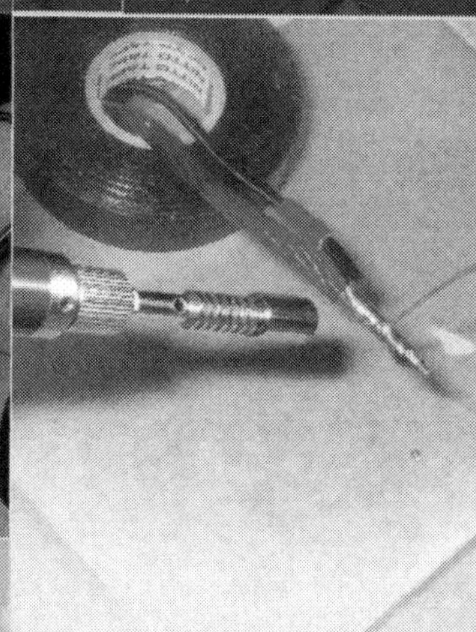

04 ...und ihn anschließend wieder an unserem im Kofferraum montierten Verteilerblock angebracht.

05 Für Ihre X-Box heißt es jetzt stromtechnisch nur noch „Plug and Play".

06 Sie brauchen nur noch im eingeschalteten Zustand die Controller und die Videoleitung vom Bildschirm anzuschließen,...

07 ...und das Spiel beginnt! Gesamtkosten einschließlich Bildschirm, Umrichter und X-Box (mit kostenlosen Spielen) – nicht einmal 540 Euro. Das nennt man wohl ein Schnäppchen – echtes In-Car-Entertainment und maximaler Respekt. Nur eines noch: Wir haben festgestellt, dass die X-Box (eine ganz schön klobige Konsole) gut ins (offene) Handschuhfach passt. Naja...

Playstation

Genau wie die X-Box auf Seite 108 braucht auch die Playstation einen AC-Umrichter, der den Autogleichstrom in Netzwechselstrom umwandelt. Ebenso wie bei unserem Bildschirm war auch beim Umrichter ein unbrauchbarer Stecker für den Zigaretten-anzünder mitgeliefert. Wir haben ihn zerlegt. Diesmal haben wir die spannungsführende Leitung und die Erdleitung von den gleichen Stellen wie unser Verstärker (größere Kabel) genommen.

01

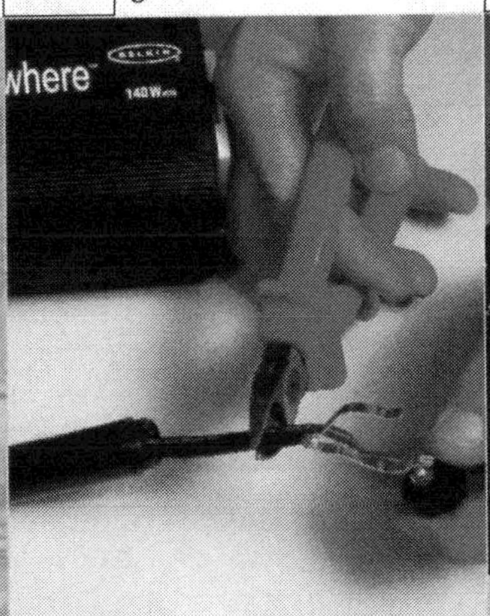

Um nahe beim PS2-Player zu sein, hätte unser Umrichter in den Kofferraum gemusst – aber wir wollten aus ihm keine Attraktion machen. Da es zwischen Subwoofer-Box und Verstärker eine praktische Lücke gab (die wir sonst später mit einem Zwischenboden abgedeckt hätten), haben wir unseren Umrichter an der Box befestigt. Die Montagehalterung hat uns ein bisschen Kopfzerbrechen bereitet, bis wir schließlich erfolgreich eine Schlauchschelle zu einer Halterung umgebaut haben...

02

...Und voilà – unser komplett verkabelter, niedlicher Umrichter. Jetzt hat die Playstation also Strom – was brauchen wir noch?

03

Wir haben noch reichlich Kabel quer durch das Auto zu verlegen – eine gute Gelegenheit also, einen oder zwei Sitze auszubauen und die Teppiche anzuheben (wenn Sie es denn richtig ordentlich machen wollen). Außer den beiden Controllern müssen noch die Video- /Audioausgänge an unseren Bildschirm angeschlossen werden. Zum Glück ist ihre Farbkennung so vorbildlich, dass wir sie nicht alle durcheinanderbringen.

04

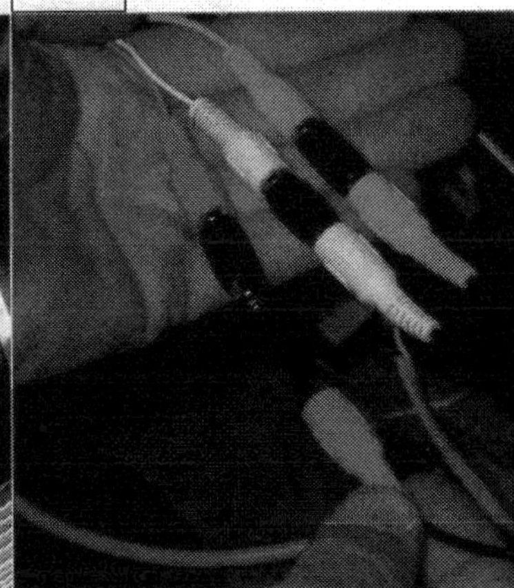

Damit auf keinen Fall irgendetwas schief geht, wenn der Teppich wieder heruntergeklappt wird, sollten Sie alle Anschlüsse mit Klebeband sichern. Das sorgt dafür, dass die Kabel nicht verrutschen und sich die Verbinder nicht am Fahrzeugboden entladen.

05

Wenn die Strom- und Videoleitungen sowie ein betriebsbereiter Bildschirm angeschlossen sind, suchen Sie sich einen sicheren Ort für die Konsole aus, und schon heißt es „Plug...

06

...and Play". Die erste Playstation-Installation in unserem Leben, und es klappt wie am Schnürchen. Gesamtkosten einschließlich Bildschirm, Umrichter und PS2-Player (mit kostenlosem Spiel) – ungefähr 610 Euro. Das kann man mit Fug und Recht als Schnäppchen bezeichnen – echtes In-Car-Entertainment und maximaler Respekt.

07

Navigations-systeme

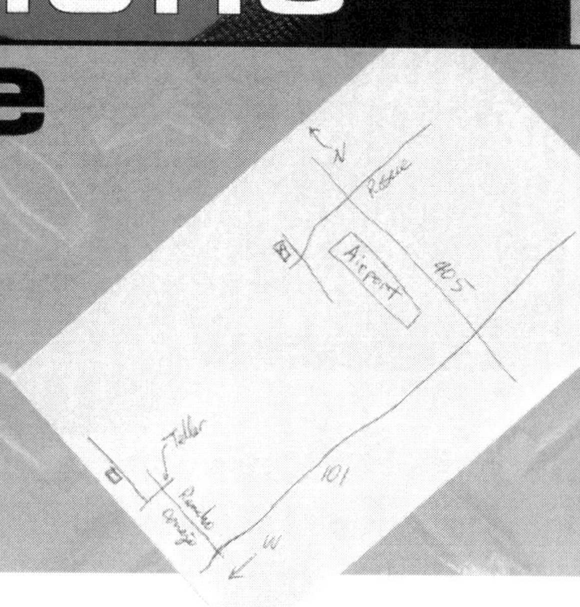

Ein Navigationssystem ist eine elektronische Landkarte, die direkt in Ihrem Armaturenbrett sitzt. Stellen Sie sich vor: Nie wieder während der Fahrt mit quer über den Sitz ausgefalteten Landkarten hantieren, und nie wieder anhalten und Passanten nach dem Weg fragen müssen!

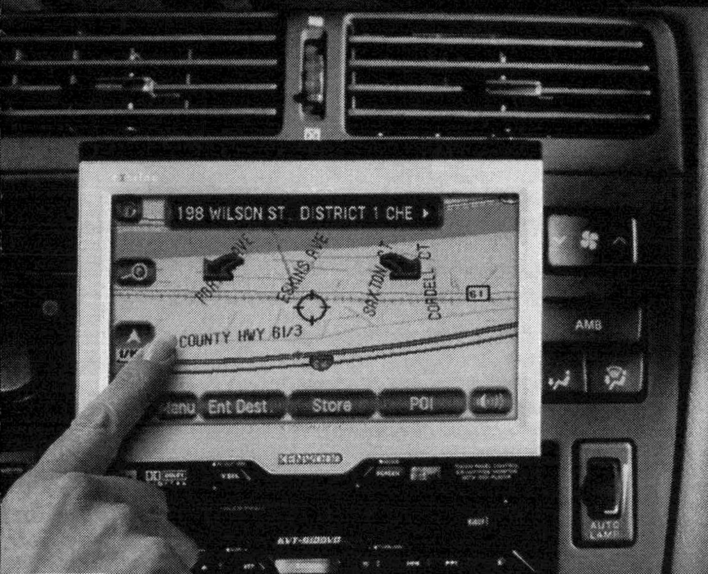

Typen von Navigationssystemen

Derzeit sind weltweit vier Grundarten von Navigationssystemen auf dem Markt:

1. Sprachgesteuerte Navigation.
2. Telepath™.
3. GPS-Ortung (GPS = Global Positioning System).
4. Dynamische Routenführungssysteme.

Sprachgesteuerte Navigation

Die ersten sprachgesteuerten Navigationssysteme kamen Mitte der 1990er Jahre auf den Markt. Sprachgesteuerte Navigationssysteme arbeiten mit einer speziell entwickelten CD-ROM oder DVD, die eine Datenbank mit Straßen, Autobahnen, Orientierungspunkten und so genannten „Points of Interest" (POI) enthält. Jeder Straßenname, jede Straße, jede Stadt und jeder POI ist auf der CD-ROM oder DVD gespeichert, die in einen ebenfalls speziell entwickelten Wechsler oder Player eingelegt wird. Der Benutzer kann das System über ein im Auto montiertes Mikrofon aktivieren, indem er ein bestimmtes Wort wie zum Beispiel „Navigator" sagt. Daraufhin stellt das sprachgesteuerte System eine Reihe von Fragen wie „Von wo fahren Sie los?" oder „Wohin möchten Sie fahren?" Das System gibt dem Fahrer Sprachanweisungen, sagt ihm, wo und wann er abbiegen muss, und führt ihn auf diese Weise mühelos zu seinem Fahrtziel.

Telepath™

Dieses System wurde von Delco Electronics (einer Unternehmenssparte des General-Motors-Konzerns) entwickelt. Telepath berechnet seine jeweils aktuelle Position mit Hilfe des GPS-Satellitensignals (GPS = Global Positioning System). Außerdem verwendet es ein Koppelnavigationssystem, dass mit einem Kompass und dem Geschwindigkeitssensor des Fahrzeuges arbeitet, um die Fahrzeugposition zu berechnen für den Fall, dass einmal keine GPS-Signale feststellbar sind. Die Fahrtzieleingabe durch den Benutzer erfolgt über ein kleines LCD-Display. Der Zielort kann anhand von Adresse, Straßenkreuzung oder Orientierungspunkt (wie z. B. „Geldautomat" oder „Tankstelle") eingegeben werden. Die Informationsdatenbank befindet sich auf einer Flash-Memory-Karte. Das System leitet den Fahrer mit Hilfe eines Pfeils und zeigt jeweils die Entfernung bis zum Zielort an.

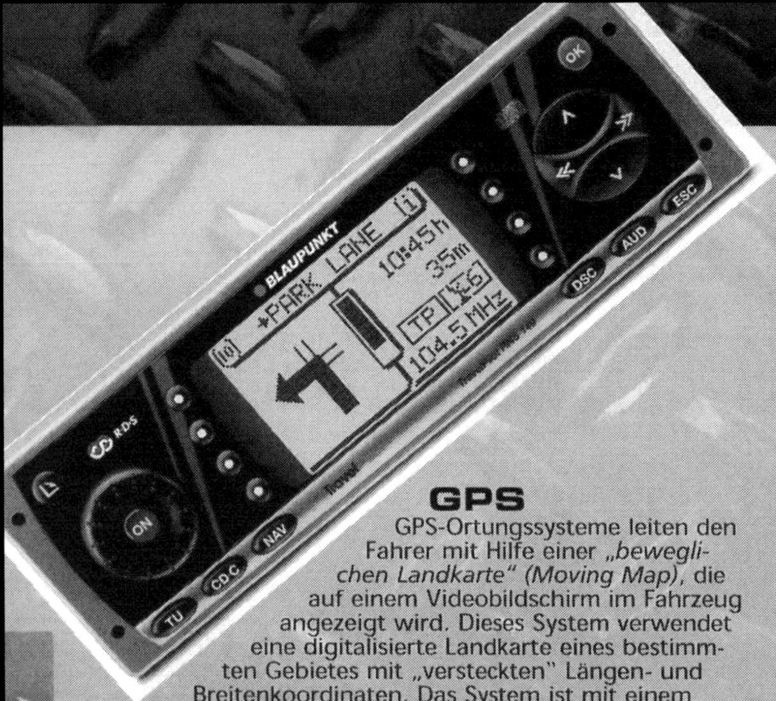

GPS

GPS-Ortungssysteme leiten den Fahrer mit Hilfe einer *„beweglichen Landkarte“ (Moving Map)*, die auf einem Videobildschirm im Fahrzeug angezeigt wird. Dieses System verwendet eine digitalisierte Landkarte eines bestimmten Gebietes mit „versteckten“ Längen- und Breitenkoordinaten. Das System ist mit einem GPS-Empfänger ausgestattet. Um die korrekten Längen- und Breitenkoordinaten ermitteln zu können, muss der GPS-Empfänger mindestens drei GPS-Satellitensignale empfangen. Die GPS-Informationen werden dann mit den digitalisierten Landkartendaten verglichen. Wird der aktuelle Aufenthaltsort auf der Karte gefunden, wird diese Landkarte auf dem Bildschirm angezeigt.
Diese Systeme stützen sich zur Positionsbestimmung des Fahrzeugs ausschließlich auf das GPS-Signal. Da Fahrtgeschwindigkeit oder Fahrtrichtung des Autos *nicht* berücksichtigt werden, ist die Routenführung von Abzweigung zu Abzweigung bisweilen nicht ganz präzise. Viele Systeme dieses Typs sind außerdem tragbar, so dass der Fahrer das Gerät herausnehmen und sich mit seiner Hilfe, wenn nötig, auch in einer Fußgängerzone orientieren kann.

Dynamische Routenführungssysteme

Systeme dieser Art bestimmen den aktuellen Standort des Fahrzeugs anhand von drei verschiedenen Eingangssensoren, die auch die Fortbewegung des Fahrzeugs verfolgen:
GPS-Antenne/-Empfänger – bestimmt die aktuelle Aufenthaltsposition des Fahrzeuges mit Hilfe von GPS-Satelliten.
Gyrosensor – bestimmt die Abbiegerichtung des Fahrzeugs.
Fahrzeuggeschwindigkeitssensor (Vehicle Speed Sensor / VSS) – bestimmt die zurückgelegte Fahrtstrecke und die Geschwindigkeit des Fahrzeugs.
Dank Gyrosensor und Geschwindigkeitssensor bieten diese Systeme eine höhere Präzision bei der Positionsbestimmung und bei der Verfolgung der Fortbewegung des Fahrzeugs – sogar dann, wenn das Fahrzeug in Gegenden unterwegs ist, in denen das GPS-Signal unter Umständen blockiert ist.

Ein dynamisches Routenführungssystem umfasst die folgenden Grundelemente:

Hauptnavigationssteuergerät – das „Gehirn“ des Navigationssystems. Mit eingebautem gyroskopischem Sensor, Geschwindigkeitsimpulssensor, GPS-Empfänger sowie DVD- oder CD-ROM-Laufwerk. Dieses Steuergerät verarbeitet:
- Die vom Geschwindigkeitssensor des Fahrzeugs empfangenen Daten.
- Die Fahrzeuggeschwindigkeit.
- Die vom Gyrosensor gelieferten Richtungsdaten.

GPS-Antenne - empfängt eingehende Satellitensignale.
- Die Antenne hat eine kleine reflektierende Fläche, und manche Antennen haben einen magnetischen Fuß.
- Sie ist so konstruiert, dass sie innen wie auch außen am Fahrzeug montiert werden kann.
- Damit sie Satelliteninformationen empfangen kann, muss die Antenne ungehinderte Sicht zum Himmel haben.
- Der GPS-Empfang kann geringfügig schlechter ausfallen, wenn die Antenne im Fahrzeuginneren montiert wird.

CD-ROMs oder DVDs – enthalten die Landkarten für jedes Gebiet (die in regelmäßigen Abständen aktualisiert werden können).
- Manche Hersteller verwenden Universal-Landkartensoftware.
- Andere Anbieter bieten kundenspezifisch angepasste DVDs oder CD-ROMs.
- Auf DVD können die Landkarten ganzer Länder gespeichert werden.
- Bei manchen Systemen muss bei der Systeminstallation die richtige CD für Ihr geographisches Gebiet installiert werden. Andere Systeme bieten Ihnen die Möglichkeit, die CDs zu wechseln, sobald Sie ein anderes geographisches Gebiet erreichen.

Videomonitor – zeigt die Anweisungen an.
- Einige Monitore sind mit einem eingebauten Lautsprecher ausgestattet.
- Manche Monitore können auch als Schnittstelle zur Audioanlage und zur Steuerung der Audioanlage genutzt werden.
- Auf den meisten Monitoren kann der Fahrer "ein- und auszoomen", um den Maßstab der Landkarte zu verändern.

Fernbedienung – viele Systeme sind mit einer drahtlosen Fernbedienung ausgestattet, um die Bedienung des Navigationssystems zu erleichtern.

Was kostet mich der Spaß?

Wenn Sie jederzeit genau wissen möchten, wo Sie gerade sind, kann Sie das ein hübsches Sümmchen kosten! Schauen Sie sich also um, vergleichen Sie die Angebote und überlegen Sie, welches System für Sie am besten geeignet ist.

Installationsgrundlagen

Es gibt unzählige Möglichkeiten, ein Navigationssystem zu installieren. Dementsprechend können wir hier leider nicht auf jede Anwendung eingehen. Wir werden daher nur die grundsätzlichen Dinge behandeln. Im Folgenden finden Sie die wichtigsten Leitlinien, die Sie beim Installieren eines dynamischen Routenführungssystems befolgen sollten.

Montage des elektronischen Steuergeräts

Bei manchen Systemen ist der Hauptnavigationscomputer zur Montage im Kofferraum bestimmt; bei anderen kann er wahlweise im Kofferraum oder im Handschuhfach untergebracht werden (je nach verfügbarem Platz). Jedenfalls muss er an einer Stelle montiert werden, die weder Feuchtigkeit noch extremer Wärme ausgesetzt ist, und außerdem waagerecht (mit einer Neigung von weniger als 5°) installiert werden. Wird das elektronische Steuergerät seitlich liegend montiert, kann der ins Steuergerät integrierte Gyrosensor nicht richtig arbeiten.

Montage der Antenne

Die GPS-Antenne muss an einer Stelle montiert werden, die für die GPS-Satelliten am „sichtbarsten" ist. Der Anbringungsort der Antenne muss deshalb sorgfältig ausgewählt werden. Folgen Sie beim Bestimmen der Montageposition den folgenden Leitlinien:

- Montieren Sie die Antenne nicht unter einer Metallfläche.
- Manche Materialien, die zur Fenstertönung verwendet werden, haben einen hohen Metallgehalt (Titan), der die Empfangsqualität der GPS-Antenne beeinträchtigen kann.
- Einige Fahrzeuge sind mit speziellem, hitzebeständigen Glas ausgestattet, das zu Empfangsproblemen der GPS-Antenne führen kann. In diesen Fällen wird die GPS-Antenne am besten auf dem Autodach oder an der Kofferraumklappe montiert.
- Der Empfang kann auch beeinträchtigt werden, wenn die Antenne unter dichtem Kunststoff oder Karton montiert wird.
- GPS-Antennen können die nötigen Signale auch dann empfangen, wenn sie im Fahrzeuginneren montiert werden, aber in diesem Fall müssen einige Vorkehrungen getroffen werden, damit die Antenne einwandfrei funktioniert. Montieren Sie die Antenne an einer Stelle im Fahrzeug, die die beste „Sichtlinie" ermöglicht. Am besten eignen sich Stellen wie die Heckablage oder das Armaturenbrett.
- Befestigen Sie die Antenne mit doppelseitigem Klebeband oder Silikon (auf diese Weise ist dafür gesorgt, dass der magnetische Antennenfuß sich nicht bewegt und den Lack zerkratzt).
- Verlegen Sie das Antennenkabel sorgfältig und schließen Sie es an das elektronische Steuergerät an.
- Antenne und Länge des Antennenkabels sind aufeinander abgestimmt – kürzen oder verlängern Sie das Kabel also nicht.
- Vermeiden Sie scharfe Kurven oder Knicke im Kabelverlauf.
- Wickeln Sie überschüssige Kabelstrecken in großen Schleifen auf und befestigen Sie sie mit Kabelbindern.

Montage des Monitors

Wie bei den meisten Einbauten müssen Sie auch hier entscheiden, wo Sie den Monitor installieren möchten. Er muss bequem und zugleich unaufdringlich sein, denn er soll ja keines der wichtigen Bedien- und Steuerelemente behindern. Montieren Sie den Monitor nach Möglichkeit so, dass er ohne Ablenkung für den Fahrer gut einsehbar ist. Wenn der Monitor an einer tief liegenden Stelle installiert wird, winkeln Sie ihn nach oben an, damit er seine Aufgabe optimal erfüllt. Montieren Sie den Monitor nicht an einer Stelle, an der er bei einem Unfall von einem Airbag getroffen würde. Die meisten Kabel, die mit Monitoren mitgeliefert werden, haben eine festgelegte Länge und können nicht verlängert werden. Behalten Sie dies im Hinterkopf, wenn Sie das Monitorkabel zum elektronischen Steuergerät verlegen.

Sobald Sie mit der Installation fertig sind, stellen Sie die Helligkeitsstufe des Monitors für Ihre Zwecke optimal ein. Die meisten Monitore bieten eine separate Helligkeitseinstellung jeweils für Tag- und Nachtsicht (wenn Sie die Seitenleuchten einschalten).

FAQs Navigation

Wie bestimmt ein Navigationssystem meine Position, und wie verfolgt es meine Fortbewegung?

Die meisten Systeme stützen sich hierfür im Wesentlichen auf dreierlei: GPS-Antenne/Empfänger, Gyrosensor und Fahrzeuggeschwindigkeitssensor. Diese Systeme zeigen präzise die Fahrzeugposition des Fahrzeuges an und verfolgen den Weg des Fahrzeugs – sogar dann, wenn Sie in Gegenden unterwegs sind, in denen das GPS-Signal unter Umständen blockiert ist.

Was bringt mir ein Navigationssystem?

Ein gutes Navigationssystem kann Sie während der Fahrt Schritt für Schritt zu dem von Ihnen einprogrammierten Fahrtziel führen.

Wo montiere ich am besten meine GPS-Antenne?

Wahlweise im Fahrzeuginneren oder außen. Eine Innenmontage der Antenne gestaltet sich womöglich schwieriger, weil die Antenne durch Metall hindurch keine Signale empfangen kann. Folgen Sie den Anweisungen des Herstellers.

Warum muss ich mein Navigationssystem an meinen Geschwindigkeitssensor anschließen?

Einige Navigationssysteme verfolgen die Fahrzeuggeschwindigkeit und die zurückgelegte Wegstrecke anhand der Informationen, die der Geschwindigkeitssensor liefert. Diese Informationen tragen zusammen mit den Informationen, die der in das Navigationsgerät eingebaute gyroskopische Sensor beisteuert, zu einer präziseren Anzeige der Fahrzeugposition und der Fortbewegung des Autos bei.

Kann ein GPS-System verfolgen, wo sich mein Auto befindet oder befunden hat?

Ja, Tracking-Systeme sind mittlerweile für jeden erhältlich, der die Bewegungen eines Fahrzeugs verfolgen möchte – auch für Familien, die die Spritztouren ihrer Teenager gerne im Auge behalten möchten.

Zubehör und Nützliches

Bevor Sie Steuergeräte, Verstärker, Lautsprecher oder sonstige mobile Elektronikkomponenten installieren können, müssen Sie erst noch die richtigen Kabel, Verbinder, Sicherungen, Stromkreisunterbrecher, Umrichter (falls nötig) und Schalldämmstoffe aussuchen. Ohne das richtige Material funktioniert Ihr System entweder gar nicht, oder es funktioniert, klingt aber nicht so gut, wie es klingen könnte oder immerhin sollte. Lesen Sie sich also die Abschnitte in diesem Kapitel sorgfältig durch, damit Sie nicht irgendein Zeug kaufen, das sich hinterher als unbrauchbar herausstellt, und damit Sie auch nicht so verunsichert werden, dass Sie anfangen, Kabel auseinanderzunehmen und wieder zusammenzukleben. *Denken Sie immer daran: Lassen Sie es ruhig angehen und machen Sie dafür lieber alles richtig!*

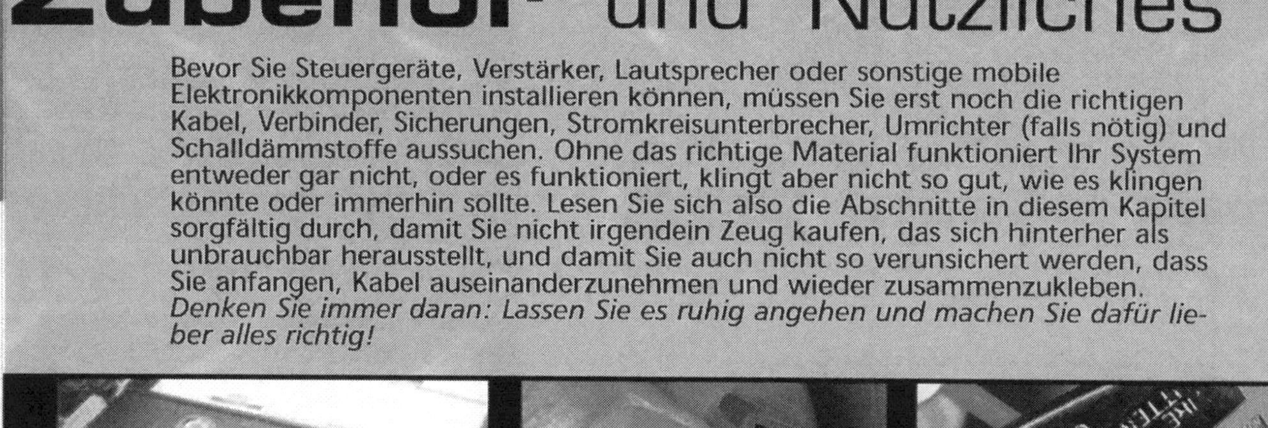

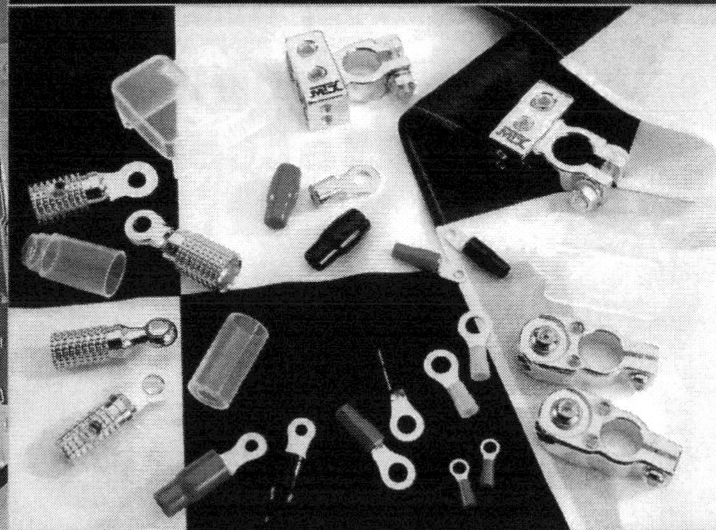

Batterieverbindungen

Auf die Gefahr hin, eine sattsam bekannte Tatsache zu wiederholen: Ohne Batterie ist eine Soundanlage zu nichts zu gebrauchen, denn die Batterie liefert den Strom. Das bestreitet kein Mensch, und unstrittig ist auch, dass stromdurstige Verstärker jedes Schlückchen Strom, das Sie von der Batterie kriegen können, gierig aufsaugen. Trotzdem fällt vielen erst im Nachhinein auf, dass die Strom- und Erdungsverbindungen mit der Batterie noch fehlen, und dann werden diese Verbindungen kurz vor Sonnenuntergang hastig zusammengeschustert, „nur, damit die Anlage läuft". Klar, Sie *haben vor, es später nachzuholen und noch einmal endgültig zu machen* . . . später vielleicht (und Sie kennen ja den Spruch vom Weg zur Hölle, der mit guten Vorsätzen gepflastert ist . . .). Und wissen Sie was? In den meisten Fällen tritt dieses „Später" niemals ein. Unterdessen setzen diese originellen Batterieverbindungen, die Sie mit ein paar Verbindern zusammengefummelt haben, die in Ihrer Garage herumlagen, langsam Schmutz und Korrosion an. Und mit der Qualität oder zumindest mit der Spitzenleistung Ihrer Anlage geht es langsam und stetig bergab.

Leisten Sie sich keine Fehler. Wenn Sie bei den Batterieanschlussklemmen der Strom- und Erdungskabel an der Qualität sparen, haben Sie hinterher eine Anlage mit halbjähriger statt zehnjähriger Lebensdauer. Stromkabel, die schlecht an die Batterie angeschlossen sind, können in einem Audio-System verheerenden Schaden anrichten. Halten Sie also Ihre Verbindungen in Ordnung, indem Sie die Batteriekabelklemmen durch Nachrüstteile ersetzen, die zusätzliche Anschlussmöglichkeiten für Kabel oder Ringterminals bieten.

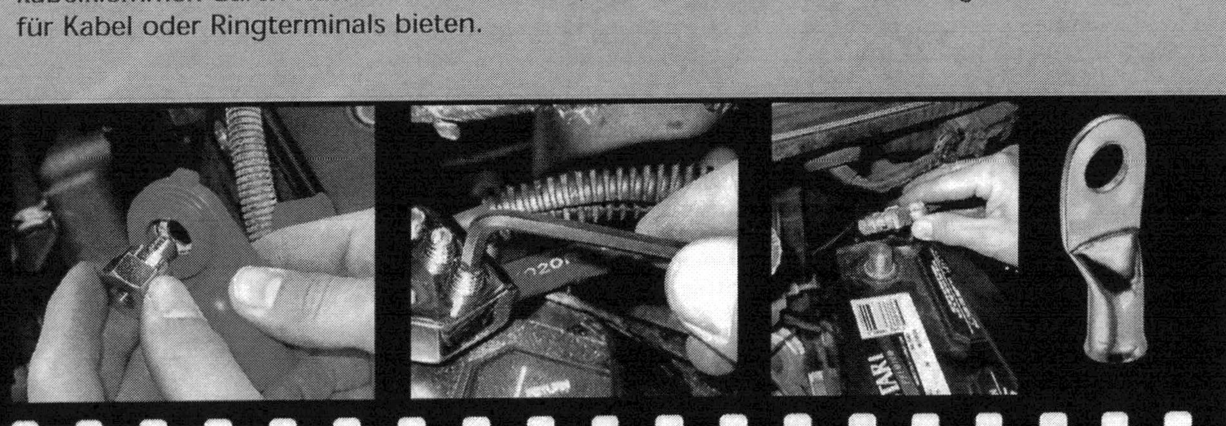

Installation Ersatzteil-Batterieanschlüsse

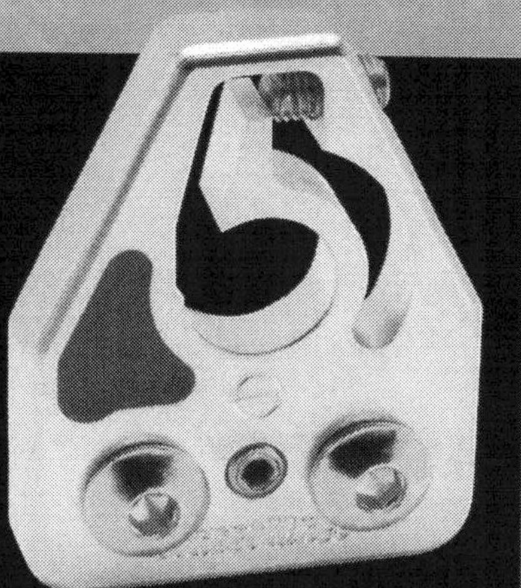

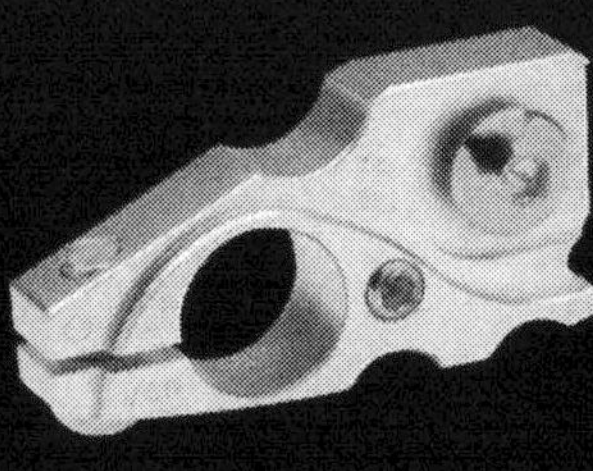

Wenn die Klemmen oben auf der Batterie sitzen...

01 Klemmen Sie zunächst das Kabel vom Minuspol der Batterie ab. Klemmen Sie *immer* das Minuskabel als erstes ab! Wenn Sie zuerst das Pluskabel trennen, können große und heftige Funken entstehen, sobald das Werkzeug, mit dem Sie die Kabelklemme lösen, mit einem Erdungspunkt am Fahrzeug (wie etwa der Karosserie oder irgendeinem anderen Metallbauteil) in Berührung kommt. Dabei können Sie sich nicht nur verbrennen, sondern eine Explosion der Batterie verursachen!

02 Nachdem Sie das Kabel vom Minuspol entfernt haben, klemmen Sie jetzt das Kabel vom Pluspol ab. Da die Klemmen lange befestigt waren, haben Batteriekabel einen gewissen Beharrungswillen, würden also gerne in ihrer angestammten und gewohnten Position bleiben, auch wenn sie abgeklemmt werden. Vergewissern Sie sich also, dass Sie nicht nur beide Kabel wirklich beiseite gelegt, sondern auch so gesichert haben, dass sie nicht in ihre Anschlusspositionen zurückkehren und mit den Batterieanschlüssen in Berührung kommen können!

03 Reinigen Sie den Batteriepol mit einem Batteriepol-Reinigungswerkzeug (bei den meisten Autoteile-Händlern erhältlich).

04 Bei einigen Autos müssen Sie die Batteriekabelklemmen möglicherweise abschneiden. Wenn dies der Fall ist, achten Sie unbedingt darauf, dass ausreichend Kabel übrig bleibt, um das Kabel bis zum Anschlusspol zu führen. Schließlich soll keines der beiden Batteriekabel so kurz sein, dass es nach dem Anschluss an die entsprechende Klemme straff gespannt ist.

05 Ziehen Sie vom Batteriekabel genügend Isolierung ab, damit beim Installieren in die neue Anschlussklemme der in der Klemme befindliche Teil des Kabels den Anschluss voll berührt. Vergewissern Sie sich, dass der Kabelquerschnitt dem Querschnitt des Loches in der Klemme entspricht, stecken Sie das frei liegende Kabelende in die Anschlussklemme und befestigen es sicher.

06 Stecken Sie die neue Anschlussklemme auf den Batteriepol und ziehen Sie die Sicherungsmutter oder Schraube ganz fest.

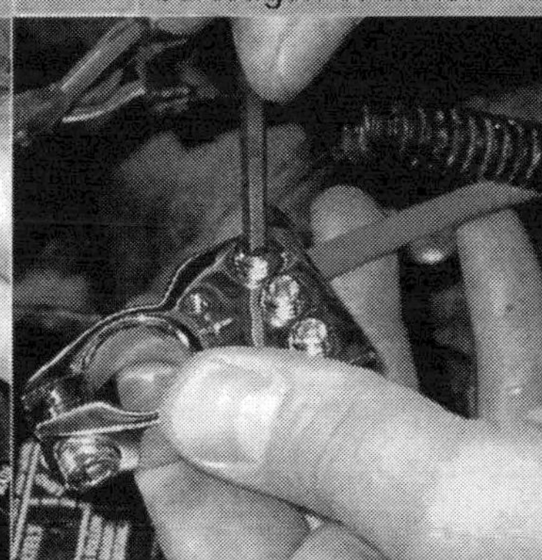

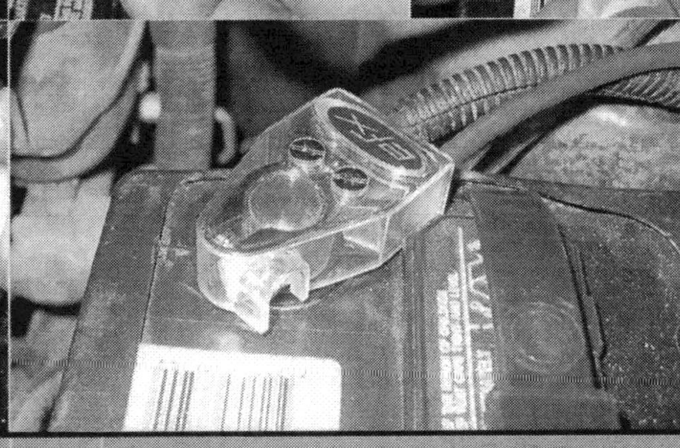

07 Ziehen Sie vom neuen Verstärkerstromkabel die Isolierung ab, vergewissern Sie sich, dass der Querschnitt des Stromkabels dem Querschnitt des Loches in der Klemme entspricht, stecken Sie dann das Kabelende in die neue Kabelklemme und ziehen Sie die Stellschraube ganz fest.

08 Schließen Sie das Batterie-Minuskabel wieder an und setzen Sie den Klemmen wieder ihre Schutzkappen auf. Transparente Schutzkappen wie die im Bild gezeigten sehen nicht nur gut aus, sondern sind auch praktisch. Sie schützen Anschluss und Klemme vor Schmutz und Feuchtigkeit, und man kann den Zustand von Anschluss und Klemme überprüfen, ohne dafür die Schutzkappe abnehmen zu müssen

Wenn die Anschlüsse Ihrer Autobatterie an der Seite sind...

Liegen bei Ihrer Autobatterie die Anschlüsse an der Seite, brauchen Sie zum Anschließen eines Audio-Stromkabels einen Einbauadapter für die seitliche Montage.

01 Klemmen Sie zunächst das Kabel von der Minusklemme der Batterie ab. Klemmen Sie *immer* das Minuskabel als erstes ab! Wenn Sie zuerst das Pluskabel trennen, können große und heftige Funken entstehen, falls das Werkzeug, mit dem Sie die Kabelklemme lösen, mit einem Erdungspunkt am Fahrzeug (wie etwa der Karosserie oder irgendeinem anderen Metallbauteil) in Berührung kommt. Dabei können Sie sich nicht nur verbrennen, sondern eine Explosion der Batterie verursachen!

02 Nachdem Sie das Kabel vom Minuspol entfernt haben, klemmen Sie jetzt das Kabel vom Pluspol ab. Da die Klemmen lange befestigt waren, haben Batteriekabel einen gewissen Beharrungswillen, würden also gerne in ihrer angestammten und gewohnten Position bleiben, auch wenn Sie sie abklemmen. Vergewissern Sie sich also, dass Sie nicht nur beide Kabel wirklich beiseite gelegt, sondern auch so gesichert haben, dass sie nicht in ihre Anschlusspositionen zurückkehren und mit den Batterieanschlüssen in Berührung kommen können!

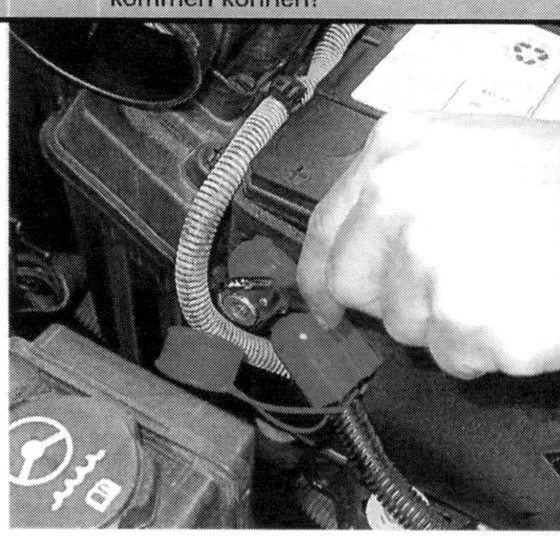

03 Stemmen Sie die werksseitig vorhandene Klemmenschraube mit einem Schraubenzieher vom Pluskabel ab.

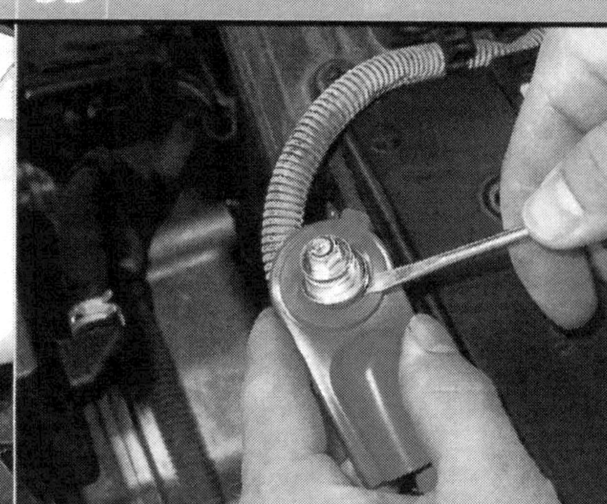

04 Stecken Sie den Adapter in das Kabelende...

05 ...und bringen Sie das Kabelende und den Adapter dann vorsichtig an der Batterie an.

06 Sobald das Kabelende und der Adapter sicher befestigt sind, können Sie ein Stromkabel mit Ringkabelschuh an dem für dieses Kabel vorgesehenen Ende des Adapters anbringen.

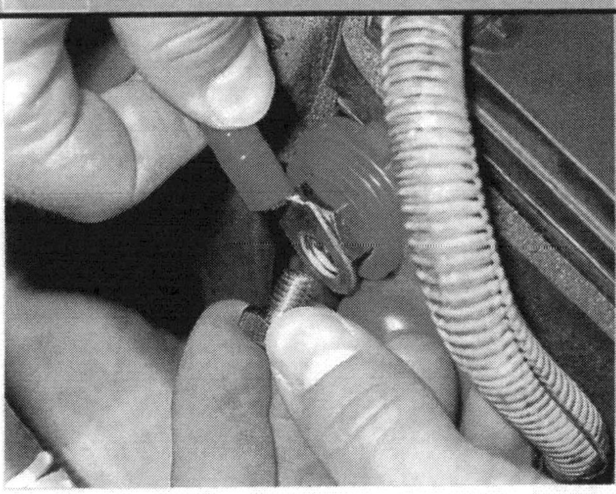

07 Ziehen Sie anschließend die Schraube ganz fest.

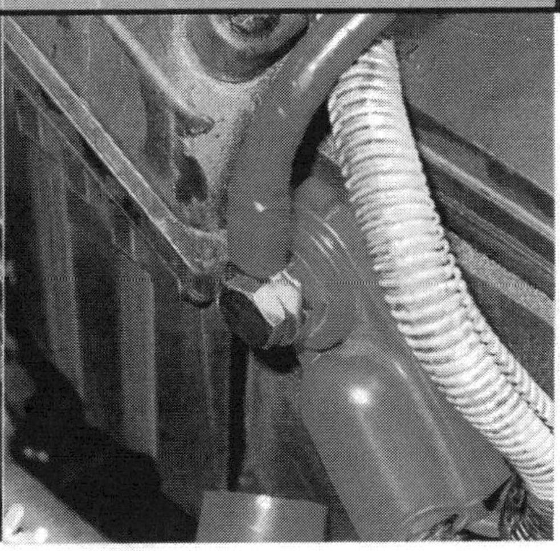

Elektrische Leitungen und Kabel

Audiokabel

Ehe Sie sich nicht gewissenhaft sozusagen Ihre Hausaufgaben erledigt haben, werden Sie kaum richtig zu schätzen wissen, was für eine verwirrende Vielfalt von Audiokabeln für spezielle Zwecke heute auf dem Markt zu haben sind. Das einfachste Kabel besteht aus einem festen Draht (auch als Einzellitze bekannt), der mit irgendeiner Art von Isolierung ummantelt ist, aber dieser Kabeltyp kommt in In-Car-Audioanlagen selten zum Einsatz. Genau wie herkömmliche Kabel verwenden auch Audio-Kabel Kupfer, weil dies der beste Leiter ist, der zu erschwinglichen Preisen zu haben ist (Silber und Gold leiten besser, sind aber für die meisten von uns ein bisschen zu teuer. Manche Leute, für die Geld keine Rolle spielt, verwenden für sehr hochwertige Audio-Anwendungen gelegentlich Silber, und Anschlüsse werden häufig im Interesse der Korrosionsbeständigkeit mit Gold beschichtet.) Aber der Kupferdraht ist auch schon das Einzige, was Audiokabel und konventionelle Kabel gemeinsam haben. Statt einer Einzellitze verwenden Audiokabel viele Litzen oder gleich ganze Litzenbündel. Außerdem sind Audiokabel häufig „abgeschirmt", damit es nicht zu Interferenzen mit Signalen in benachbarten Kabeln kommt.

Widerstand und Skineffekt

Wenn Audiokomponenten oder andere mobile Elektronikkomponenten miteinander verkabelt werden, treten ein paar hässliche Probleme auf den Plan – Widerstand und „Skineffekt". Skineffekt ist die ziemlich schmissige Bezeichnung für ein wissenschaftliches Phänomen, bei dem *Elektrizität zur Außenseite* (zur „Haut") *eines Leiters abwandert.* Der Skineffekt zeigt sich je nach Anwendung in unterschiedlicher Weise. In Audio-Systemen sorgt er für Einiges an Verzerrung. Auch in Systemen mit großen Kabelquerschnitten und demnach geringerem Widerstand sorgt der Skineffekt immer noch für manche Verzerrung in hohen Frequenzbereichen.

Nun zum Widerstand, also dem, was dem Stromfluss oder einem elektrischen Signal in einem Kabel entgegenwirkt. Der Widerstand in einem Kabel schwächt das Signal auf seinem Weg durch das Kabel ab. Je länger das Kabel, umso größer der Widerstand. Auch Widerstand verursacht einige Verzerrung. Einzellitzen weisen einen höheren Widerstand auf als Litzendrähte. Hat ein Festleiterkabel einen zu großen Durchmesser, wird das Signal infolge des Skineffekts leicht verzerrt. Ist der Durchmesser zu klein, sorgt der Widerstand des Kabels für etwas Verzerrung. Da sich diese beiden Phänomene gegenseitig überschneiden, gibt es – egal, welchen Kabelquerschnitt Sie wählen – für das Widerstands- und Verzerrungsproblem keine perfekte Lösung.

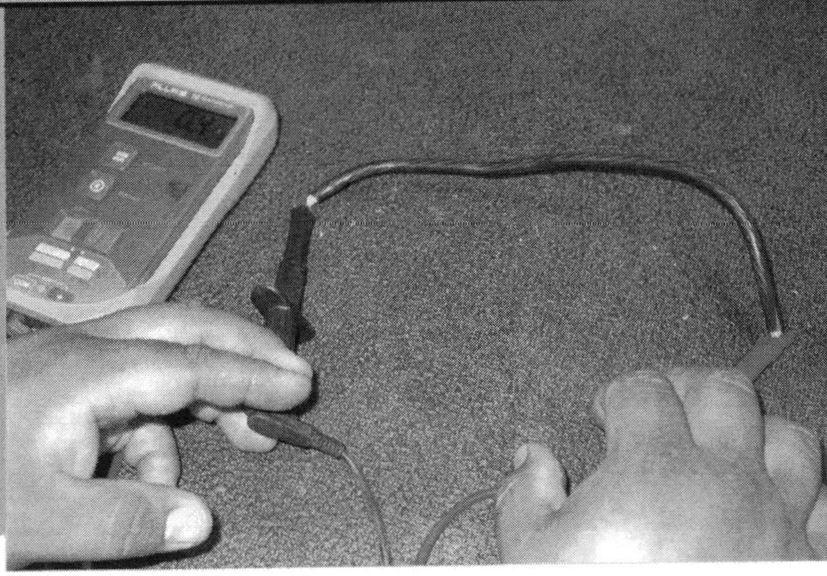

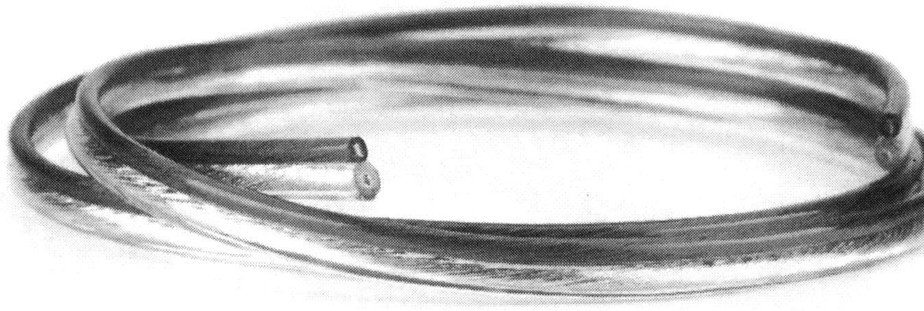

Litzendrähte

Ein typisches Lautsprecherkabel besteht aus zwei parallel geführten Litzendrähten, die mit irgendeiner Art von Isolierung ummantelt sind, durch die sie zugleich aneinander befestigt werden. Wenn das kein gefundenes Fressen für Widerstand und Skineffekt ist! Die Audiokabelhersteller haben die Leistungsfähigkeit von Lautsprecherkabeln dadurch verbessert, dass sie die Drähte über die gesamte Kabellänge hinweg nach und nach verdrillen. Wenn Sie sich eine Vorstellung machen wollen, was verdrillte Drähte sind, stellen Sie sich vor, Sie halten ein etwa 60 cm langes Bündel Drähte (die Litzen) an beiden Enden in Ihren Händen und verdrehen die Enden dann in jeweils entgegengesetzter Drehrichtung. Verdrillte Drähte haben den Vorteil, dass jeder Draht sich allmählich von der Mitte zur Außenseite des Drahts bewegt, wo der meiste Strom fließt. Durch dieses Verfahren wird der Skineffekt erheblich vermindert.

Manche Hersteller verdrillen entweder Litzenbündel oder Volldrähte um einen Isolierkern herum, so dass jede der Drahtlitzen in dem Bündel oder die Oberflächen der Einzellitzen sich langsam drehen und den Skineffekt noch weiter abmildern. Einige andere Hersteller isolieren sogar die Bündel oder Volldrähte, damit immer ein gewisser Abstand zwischen ihnen bleibt und sie sich gegenseitig nicht beeinträchtigen.

Ein anderer Audiokabeltyp besteht aus mehreren verdrillten Volldrähten oder Litzenbündeln, die in einem flachen Kabel parallel Seite an Seite angeordnet sind. Die Grundkonstruktion – verdrillte Litzen, Material usw. – ist die gleiche wie bei den oben beschriebenen Kabeln.

Abgeschirmte Kabel

Alle oben genannten Kabel sind mit einer Abschirmung erhältlich, die einfach die Drähte im Kabelinneren vor Funkstörungen schützt, die durch andere Audiokabel (meist Audio-Stromkabel) oder durch störgeräuschintensive Kabelbäume an Motor oder Fahrzeugchassis verursacht werden. Besonders wichtig ist eine solche Abschirmung, wenn Sie eine Audio-Anlage in ein Auto mit störgeräuschintensiver Stromanlage einbauen wollen oder wenn Sie die Lautsprecherkabel nahe an Stromkabeln verlegen müssen. Sie können sich auch abgeschirmte Stromkabel besorgen, um zu verhindern, dass von ihnen schädliche Funkstörungen ausgehen, die alle benachbarten Niederspannungskabel stören würden.

Koaxialkabel

Der vielleicht häufigste abgeschirmte Kabeltyp ist das Koaxialkabel, das aus einem Leiter in der Mitte besteht, der mit einem „dielektrischen" (nicht leitenden) Isoliermaterial ummantelt ist. Das dielektrische Material ist noch von einer weiteren Schicht umgeben, nämlich einer geflochtenen Kupferdrahtabschirmung. Außerdem ist das dielektrische Isoliermaterial von einer weiteren Isolierschicht umgeben. Koaxialkabel haben Sie sicher schon einmal gesehen, auch wenn Ihnen nicht bewusst war, wie diese Kabel heißen oder wie sie gemacht sind. Schließlich haben alle Kabelfernseher ein Koaxialkabel, das von der Steckdose in der Wand zur Rückseite des Fernsehgerätes führt. Koaxialkabel für Audio-Anwendungen sind in einer großen Auswahl an Typen und Ausgestaltungen erhältlich.

Richtlinien für Verkabelung

Entscheiden Sie für jede einzelne Komponente, wo sie montiert wird

Bevor Sie sich an die Installation eines neuen Sound-Systems machen, müssen Sie zuerst *entscheiden, wo Sie die einzelnen Komponenten unterbringen möchten*. Fertigen Sie eine Skizze des Gesamtsystems mit allen Komponenten, Kabeln und Verbindern an. Mit diesem selbst gemachten einfachen Schaltplan können Sie sich viel leichter darüber klar werden, wie und wo Sie die Stromkabel und Verbindungskabel für diese ganzen Komponenten verlegen wollen. Außerdem kommen Sie so auch leichter zu einer richtigen Einschätzung, wie viel von jedem Kabeltyp oder Lautsprecherkabel Sie brauchen werden, und können besser entscheiden, welche Verbindertypen Sie in welcher Menge benötigen.

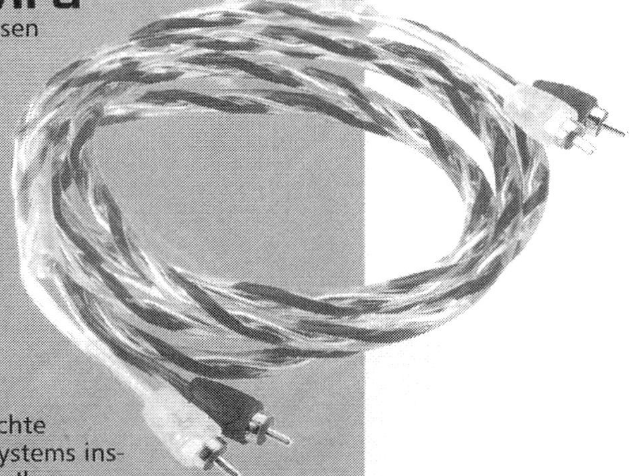

Verwenden Sie hochwertige Verbindungs- und Lautsprecherkabel

Denken Sie beim Kauf von Strom- und Signalkabeln daran, dass eine schlechte Verkabelung des Systems zu Funkstörungen führen und die Leistung des Systems insgesamt verschlechtern kann. Seien Sie also nicht zu knauserig, wenn es um Ihre Verkabelung geht. Autos erzeugen einige heftige elektromagnetische Felder, die von mobilen elektronischen Systemen „empfangen" werden können, wenn sie mit billigen RCA-Kabeln (Koaxialkabeln) mit schlechter Abschirmung angeschlossen sind. Immer, wenn Sie Niederleistungs-Signalkabel mit Hochleistungsverstärkern mischen, laufen Sie Gefahr, aus Versehen eine „Antenne" zu schaffen, die diese elektromagnetisch induzierten Geräusche „empfängt" und direkt zu Ihren Verstärkern und Lautsprechern leitet. Zu den typischen Symptomen gehören Brummen und Jaulen parallel zum Auf und Ab der Motordrehzahl oder ein tickendes Geräusch, wenn Sie den Blinker einschalten. Für diese Geräusche sind schlechte Kabel und Drähte nicht allein verantwortlich, aber sie sind eine Variable, die Sie in einem gewissen Maß beeinflussen können. Außerdem können hochwertige Kabel die Fehlerbehebung vereinfachen, weil Sie dann nämlich sicher sein können, dass die Kabel selbst nicht das Problem sind.

Trennen Sie Strom- und Signalkabel voneinander

Verlegen Sie Strom- und Signalkabel immer so, dass sie physisch voneinander getrennt sind. Stromkabel können Geräusche auf Niederleistungs-Audiokabel übertragen. Üblicherweise hält man sie dadurch getrennt, dass man die Stromkabel an der einen Seite des Autos und die Niederleistungs-Kabel entlang der anderen Seite des Autos verlegt. Wenn das nicht möglich ist, die Kabel also nicht an einander gegenüberliegenden Seiten des Autos verlegt werden können, verlegen Sie sie so, dass sie wenigstens durch den Getriebetunnel getrennt sind. Außerdem ist ganz entscheidend wichtig, dass Sie alle Niederleistungs-Audiokabel von anderen großen elektrischen Kabelbäumen fernhalten. Bei vielen modernen Autos verbirgt sich unter dem Teppich schon ein ganzer Kabeldschungel. Diese Kabel leiten die Batteriespannung zu allen möglichen Geräten wie eingebauten Sound-Systemen, elektrischen Fensterhebern, zur Zentralverriegelung und zu den elektrischen Spiegeln, Rücklichtern usw. Auch wenn sie weniger Strom führen als Sound-Anlagen vom Nachrüstmarkt, ist ihre Spannung doch dieselbe und kann zu störenden Geräuschen in der Anlage führen.

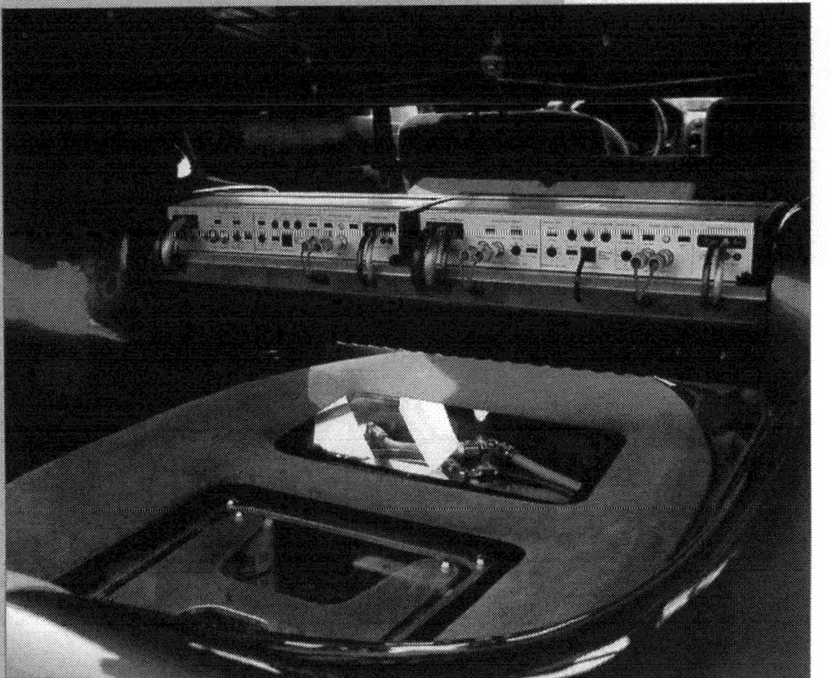

Halten Sie Ihre Signalkabel möglichst kurz

Halten Sie Ihre Niederspannungs-Signalkabel (in der Regel RCA- oder Koaxialkabel) so kurz wie möglich. Je länger sie sind, umso größer ist die Wahrscheinlichkeit, dass sie sich wie eine Antenne verhalten, die Geräusche aus elektromagnetischen Quellen wie der Motorzündung oder den Verstärkern in Ihrer Sound-Anlage empfangen kann. Wenn Sie vorhaben, vorgefertigte Kabel zu kaufen, die an beiden Enden schon mit Verbindern versehen sind, versuchen Sie Kabel zu bekommen, die lang genug sind, aber nur sehr wenig Überlänge haben. Mit anderen Worten: Haben Sie die Wahl zwischen zwei fertigen Kabeln, von denen das eine zu lang und das andere zu kurz ist, kaufen Sie weder das zu kurze noch das zu lange Kabel. Nehmen Sie von beiden Varianten Abstand und kaufen Sie stattdessen ein ungeschnittenes Kabel in der richtigen Länge und bringen Sie Ihre eigenen Verbinder an.

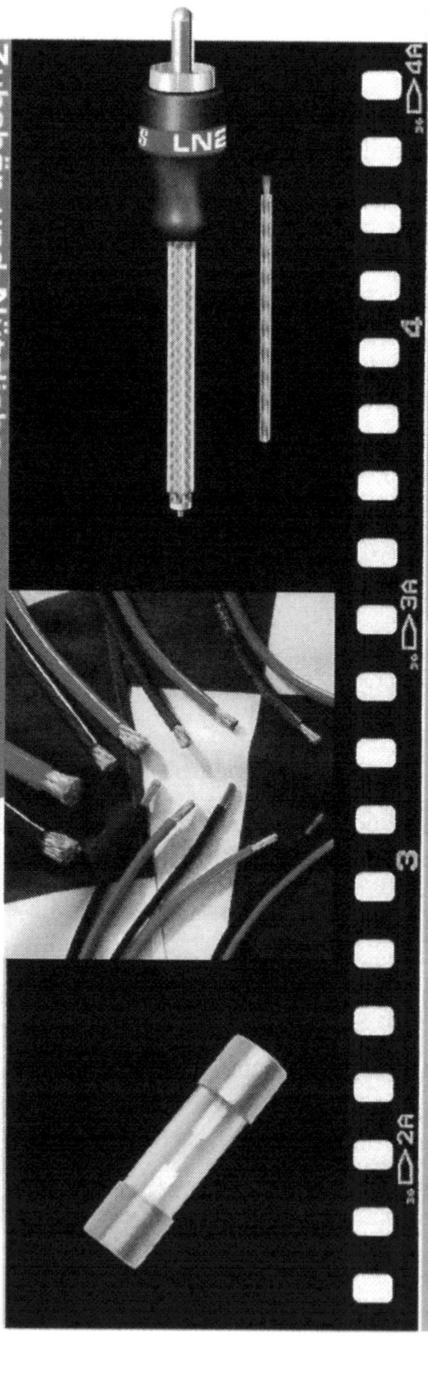

Erdungsschleifen und Erdungspfade

Manche Profis behaupten, 90 Prozent aller Geräusche in einem System seien auf falsch geerdete Komponenten zurückzuführen. Sind in einem System die Komponenten nicht korrekt geerdet, „sehen" sie nicht genau die gleiche Erde, und dies führt zu einem Phänomen, das man als „Erdungsschleife" bezeichnet. Der Unterschied im Erdungsgrad ist unter dem Begriff „Erdpotenzial" bekannt. Für eine Erdungsschleife, die zum Jaulen der Lichtmaschine führt, ist der Potenzialunterschied zwischen allen Erdungen eines Systems verantwortlich.

Um zu verhindern, dass durch Erdungen „Schleifen"-Situationen entstehen, kann man Verschiedenes unternehmen:

1) Verwenden Sie für die Niederleistungs-Leitungen zwischen dem Ausgang eines Steuergerätes und dem Eingang einer Frequenzweiche oder eines Verstärkers hochwertige Kabel mit guter Abschirmung. Schlechte Kabel mit unzulänglicher Abschirmung sorgen dafür, dass sich im System Geräusche ausbreiten.
2) Montieren Sie nie einen Verstärker oder irgendeine andere Komponente an nacktes Metall. Verwenden Sie nach Möglichkeit ein Verstärker-Rack und isolieren Sie dann alle anderen Komponenten vom Fahrzeugchassis.
3) Erden Sie nie mehrere Komponenten über deren Erdungsleitungen an der Chassiserdung. Einige Vorverstärkergeräte zum Beispiel erhalten ihre Erdungsverbindung direkt vom Verbindungskabel; wenn man den schwarzen Draht an die Masse eines dieser Geräte anschließt, entsteht automatisch eine Erdungsschleife. Auch wenn Ihre Vorverstärker eine von ihrem Signalpfad getrennte Stromversorgungserdung haben, erden Sie sie an einem Punkt – in der Regel an der Rückseite des Radios.
4) Sofern es keine gravierenden Erdungsprobleme mit dem Auto gibt, verzichten Sie auf den Einsatz von Erdschutzschaltern an der Antenne. Die Antennenerdung ist unverzichtbar für den AM-Empfang.

Am besten vermeidet man Probleme dieser Art dadurch, dass man grundsätzlich auf gemeinsame Erdungsverbindungen mit einem Erdungspfad des Fahrzeugzubehörs wie des Lüftermotors oder einer Bremslichterdung verzichtet. (Sonst hören Sie jedes Mal, wenn der Lüfter eingeschaltet wird oder die Bremsen betätigt werden, einen leisen Knall oder ein Summen!) Erden Sie stattdessen alles über einen einzigen Erdungspfad zur Minusseite der Stromanlage. Mit anderen Worten: Schließen Sie die Erdungsanschlüsse für das Steuergerät, den bzw. die Vorverstärker, den bzw. die Verstärker, den Equalizer, die Frequenzweiche usw. an und verlegen Sie dann ein Erdungskabel mit großem Querschnitt zu einem Punkt am Rahmen oder an der selbsttragenden Karosserie (Unibody), die einen widerstandsfreien Pfad zurück zur Batterie bietet. Und wenn Sie es wirklich gründlich machen wollen, erden Sie einfach alles direkt an der Batterie.

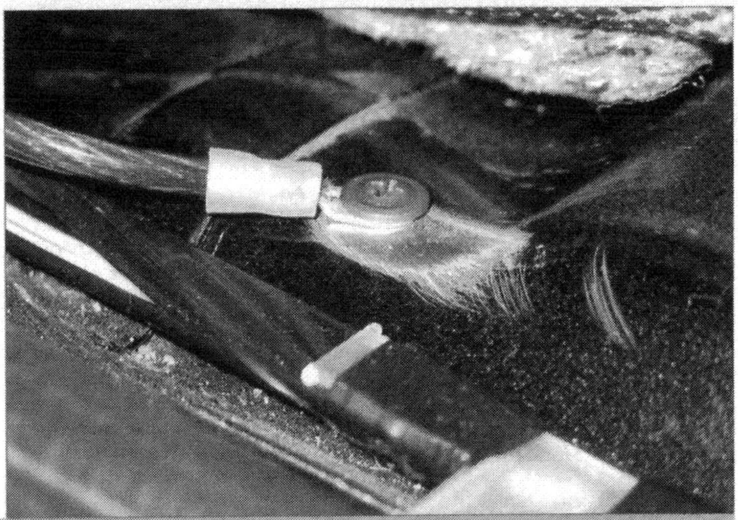

Eine gute Erdung finden

Verwenden Sie möglichst keine Erdungspunkte, die Bestandteile der Sekundärkarosserie oder des Chassis sind (Motorhaube, Kofferraumklappe, Türen usw.). Zwischen Haupt- und Sekundärkarosserie gibt es womöglich Heftschweißpunkte oder Befestigungselemente, die im Erdungspfad zurück zur Batterie den Widerstand erhöhen. Vermeiden Sie nach Möglichkeit auch Erdungspunkte, die sich ihre Verbindung mit anderen Zubehörteilen des Autos teilen. Das trägt zur Vermeidung möglicher Geräuschprobleme bei. Vermeiden Sie auf jeden Fall die Verwendung der werksseitig vorhandenen Strom- und Erdungskabel des Steuergerätes. Der Kabelquerschnitt ist (meist) zu klein. Außerdem führen sie häufig nicht direkt zur Erde, sondern nehmen die Erdung für andere Fahrzeuganlagen mit auf, die allesamt an einem Erdungspunkt versammelt werden. Auch wenn die Installationsvorschriften für Standard-Steuergeräte einen „werkseitig vorhandenen Kabelbaumadapter" verlangen, sind Systeme mit Signalprozessoren, mehreren Verstärkern und/oder erheblicher Steuergerätleistung durch die Verwendung der werksseitig vorhandenen Steuergerätverkabelung unter Umständen anfälliger für Geräuschprobleme. Dadurch können klickende und knallende Geräusche im Audio-System entstehen, wenn andere Systeme im Fahrzeug ein- und ausgeschaltet werden. Die werksseitig eingebaute Verkabelung ist außerdem meist in Kabelbäumen verlegt, die sich nahe an anderen elektrischen Geräten im Auto befinden, die Geräusche in die Soundanlage abstrahlen oder einkoppeln können.

Die besten Erdungspunkte an einem Fahrzeug sind immer die Stellen *mit einer guten physischen Verbindung an das gleiche Metall, das auch zur Batterieerdung verwendet wird.* Eine solche Stelle muss nicht unbedingt physisch an die Batterieerdung selbst angeschlossen sein (vergewissern Sie sich allerdings, dass sie das gleiche Erdungspotenzial wie die Batterie hat). Stellen Sie sich das Metall von Chassis und Karosserie als ein einziges „Kabel" mit sehr großem Querschnitt vor, das die Erdung der Batterie mit jedem geerdeten stromführenden Teil im Auto verbindet.

Kratzen Sie beim Erden einer Komponente die Farbe oder den Lack rings um den Bereich ab, den Sie sich als Erdungspunkt ausgesucht haben, und stellen Sie immer mit einer Zahnscheibe eine gute Stromverbindung her. Zahnscheiben eignen sich besser zur Erdung als Unterlegscheiben, weil sich bei Unterlegscheiben zwischen der Scheibe selbst und der Erdungsoberfläche Schmutz ansammelt, wodurch sich der Kontaktwiderstand erhöht. Außerdem „beißen" sich Zahnscheiben häufig in die Erdungsoberfläche, sorgen also für eine größere Kontaktfläche zwischen der Scheibe und dem Karosseriemetall und damit für geringeren Widerstand.

Lautsprecherkabel und Widerstand

So genannte „Premium"-Lautsprecherkabel bieten Ihnen mehr „Tiefe" und „Klarheit", „besseren Dynamikumfang" und „sattere, tiefere Bässe". Wenn man sich den Werbe-Hype so anhört, der um Lautsprecherkabel veranstaltet wird, könnte man denken, das Geheimnis hinter so viel Großartigem seien „zeitkorrekte Kabelwindungen", die „magnetische Fluxrohrkonstruktion", die „lineare Polyethylen-Dielektrik" usw. Was Ihnen in keiner Werbeanzeige verraten wird, ist die Tatsache, dass diese Vorteile in Wirklichkeit einfach nur der Verwendung des richtigen Kabelquerschnitts zu verdanken sind. Neben der richtigen Abschirmung ist der entscheidende Faktor für eine einwandfreie Lautsprecherleistung die richtige Querschnittgröße des Kabels.

Verstärker	Länge	Kabelquerschnitt
Alle Leistungen	Bis zu 300 cm	0,75 mm^2
Alle Leistungen	Bis zu 600 cm	1,50 mm^2
Alle Leistungen	Bis zu 900 cm	2,50 mm^2

Wie Sie sehen, richtet sich der Kabelquerschnitt nach der Kabellänge: je länger das Kabel, umso höher der Widerstand (und die Impedanz). Darum müssen Sie die zusätzliche Länge durch einen größeren Kabelquerschnitt ausgleichen. Betrachten Sie diese Empfehlungen zum Kabelquerschnitt als Ausgangspunkt - und nehmen Sie im Zweifelsfall eine Nummer größer.

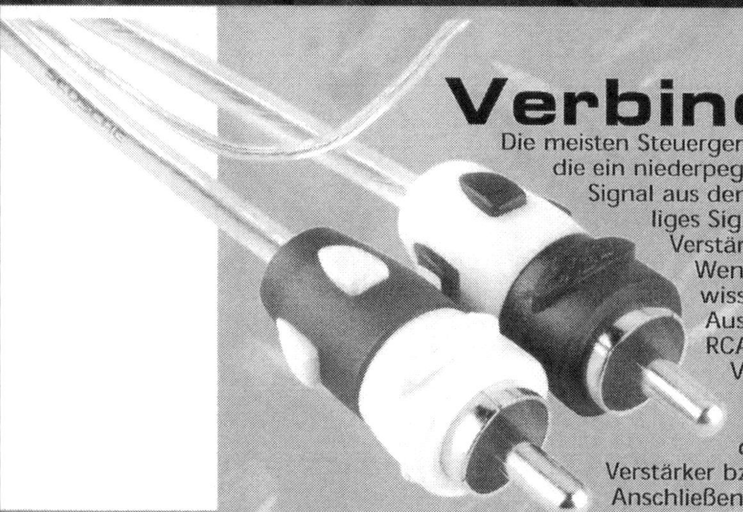

Verbindungen

Die meisten Steuergeräte verfügen über einen Satz „RCA"-Buchsen an der Rückseite, die ein niederpegeliges Signal ausgeben. Mit Hilfe dieser Buchsen können Sie das Signal aus dem Steuergerät zu einem externen Verstärker leiten. Ein hochpegeliges Signal (wie die vom Steuergerät ausgehenden Kabel) würde einen Verstärker überlasten und daher wohl zu ernsthaften Schäden führen. Wenn Sie vorhaben, einen separaten Verstärker einzubinden, vergewissern Sie sich, dass das Steuergerät mit einem Satz RCA-Ausgängen ausgestattet ist. Manche Steuergeräte haben mehrere RCA-Buchsenpaare, so dass Sie das Steuergerät mit mehr als einem Verstärker verbinden können.

Verbindungskabel (auch „Patchkabel", „RCA-Kabel" und „Signalkabel" genannt) werden nicht nur verwendet, um ein niederpegeliges, vorverstärktes Signal vom Steuergerät zum Verstärker bzw. zu den Verstärkern zu übertragen, sondern auch zum Anschließen aller möglichen Decks (Kassette, CD, DVD, Video usw.) an das Steuergerät. Bei einigen Systemen im unteren Preissegment werden sie manchmal als Lautsprecherkabel eingesetzt. Die Verbindung selbst an beiden Enden des Verbindungskabels nennt man „RCA" (nach der Erfinderin, der Radio Corporation of America). Ein RCA-Anschluss besteht aus einem dicken „Stift" in der Mitte des signalführenden Leiters, der von einem Metallrohr umgeben ist (welches seinerseits in der Regel mit einer Kunststoffumhüllung in der gleichen Farbe wie Kabelisolierung ummantelt ist). RCAs erfreuen sich bei Herstellern, Installationstechnikern und Kunden großer Beliebtheit, weil sie sich lächerlich einfach anschließen lassen: Man stecke einfach den Stift in die für ihn vorgesehene Buchse an der Rückseite des Steuergerätes, Verstärkers, Decks usw. Verbindungskabel sind in vielen Farben, Designs, Stilen und Konfigurationen erhältlich.

Eine Eigenschaft, die nicht bei allen Verbindungskabeln gleich ausgeprägt ist, ist der Grad der Geräuschisolierung, den sie bieten. Das Auto ist eine geräuschintensive Umgebung – zumal wenn man lange Kabelstränge (zum Beispiel vom Steuergerät nach hinten in den Kofferraum) oder eine niederpegelige (weniger als zwei Volt) vorverstärkte Signalquelle hat oder Hochleistungsverstärker mit 100 oder mehr Watt pro Kanal zum Einsatz kommen lässt. Das Problem ist, dass die Kabelhersteller die Geräuschunempfindlichkeit nicht genau angeben. Wenn Sie das eine oder andere Marketing-Modewort wie „doppelt abgeschirmt" oder „100-prozentige Folienabschirmung" hören, verfügen die betreffenden Verbindungskabel wahrscheinlich wirklich über eine überdurchschnittlich gute Geräuschabschirmung. Aber halten Sie sich vor Augen, dass der verwendete Verbindungskabeltyp nur einer von zahlreichen Faktoren ist, die für ein geräuschintensives System verantwortlich sein können.

Noch etwas, auf das Sie beim Kauf von Kabeln für die Verbindung zwischen Steuergerät und Verstärker(n) achten *sollten*: ein seitlich am Kabel entlang angebrachtes „Remotekabel". Dieses kleine Kabel, mit dem die ON-OFF-Verstärkersignalbuchse an der Rückseite des Steuergerätes mit dem Verstärker verbunden werden kann, ist sehr praktisch, wenn Sie einen Verstärker installieren. Wenn Sie das Remotekabel nicht nutzen möchten, ziehen Sie es einfach von der Kabelseite ab. Wenn Sie andererseits einen Satz Verbindungskabel *ohne* bereits installiertes Remotekabel kaufen und hinterher feststellen, dass Sie doch ein solches Kabel brauchen oder gerne hätten, müssen Sie für das „Remote-On" des Verstärkers ein Stück Primärkabel mit 0,75 mm^2 zurechtschneiden.

Noch etwas, auf das Sie bei Verbindungskabeln achten müssen, sind die auf den Isoliermantel gedruckten Richtungspfeile, die anzeigen, in welche Richtung sich das Signal bewegt (vom Steuergerät zum Verstärker, von einem der Decks zum Steuergerät usw.). Nicht alle Verbindungskabel sind richtungsgebunden, aber wenn sie richtungsgebunden sind, MÜSSEN Sie dies bei der Installation beachten, weil sie sonst nicht richtig funktionieren.

Empfohlene Reihenfolge bei der Kabelinstallation

Hier empfehlen wir Ihnen eine sinnvolle Reihenfolge, in der Sie beim Verkabeln einer neuen Anlage vorgehen können:

1) Klemmen Sie stets den Minusanschluss der Batterie ab. Schließlich wollen Sie nicht, dass eine teure Audio-Komponenten, der Bordcomputer für die Motorsteuerung oder irgendein anderes Steuermodul Schaden nimmt, weil irgendetwas ausgestöpselt wurde, das „noch warm" war.
2) Verlegen Sie das Hauptstromkabel und entscheiden Sie, wo die Sicherungen für diese Stromkreise installiert werden sollen.
3) Verlegen Sie die stromführenden Kabel sowie die Erdungs- und Lautsprecherkabel für jede Komponente. Lassen Sie auf jeden Fall an jedem Ende etwas Kabel oder Draht übrig, um später Anpassungen vornehmen zu können und ein bisschen Spielraum zu haben. Wenn Sie die Kabel zum Beispiel zu kurz schneiden, erschweren Sie dadurch das Abmontieren des Steuergerätes vom Armaturenbrett.
4) Verlegen Sie die Verbindungskabel (Niederleistungs-Signalkabel). *Halten Sie sie möglichst weit von allen Stromkabeln und allen werksseitig eingebauten Kabelbäumen fern, durch die mehr als nur eine verschwindende Menge Strom fließt.* Lassen Sie auch hier wieder ein bisschen Kabel übrig, damit Sie später das Steuergerät herausziehen können, falls dies nötig sein sollte. Lassen Sie das Extrastück Kabel lieber an den Verstärkern oder anderen Peripheriegeräten als am Steuergerät übrig. Wenn Sie am Steuergerät überschüssiges Signalkabel aufwickeln würden, könnte dies zu Geräuschproblemen führen. Andererseits ist es absolut in Ordnung, Niederleistungs-Signalkabel mit Elektroklebeband oder Kabelbindern zu Bündeln zusammenzufassen, um Ihren neuen Kabelbaum „sauber" zu gestalten; es besteht nicht die Gefahr, dass es durch eng beieinander liegende Signalkabel zu Geräuschproblemen in benachbarten Signalkabeln kommt.
5) Beginnen Sie mit der Komponente, die am weitesten vom Steuergerät entfernt ist, und arbeiten Sie sich zum Steuergerät zurück, um dort die letzten Anschlüsse herzustellen.

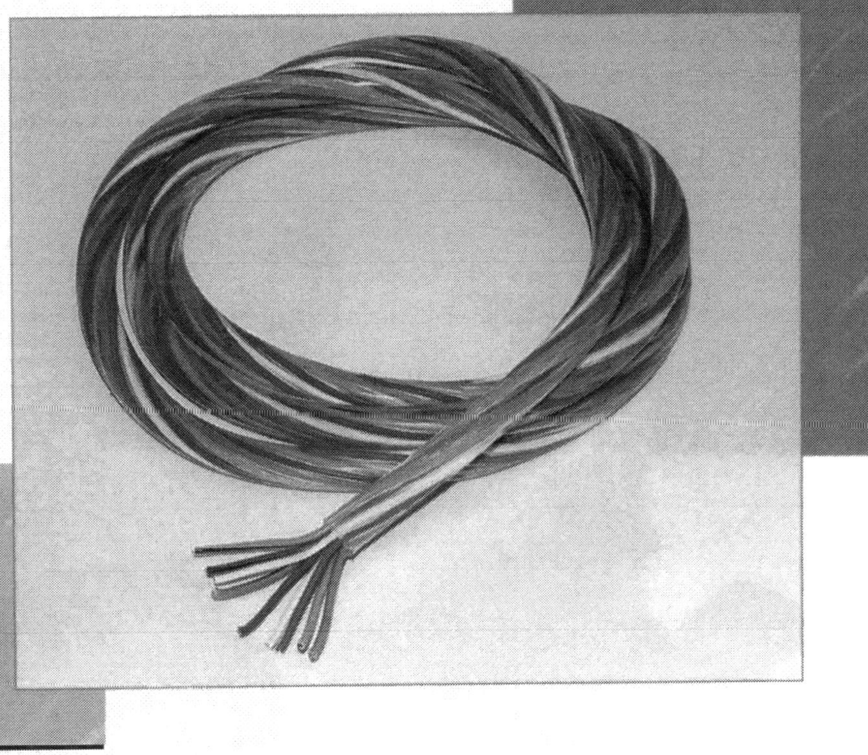

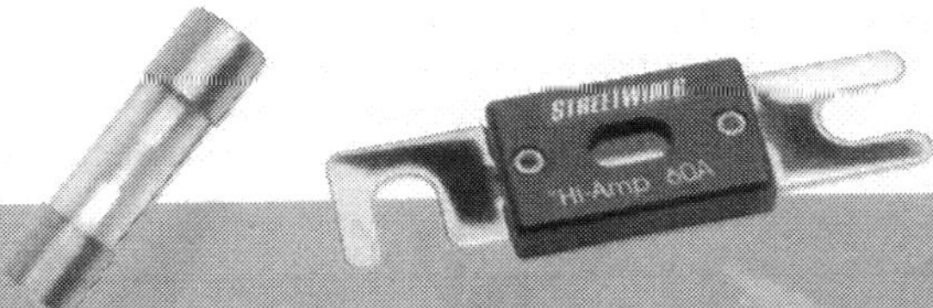

Sicherungen und Strom-Unterbrecher

Sicherungen

Sicherungen schützen einen Stromkreis vor zu hohen Strompegeln. Sie bestehen aus einem Metalldraht oder Metallstreifen in einem Glas- oder Kunststoffgehäuse. Sicherungen werden in Stromkabel eingebaut, die unter Umständen schmelzen können, wenn sie einem zu hohen Strompegel ausgesetzt werden. Der Metallstreifen in der Sicherung soll überhitzt werden, schmelzen und kaputtgehen - *bevor* es dem Kabel so ergeht – wenn durch den Stromkreis mehr Strom fließt, als die Verkabelung aushalten kann. Man kann sich eine Sicherung wie eine preiswerte Versicherung vorstellen.

Sicherungstypen

AGU-Sicherungen

AGU-Sicherungen gibt es nun schon seit einer ganzen Weile. Man könnte die AGU als den Klassiker unter den Sicherungen bezeichnen. Sie besteht aus einem Metallstreifen in einem kleinen Glasröhrchen mit Enden aus Metall (die Metallenden werden durch den Draht in dem Röhrchen verbunden). Der Drahtstreifen in einer AGU-Sicherung hat immer einen kleineren Durchmesser als das Kabel, das von der Sicherung geschützt wird. AGU-Sicherungen lassen sich leicht in Sicherungskästen oder auf Sicherungstafeln einbauen und ebenso leicht wieder herausnehmen. Aufgrund ihrer zylindrischen Form und kompakten Größen eignen sie sich auch gut als Inline-Sicherungen, und auch Inline-Sicherungshalter für AGU-Sicherungen sind kompakt und kosten nicht viel.

ATO- oder Flachsicherungen

Flachsicherungen sind seit fast zwei Jahrzehnten auf dem Vormarsch als bevorzugte Sicherungsvariante für werksseitig installierte Stromkreise und auch für professionelle Installateure auf dem Nachrüstmarkt. Sie bestehen aus zwei Kabelschuhen, die durch einen Metallstreifen verbunden sind, der in einem transparenten Kunststoffgehäuse untergebracht ist. Im Gegensatz zur AGU-Sicherung, deren Anschlüsse an einander entgegengesetzten Seiten liegen, befinden sich bei der Flachsicherung beide Anschlüsse auf der gleichen Seite. Da man Flachsicherungen in viel größerer Anzahl auf der Sicherungstafel unterbringen kann, gibt es zwischen den einzelnen Sicherungen keine großen Abstände. Die Folge: Dieser Sicherungstyp kann nur mit einem Spezialwerkzeug herausgenommen werden, das aussieht wie eine Kunststoffpinzette. Das Werkzeug wird meist irgendwo in der Sicherungstafel verstaut. Flachsicherungen können mit dem entsprechenden Sicherungshalter ebenfalls als Inline-Sicherungen verwendet werden.

Maxi-Sicherungen

Manchmal ist auch die größte Flachsicherung nicht groß genug. Maxi-Sicherungen sind so etwas wie die großen Brüder der Flachsicherungen. Maxi-Sicherungen brennen anders als die schnell durchbrennende Flachsicherung langsam durch.

Mini-Sicherungen

Manchmal ist auch die kleinste Flachsicherung nicht klein genug. Mini-Sicherungen, so könnte man sagen, sind die kleinen Brüder der Flachsicherungen.

ANL- und MEGA-Sicherungen

Diese Wafersicherungen sind für Anwendungen über 80 Ampère bestimmt.

Sicherungsblöcke und Sicherungshalter

Wählen Sie stets Sicherungsblöcke oder Sicherungshalter, die den Kabelquerschnitten entsprechen, die Sie verwenden werden. „Verteiler"-/Sicherungsblöcke (ein Eingang, mehrere Ausgänge) nehmen in der Regel einen einzelnen Eingang für Querschnitt 4 auf und haben zwei, drei oder vier Ausgänge für Querschnitt 8. Sicherungshalter für hohe Amperezahlen sind gewöhnlich für Ein- und Ausgänge mit Querschnitt 4 oder 8 bestimmt. Wenn Sie einen Sicherungshalter für die Hauptstromleitung von der Batterie kaufen, darf diese Sicherung höchstens 25 cm von der Batterie entfernt sein. Besorgen Sie sich für diese Anwendung also auf jeden Fall einen *wasserfesten* Sicherungshalter. Und achten Sie beim Installieren eines Sicherungsblocks oder Sicherungshalters immer darauf, dass Sie ihn mit Blick auf spätere Prüfungen an einer leicht zugänglichen Stelle montieren.

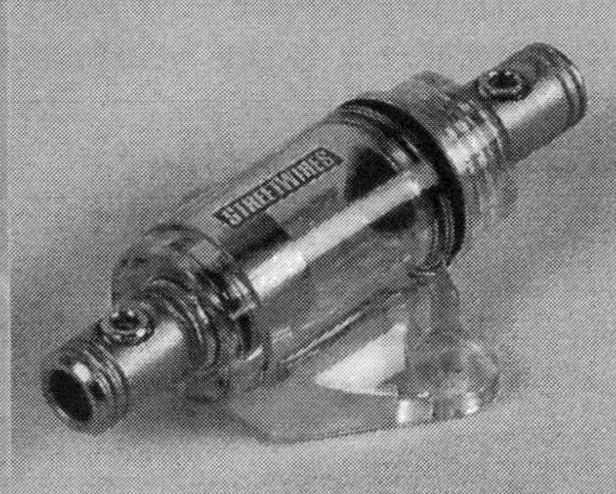

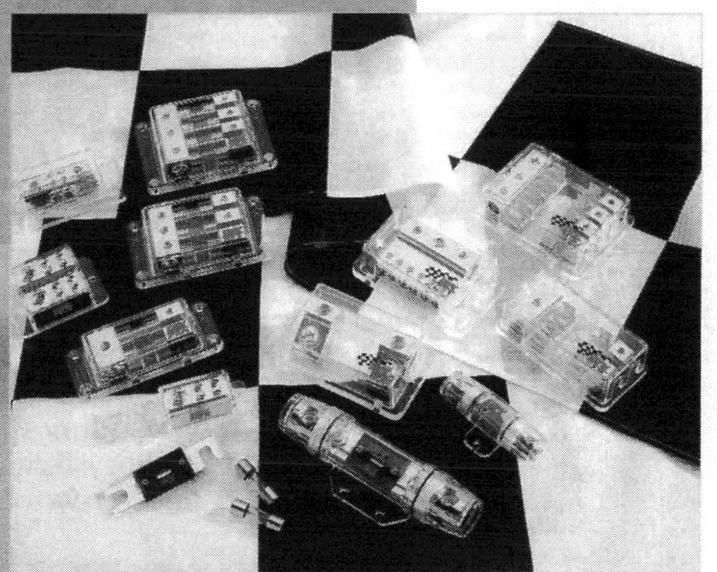

Stromunter-brecher

Ein Stromunterbrecher ist eine in Serie mit einer Stromleitung geschaltete Vorrichtung, die die Stromverbindung öffnet, sobald ein Überstrom festgestellt wird, und auf diese Weise für den Schutz eines Stromkreises oder Systems sorgt. Anders als eine Sicherung, deren Draht bei Überstrom schmilzt, kann ein Stromunterbrecher zurückgesetzt werden. Manche Modelle setzen sich selbst zurück, andere müssen manuell zurückgesetzt werden.

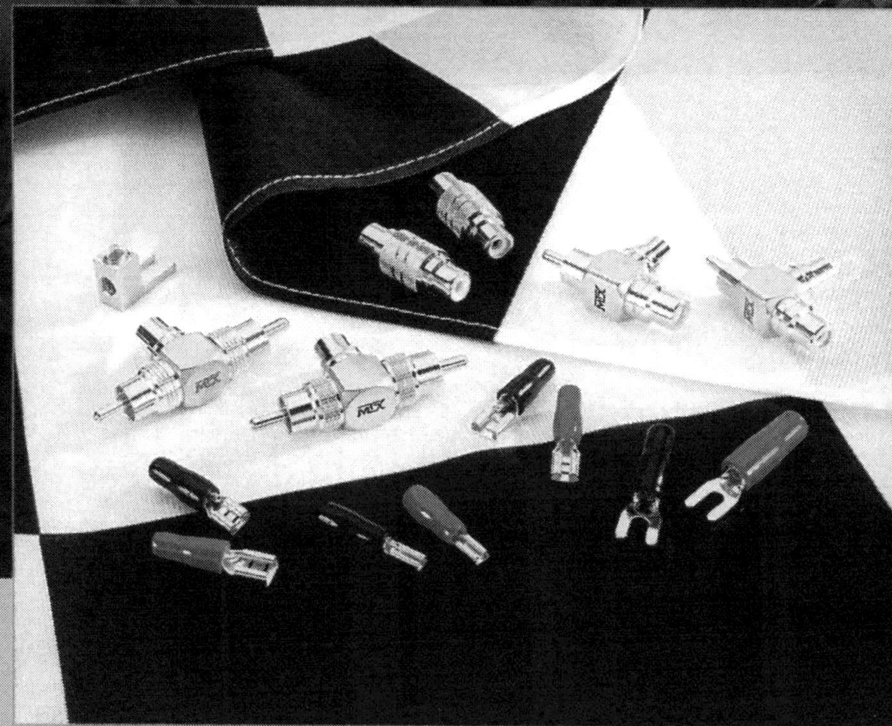

Verbindungen

In Autos kommen für verschiedene Zwecke Stromverbinder sehr unterschiedlichen Typs zum Einsatz. Im Zuge der wachsenden Komplexität moderner Fahrzeuge und mit dem Vormarsch computergestützter Steuerungssysteme ist eine Vielzahl neuartiger Spezialverbinder auf der Bildfläche erschienen. Die meisten Vorhaben im Bereich der mobilen Elektronik erfordern Verbinder in großer Zahl. Schauen wir uns die Verbindungsarten an, die bei der Installation von In-Car-Audiosystemen und mobiler Elektronik am häufigsten verwendet werden: Löten, Crimp- und Scotchlok-Verbinder.

Löten

Löten gilt gemeinhin als die beste elektrische Verbindung. Diese Variante bietet eine niedrige Impedanz, ist korrosionsbeständig und stabil. Allerdings sind Lötverbindungen – insbesondere wenn Sie ein ungeduldiger Typ sind – zeitaufwändig und zumal für Menschen ohne Fachkenntnisse knifflig. Selbst wenn Sie die Kunst des Lötens beherrschen, müssen Sie sich gelegentlich einfacherer und schnellerer Methoden bedienen, um Kabel miteinander zu verbinden.

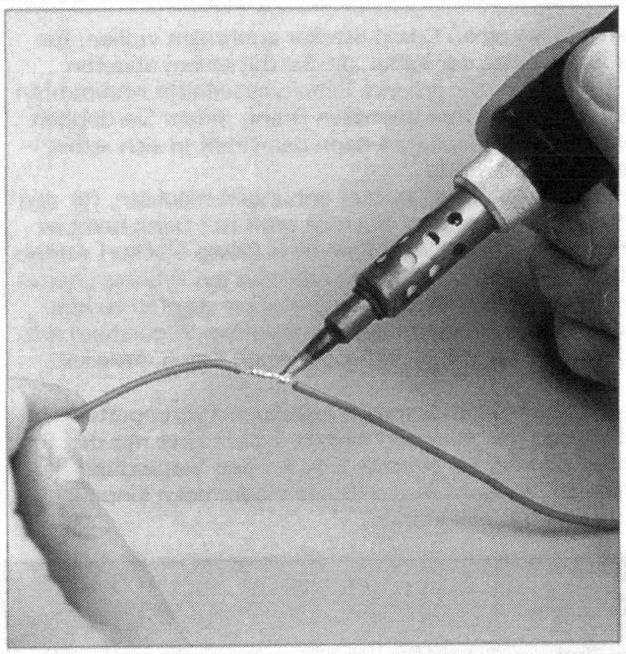

Ein paar allgemeine Verhaltensregeln für das Löten

1) Bevor Sie eine Lötverbindung herstellen, versehen Sie immer eines der Kabel, die Sie zusammenlöten möchten, mit einem Stück Wärmeschrumpfschlauch.
2) Verwenden Sie Kolophoniumlötdraht im Verhältnis 60 zu 40 (60 Prozent Zinn, 40 Prozent Blei oder äquivalentes bleifreies Material).
3) Überzeugen Sie sich davon, dass die zu lötende Verbindung frei von Schmutz und Korrosion ist.
4) Verzinnen Sie die eiserne Lötkolbenspitze unbedingt gelegentlich, indem Sie sie mit Lötzinn überziehen. Wischen Sie das überschüssige Lötzinn anschließend mit einem sauberen Lappen ab, bis die Lötkolbenspitze glatt und silbrig ist.
5) Erhitzen Sie die Verbindung und nicht das Lötzinn.
6) Erhitzen Sie die Verbindung mit der Seite der Lötkolbenspitze nahe an der eigentlichen Spitze – nicht mit der Spitze selbst. In diesem Winkel wird die Wärmeübertragung von der Lötkolbenspitze zur Lötverbindung erleichtert.
7) Eine einwandfrei gelötete Verbindung ist glatt und silbrig, nicht grau und rau. Raue, graue Lötverbindungen werden als „kalte" Lötstellen bezeichnet und entstehen dadurch, dass die beiden zusammengelöteten Teile vor dem Aushärten des Lötzinns bewegt wurden. Kalte Lötstellen müssen erneut gelötet werden. (Sonst entsteht an der Lötstelle ein hoher Widerstand, und die Lötstelle kann eventuell brechen.)
8) Versehen Sie die Lötstelle stets mit Wärmeschrumpfschlauch, damit sie gut isoliert und wetterbeständig ist.

Crimp-Stecker

Viele professionelle Elektriker verwenden zum Herstellen von elektrischen Verbindungen eine Vielzahl unterschiedlicher auf dem Markt erhältlicher Crimp-Stecker. Crimp-Stecker sind weniger wetterbeständig als Lötverbindungen, lassen sich aber mit einem speziellen (bei den meisten Autoteilehändlern erhältlichen) Crimpwerkzeug rasch und mühelos anschließen.
Beim Installieren eines Audio-Systems oder beim Einbau mobiler Elektronikkomponenten kommt es entscheidend darauf an, dass Sie Crimp-Stecker in einer Sorte und Größe zur Hand haben, die zu den Drähten passt, die Sie verbinden möchten. Wenn Sie den falschen Crimp-Steckertyp verwenden, stöpselt er sich womöglich im Laufe der Zeit selbst wieder aus. Wenn Sie einen Crimp-Stecker benutzen, der für den Querschnitt des zu verbindenden Kabels zu groß ist, löst sich der Stecker unter Umständen früher oder später vom Kabelende. Und selbst wenn er dran bleibt, kann die Verbindung zwischen Stecker und Kabel unzulänglich sein und zu einem unnötig hohen Widerstand im Stromkreis führen.

>

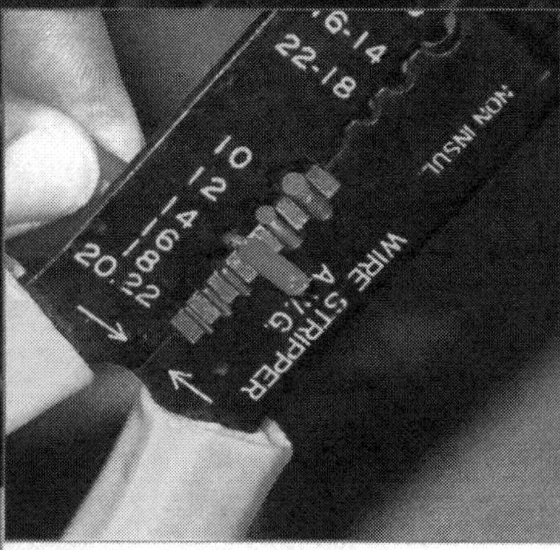

Crimp-Stecker sind rasch und einfach zu installieren – entfernen Sie ca. 0,7 cm der Isolierung, indem Sie das Kabel einfach an Ihrem Abisolierer durch das Loch für den entsprechenden Querschnitt ziehen,...

...stecken Sie den abisolierten Draht ein und quetschen Sie den Stecker mit den passenden Crimpbacken des Werkzeugs fest auf den Draht.

Was tun, wenn das Kabel, an dem Sie einen Crimp-Stecker anbringen wollen, für den Stecker zu klein ist, oder wenn eines der Kabel, die Sie mit einem anderen Kabel verbinden wollen, für den dicken, für größere Kabelquerschnitte bestimmten Stoßverbinder zu klein ist? Verstärken Sie den dünneren Draht, indem Sie doppelt so viel Isolierung entfernen wie im Normalfall und dann den Draht in sich selbst zurückklappen und zu einem Ganzen verdrillen.

Und wenn das Kabel, an dem Sie einen Crimp-Stecker anbringen möchten, für den größten Crimp-Stecker, den Sie zur Hand haben, noch zu groß ist? Dann heißt es auf zum nächsten Autoteilehändler, zwecks Einkauf weiterer Crimp-Stecker! Anders formuliert: Versuchen Sie NICHT, den Querschnitt eines abisolierten Drahtes „herunterzuschneiden", um ihn dann in einen zu kleinen Crimp-Stecker stopfen zu können. Dadurch würden Sie im Stromkreis einen Hotspot mit hohem Widerstand entstehen lassen, der sich mit Sicherheit überhitzt und sogar einen Brand auslösen kann.

Nachfolgend werden einige der bei Installationsprofis beliebtesten Crimp-Stecker-Typen kurz im Überblick beschrieben. Es gibt noch weitere Typen, aber mit den folgenden Crimp-Stecker-Varianten können Sie beinahe jede Art von Verbindung herstellen, mit der Sie es beim Installieren eines Audio-Systems oder beim Einbau mobiler Elektronikkomponenten zu tun bekommen.

Quetschen Sie beim Installieren von Flach- oder Rundsteckern immer die *weibliche* Seite des Steckers auf den *Zuführungsdraht*. Auf diese Weise verursacht der „heiße" Draht, wenn der Stecker herausgezogen wird, keinen Kurzschluss, wenn er eine Masse berührt (er wird durch die Isolierung der „weiblichen" Steckerseite abgeschirmt).

Stoßverbinder

Stoßverbinder verwendet man zur dauerhaften Verbindung zweier Kabelenden. Ziehen Sie von beiden Kabeln einfach je rund 0,7 cm Isolierung ab, stecken Sie die abisolierten Enden beider Drähte in die einander entgegengesetzten Enden des Verbinders und „crimpen" Sie den Stoßverbinder anschließend mit einem Crimpwerkzeug. Prüfen Sie die Festigkeit der Verbindung, indem Sie versuchen, die beiden Drähte aus dem Verbinder herauszuziehen.

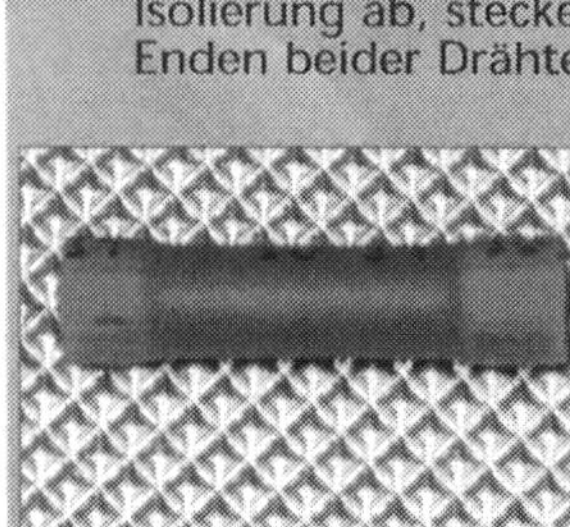

Ringkabelschuhe

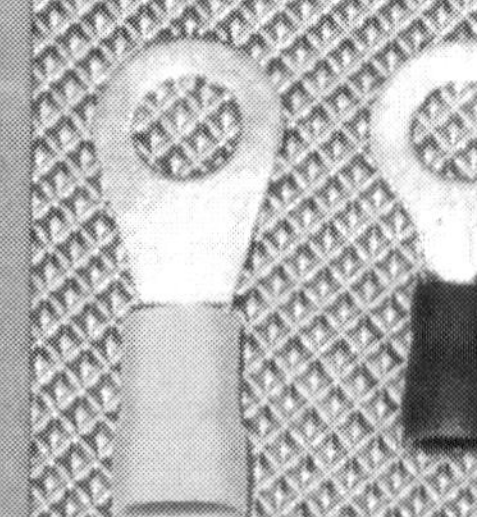

Ringkabelschuhe werden am Ende eines Drahtes oder Kabels verwendet, um eine sichere Erdungsverbindung oder einen sicheren Anschluss an eine Klemmenleiste oder an die Batterie herzustellen. Bei der Installation werden Ringkabelschuhe von dem Bolzen oder der Schraube, mit dem bzw. der sie befestigt werden, platt gequetscht, sorgen somit für einen guten Kontakt (wie eine Unterlegscheibe) und lösen sich fast nie. Die Installation von Ringkabelschuhen erfolgt genau wie bei den Stoßverbindern: einfach ca. 0,7 cm der Isolierung abziehen, das abisolierte Kabelende in den Ringkabelschuh einstecken, den Kabelschuh fest quetschen und dann ruckartig daran ziehen, um festzustellen, ob die Verbindung hält. Wenn Sie am Chassis oder an der Karosserie Ihres Autos einen Ringkabelschuh anbringen und Chassis oder Karosserie als Masse verwenden möchten, sorgen Sie auf jeden Fall dafür, dass zwischen dem Ringkabelschuh und der Metallfläche, die als Masse benutzt werden soll, keine Farb-, Lack- oder sonstigen Reste vorhanden sind.

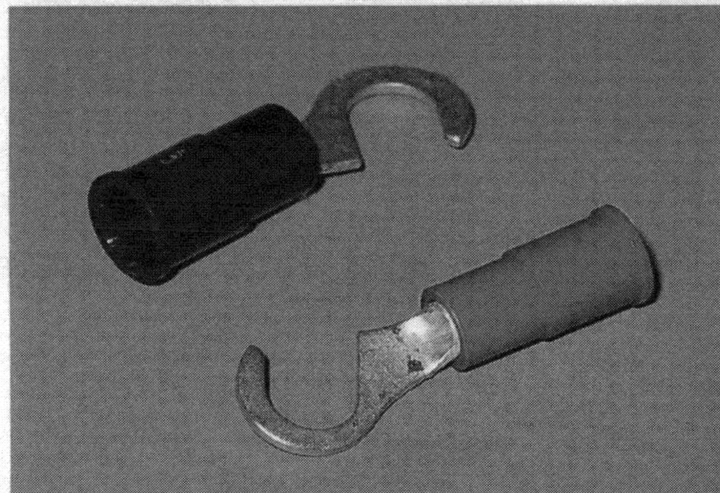

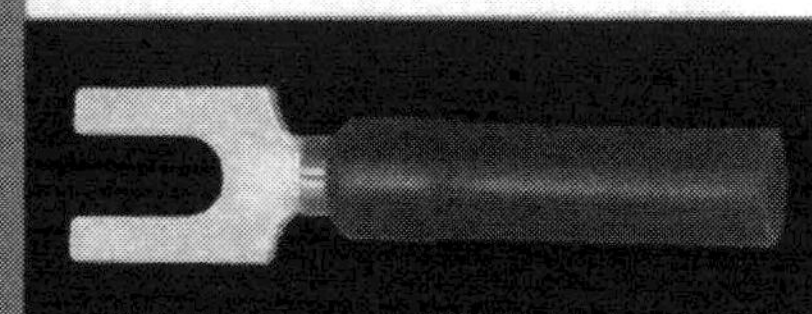

Hakenkabelschuhe

Hakenkabelschuhe ähneln den Ringkabelschuhen, sind jedoch an einer Seite offen (und haben daher die Form eines Fragezeichens). Sie bieten den Vorteil, dass man sie schneller an eine Klemmenleiste anschließen kann als einen herkömmlichen Ringkabelschuh, weil Sie zum Anschließen eines Hakenkabelschuhs die Schraube an der Klemmenleiste zwar lösen, aber nicht herausnehmen müssen.

Flachstecker

„Männliche" Flachstecker, die wie das Ende eines Stromsteckers aussehen, werden auch als Flachsteckverbinder, Schnelltrennstecker oder Flachsteckanschlüsse bezeichnet. Flachstecker verwendet man meist, um die Verkabelung von Zubehörkomponenten an die Sicherungstafel anzuschließen, weil sie auch auf engem Raum leicht einzustecken und herauszuziehen sind. Wenn er mit einer „weiblichen" Steckerhälfte verwendet wird, eröffnet ein Flachstecker Ihnen auch die Möglichkeit, zwei Kabel zusammen anzuschließen, die gelegentlich abgetrennt werden müssen. Andererseits fallen Flachstecker leicht auseinander, wenn die Verkabelung zu straff ist oder wenn sie starken Vibrationen ausgesetzt sind.

Flachzungenstecker

Flachzungenstecker sehen wie aus wie ein Flachkabelschuh mit ausgeschnittenem Mittelteil und sind somit U-förmig. Wie die Hakenkabelschuhe werden auch die Flachzungenstecker für Anschlüsse an Erdungspunkte oder Klemmenleisten verwendet, weil sie schneller angeschlossen werden können als Ringkabelschuhe. Flachzungenstecker haben allerdings den gleichen Nachteil wie Hakenkabelschuhe: Sie lockern sich leichter als Ringkabelschuhe.

Bullet-Stecker

Bullet-Stecker sehen aus wie Rundstecker – mit dem Unterschied, dass sie sich aus einem Stecker- und einem Buchsenteil zusammensetzen, also immer paarweise verwendet werden. Bullet-Stecker verwendet man zur Zusammenführung von Kabeln, die gelegentlich voneinander getrennt werden müssen. Ebenso wie Flachstecker sollten Bullet-Stecker nicht für bleibende Verbindungen verwendet werden, weil sie sich lösen können, wenn die Kabel zu straff sind oder wenn die Stecker starken Vibrationen ausgesetzt sind.

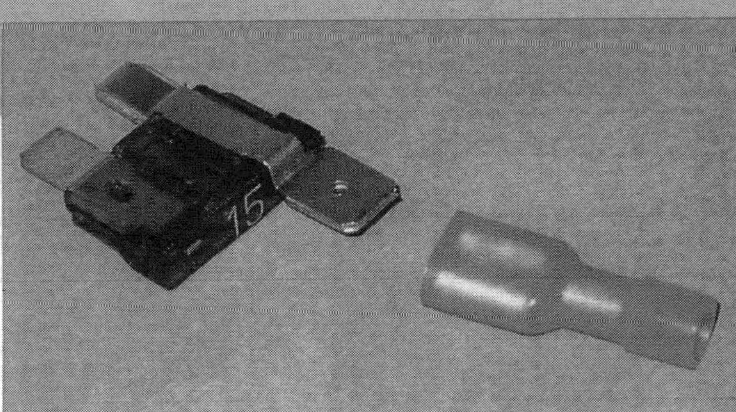

r sehen Sie eine Flachsteckerbuchse neben einer Sicherung mit herungsabgriff. Wenn Sie einen Sicherungsabgriff verwenden, um eine ätzliche Komponente mit Strom zu versorgen, achten Sie unbedingt dar-, dass Sie ihn an der „gesicherten" Seite der Sicherung installieren. Die tige Seite finden Sie, indem Sie die Sicherung entfernen und die Kontakte Sicherungsblock mit einer Prüflampe testen; der Kontakt OHNE Spannung die Seite, an der Sie den Sicherungsabgriff anbringen müssen.

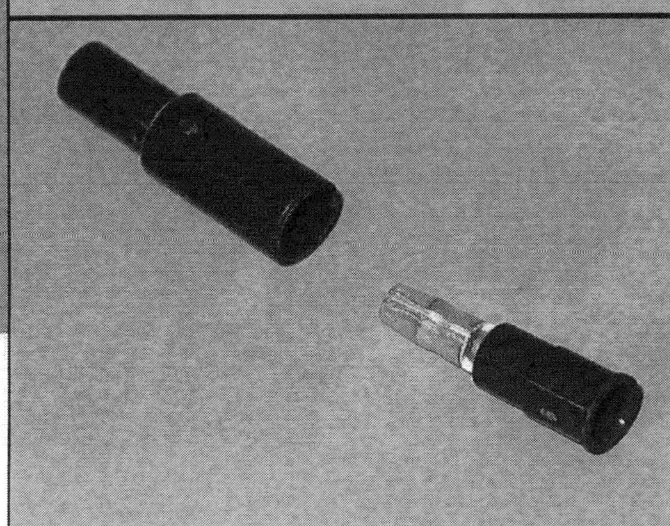

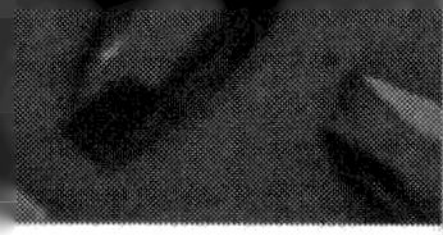

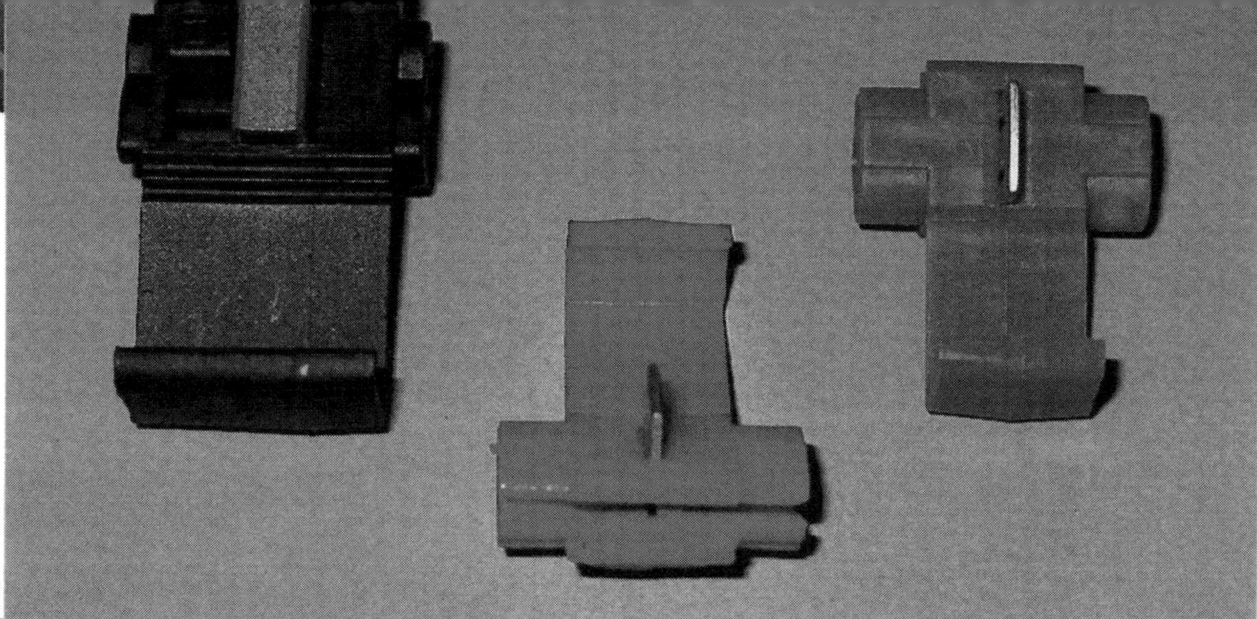

Schnellverbinder

Schnellverbinder haben vor allem den Vorteil, dass Sie nichts abisolieren und auch keine Kabel schneiden müssen, wenn Sie eine Verbindung herstellen wollen. Sie öffnen einfach den muschelförmigen Verbinder, legen den Draht, den Sie anzapfen wollen, und das neue Kabel, das Sie installieren wollen, in ihre jeweiligen Kanäle ein, drücken die guillotinenartige Klinge in den für sie vorgesehenen Schlitz herunter (diese Klinge durchtrennt die Isolierung beider Kabel und stellt den Kontakt zwischen den Metallleitern der beiden Kabel her), klappen den Bügel um, bis er einrastet, und schon ist die Verbindung fertig.

01 Wenn Sie einen Schnellverbinder verwenden, führen Sie das „anzuzapfende" Kabel durch den äußeren Steckerkanal...

02 ...und drücken Sie das „zu versorgende" Kabel (also das Kabel für die Stromversorgung der Komponente, die Sie installieren wollen) bis zum Anschlag in den inneren Steckerkanal (vergewissern Sie sich, dass das Kabel die Klinge passiert und wirklich den Anschlag erreicht hat).

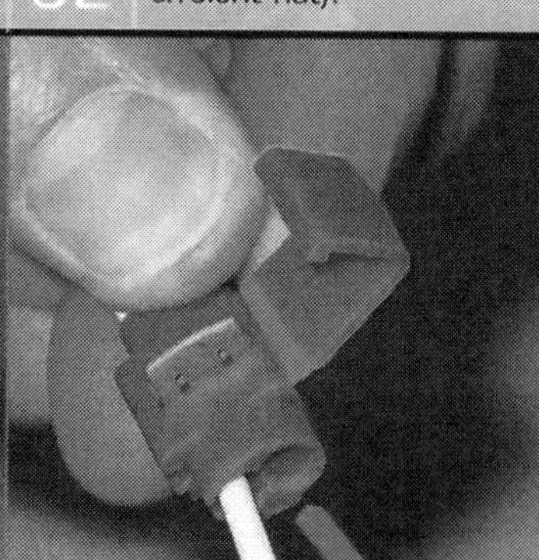

03 Drücken Sie die Klinge in den für sie vorgesehenen Schlitz...

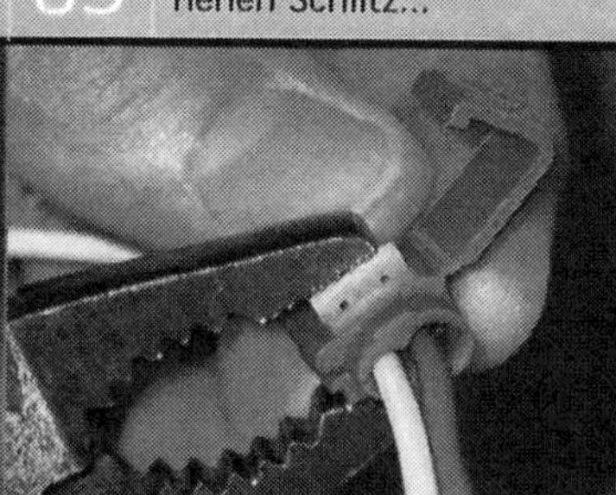

04 ...und klappen Sie den Bügel zu, bis er einrastet.

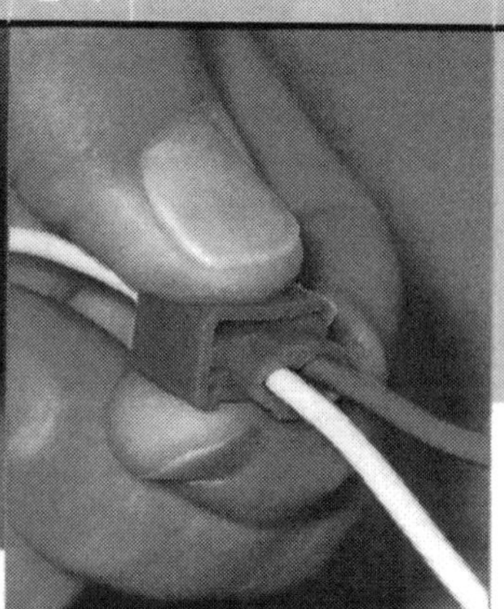

Dämm-Materialien

Bad Vibrations

Wenn ein Sound-System aufgerüstet wird, geschieht dies meistens in Form des Einbaus neuer Lautsprecher, denn Lautsprecher gelten in jeder Anlage gemeinhin als schwächstes Glied. Die Klangqualität von Autolautsprechern hängt allerdings weitgehend davon ab, wie gut sie installiert wurden, das wiederum hängt vom Geschick, den Fähigkeiten und den Methoden desjenigen ab, der die Installation vornimmt. Das ist der Grund, warum ein Auto wahrlich nicht der bestgeeignete Ort ist, um einen Lautsprecher zu montieren.
Ein Lautsprecher wandelt elektrische Energie in mechanische Energie um, die ihrerseits in Schallenergie umgewandelt wird, die dann nach außen abgestrahlt wird (ins Auto und ins Ohr des Hörenden). Nennen wir das einmal Frontwelle. Aber der Lautsprecher strahlt auch in andere Richtungen Schallenergie ab. Wählen wir hierfür den Begriff Rückwelle. Auch die Lautsprechereinfassung überträgt Energie auf die Fläche, an der er befestigt ist, und die dadurch wie eine große, nicht besonders biegsame "Lautsprechermembran" wirkt. Wenn man den Schwingungen der reflektierten Wellen und den ungeordneten Vibrationen der Montagefläche freien Lauf lässt und sie nicht unter Kontrolle bringt, entstehen Verzerrungen. Es gibt nur eine Möglichkeit, wie man guten Lautsprechern die optimale Leistung entlockt: Man muss die Fläche rings um den Lautsprecher herum und hinter dem Lautsprecher dämmen. Einer der kosteneffektivsten Upgrades, den Sie Ihrer Audio-Anlage überhaupt gönnen können, ist das Anbringen von Schalldämmstoff an ein paar strategisch wichtigen Stellen. Dadurch werden nicht nur die Summ- und Klappergeräusche in den Türen und anderswo reduziert oder ganz beseitigt, sondern auch die hochgradig reflektierenden Blechflächen gedämmt, die wie ein Spiegel für die vom Lautsprecher abgestrahlte Rückwelle wirken, die dann nämlich zurückgeworfen wird und die Frontwelle stört. In ein Aufnahmestudio werden Sie Ihr Auto zwar nie verwandeln können, aber je mehr Innenflächen Sie mit einer Schalldämmung versehen, umso mehr haben Sie von Ihren Lautsprechern.

Echos unterdrücken!

>>

01 Ein Schalldämmmaterial ist Dynamat Xtreme, das hier an der Türinnenverkleidung angebracht wird. Die Tür wird dadurch zu einer erheblichen effizienteren „Lautsprecherbox".

02 Andere ebene Flächen können mit etwas Schalldämmmaterial versehen werden, um Außenlärm aus dem Fahrzeuginneren fernzuhalten und um dafür zu sorgen, dass keine Schallwellen da herumtollen, wo sie unerwünscht sind. Das Material ist sehr leicht zu installieren – das Schwierigste ist das Abnehmen der Verkleidungen und das Reinigen der Blechflächen!

03 Ein weiteres Schalldämmmaterial ist Black Hole Pad, ein dünner, schwarzer, biegsamer und viskoelastischer (und mit Vinyl-Copolymer gefüllter) Dämmstoff für die Türinstallation von High-End-Lautsprechern. Entfernen Sie zuerst die Türverkleidung und die Feuchtigkeitssperre sowie auch die Lautsprecher, die Sie ersetzen wollen. Sorgen Sie dann dafür, dass die Fläche, die mit dem Dämmmaterial versehen werden soll, sauber ist und weder Staub noch Feuchtigkeit aufweist. Wischen Sie diesen Bereich mit einem geeigneten Entfettungsmittel ab

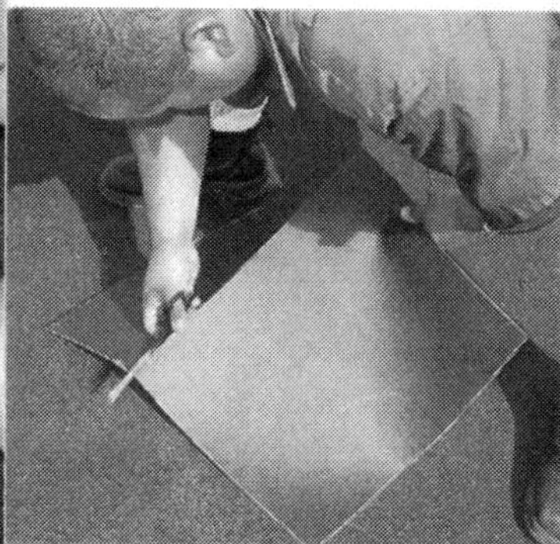

04 Damit das Material biegsamer wird und sich leichter montieren lässt, legen Sie es ein paar Minuten vor dem Einbau in die Sonne, um es etwas weicher werden zu lassen. Schneiden Sie dann ein etwas übergroßes Stück für die Lautsprecheröffnung zurecht,...

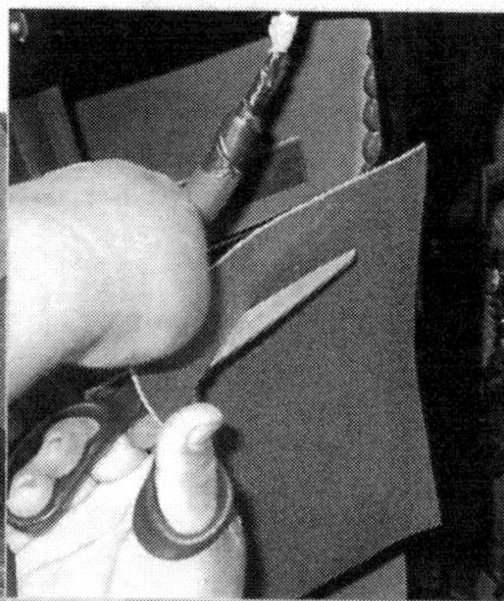

05 ...legen Sie das etwas überdimensionierte Stück direkt auf die Lautsprecheröffnung und schneiden Sie es so nach, dass es genau passt.

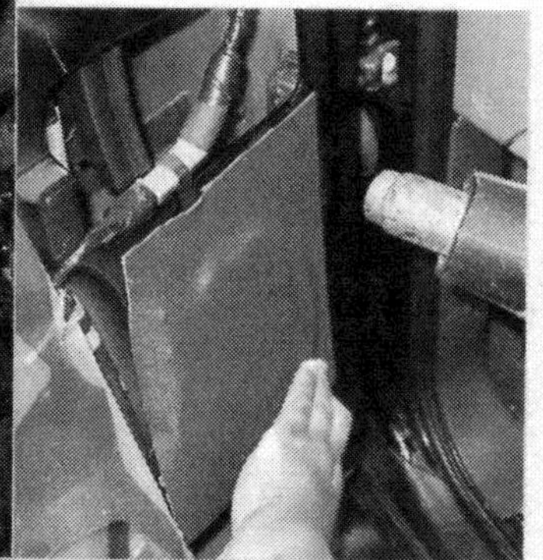

06 Entfernen Sie die Kleberückseite und bringen Sie das Dämmmaterial an der Tür an. Wärmen Sie das Material mit der Heißluftpistole etwas an und drücken Sie gleichzeitig auf das Material, damit es sich an die Türoberfläche anschmiegt.

07 Schneiden Sie mit einer Rasierklinge den Umriss der Lautsprecheröffnung aus dem Dämmmaterial aus.

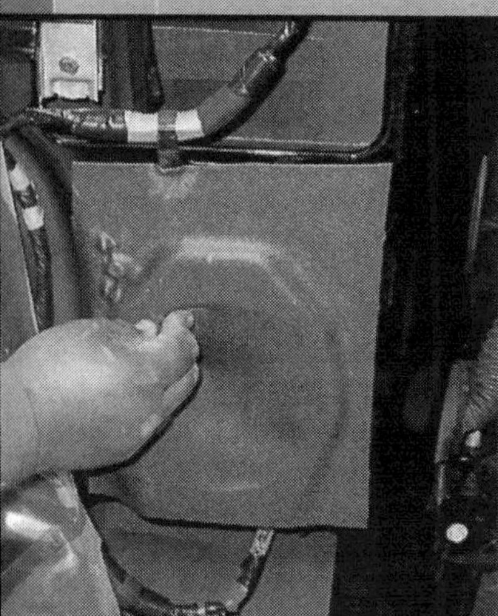

Black Hole 5 ist ein dickes, mehrschichtiges Material, das Schallenergie dämpft, isoliert und absorbiert. Durch das Anbringen eines mehrschichtigen Dämmstoffes an der Innenseite der Türverkleidung oder eines Gehäuses kann die Klangqualität eines Lautsprechers insgesamt verbessert werden.

08 Schneiden Sie zunächst zwei „Donuts" aus.

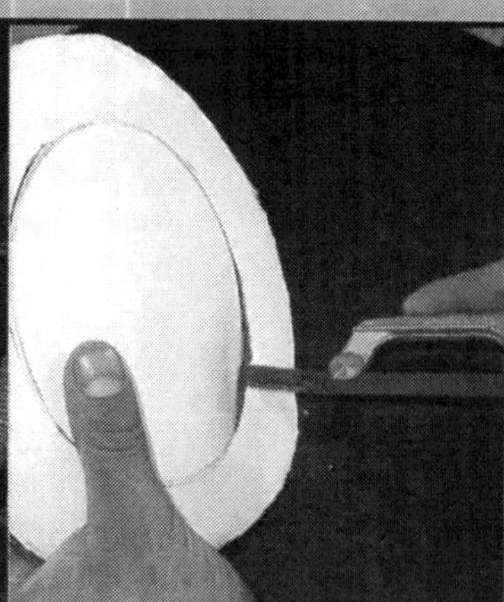

09 Entfernen Sie von einem der „Donuts" die Kleberückseite...

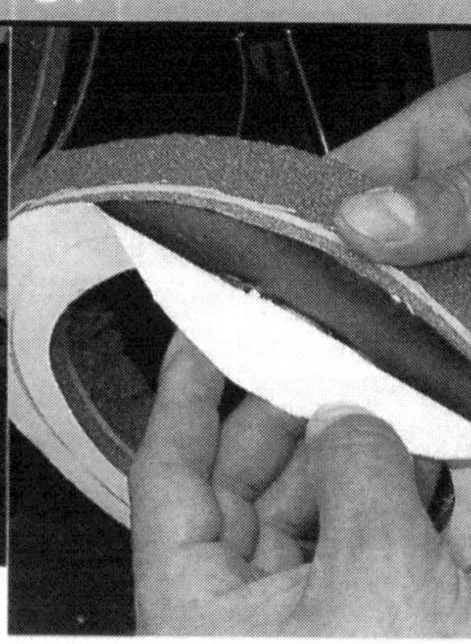

10 ...und bringen Sie ihn an der Rückseite der Türverkleidung an. Jetzt kann der Lautsprecher in die Tür eingebaut werden.

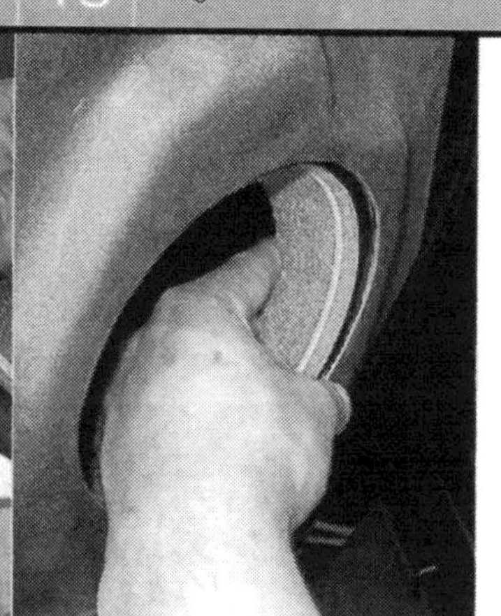

Motor-Antenne

Ist Ihre Motorantenne kaputt? Ersetzen Sie sie nach Möglichkeit durch eine Nachrüstantenne

Für den Fall, dass die vorhandene Motorantenne kaputt ist oder eine feste Mastantenne durch eine Motorantenne ersetzt werden soll, sind Universal-Motorantennen erhältlich. Schauen Sie sich den folgenden Ersetzungsvorgang an – er ist zwar allgemein gehalten, vermittelt Ihnen aber einen guten Eindruck, was auf Sie zukommt.

Installation einer Motor-Antenne

01 Da bei dem Auto, dessen Antenne wir ersetzen wollen, die Antenne im hinteren linken Quadranten innen befestigt ist, nehmen wir zuerst die Gepäckraumverkleidung ab. (Wenn Sie bei diesem Arbeitsschritt Unterstützung brauchen, ziehen Sie das entsprechende Handbuch für Ihr Auto zu Rate).

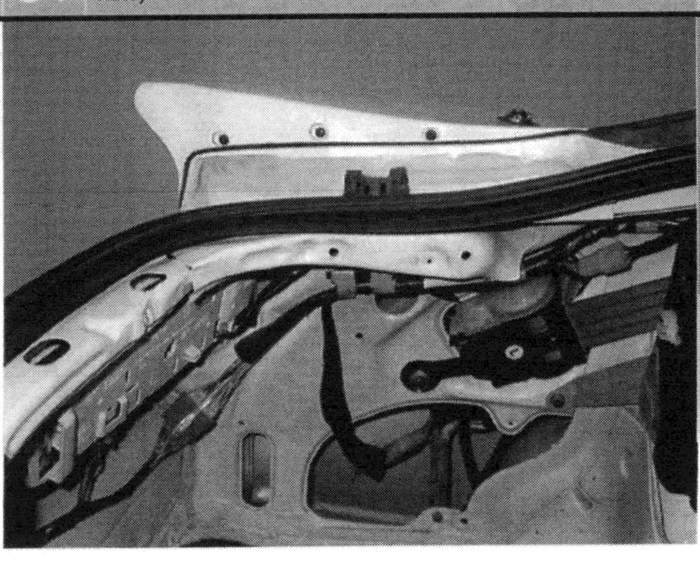

02 Lösen Sie die Haltemutter der Antenne. Mit dem speziellen Hakenschlüssel, den Sie hier sehen und der bei den meisten Autoteilehändlern erhältlich ist, lässt sich diese Aufgabe leichter erledigen. Wenn Sie keinen solchen Schlüssel auftreiben können, tut es auch eine Spitzzange, deren Spitzen in die Schlitze der Mutter eingreifen können.

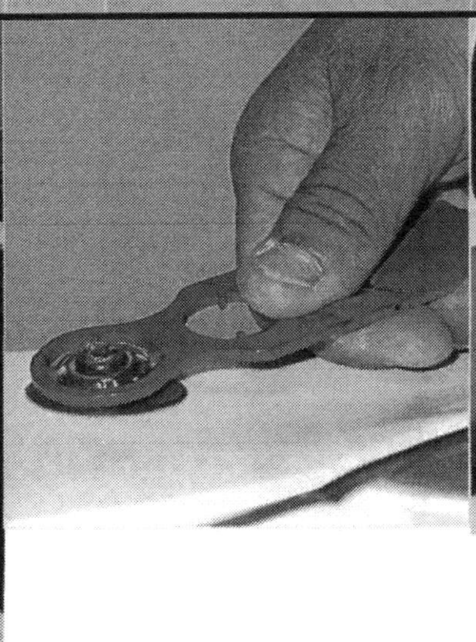

03 Trennen Sie den Stromstecker von der Antenne.

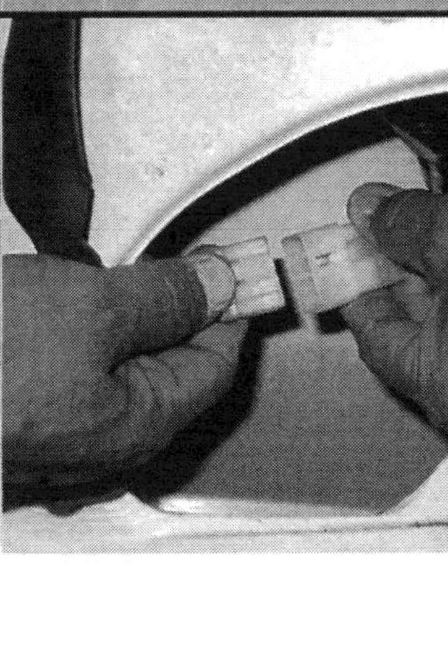

>

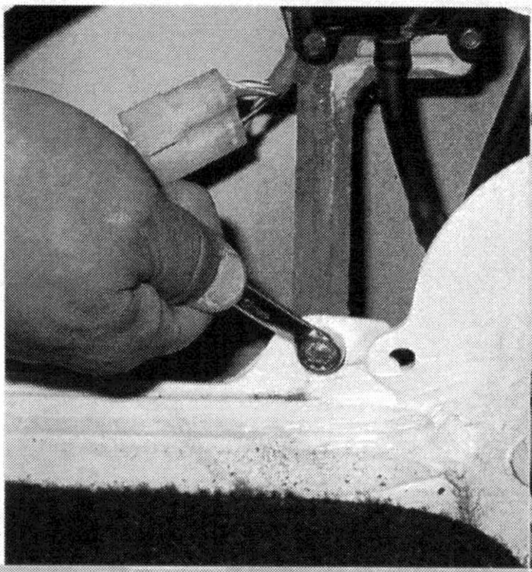

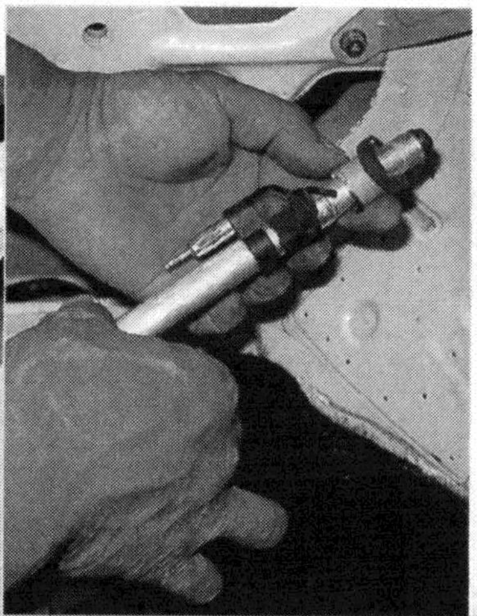

04 Entfernen Sie die Befestigungsbolzen für die Montagehalterung der alten Antenne.

05 Senken Sie die Antenne herab und trennen Sie das Entwässerungsrohr vom Unterteil des Motorgehäuses. Ziehen Sie auch die Antennenleitung heraus. Jetzt kann die alte Antenne entfernt werden.

06 Entfernen Sie die Halterung von der alten Antenne...

07 ...und bringen Sie sie an der neuen Antenne an.

08 Führen Sie die neue Antenne vorsichtig zu ihrer Einbauposition.

09 Setzen Sie eine neue Gummidichtung ein...

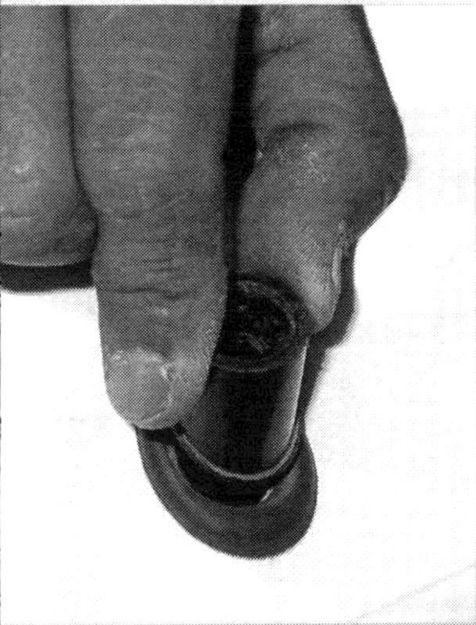

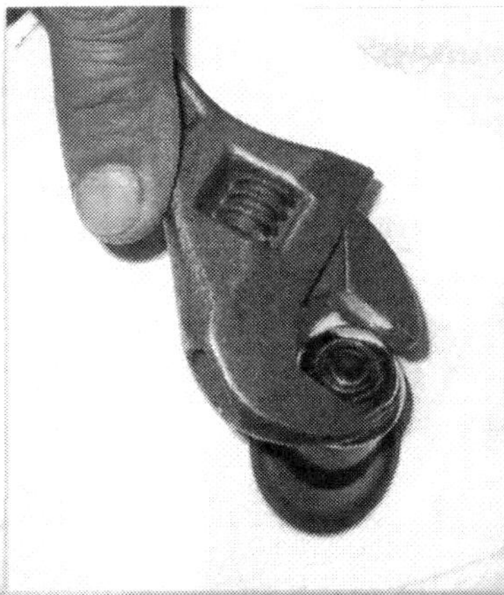

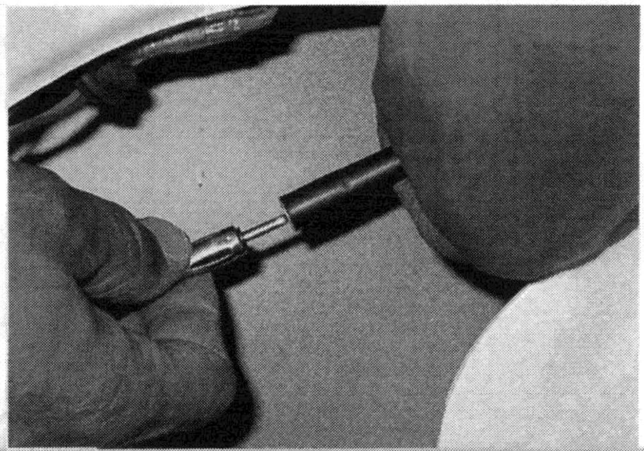

10 ...und installieren Sie dann den Antennenfußpunkt. Im Installations-Kit sollten verschiedene Fußpunkte enthalten sein – wählen Sie den aus, dessen Winkel am besten zu den Konturen Ihres Fahrzeugs passen.

11 Bringen Sie anschließend die Unterlegscheibe und die neue Antennenmutter an und ziehen Sie sie fest.

12 Schließen Sie die Antennenleitung an den Antennenstecker an der neuen Motorantenne an. Auch das Entwässerungsrohr muss angeschlossen werden.

13 Bringen Sie die neue Montagehalterung an der Antenne an und biegen Sie sie so zurecht, dass sie sich nahe an der Montageöffnung in der Karosserieverkleidung befindet.

14 Bringen Sie einen „Schnellbefestiger" (Blechklemme) an,...

15 ...führen Sie eine Metallschraube ein und ziehen Sie sie fest.

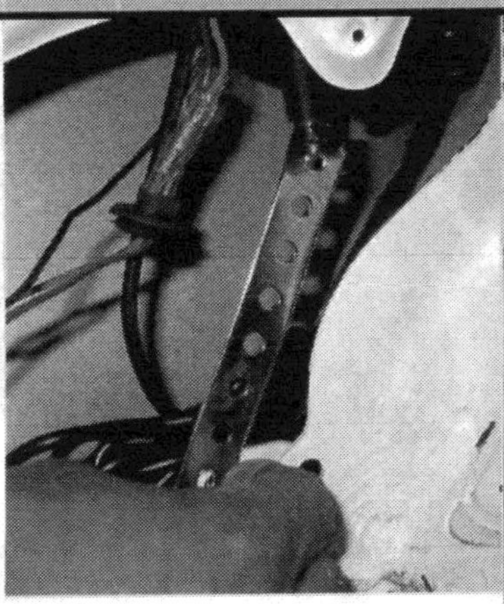

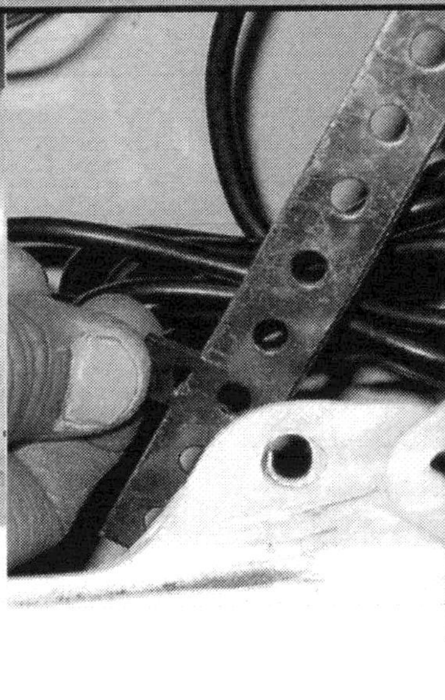

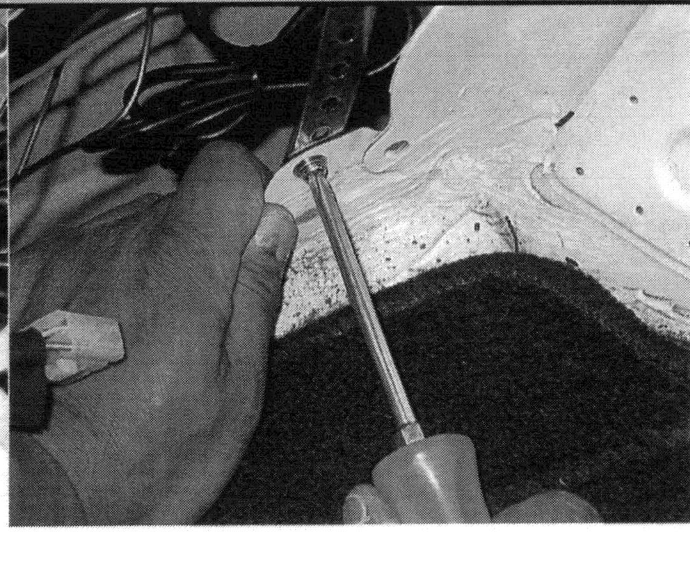

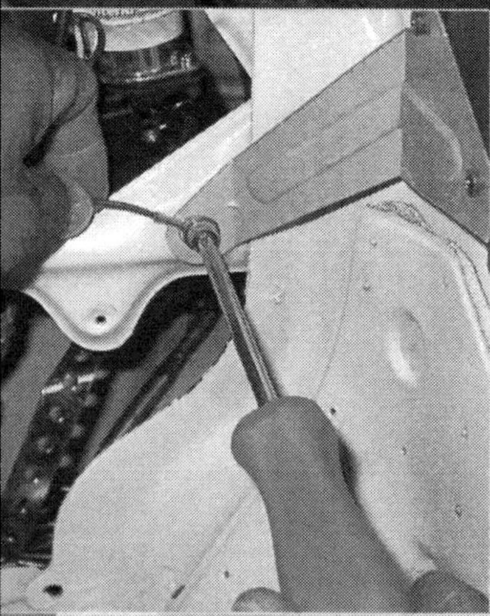

16 Befestigen Sie das Erdungskabel an einem gut geeigneten Erdungspunkt. (Blechhalterungen wie diese hier eignen sich meist gut als Erdungspunkte, weil sie mit der Karosserie verschraubt sind, so dass die Befestigungselemente in der Regel einen guten Kontakt zum Metall der Karosserie herstellen – falls nötig, schleifen Sie etwaige Farb- oder Lackreste ab, um eine gute Verbindung zu ermöglichen.)

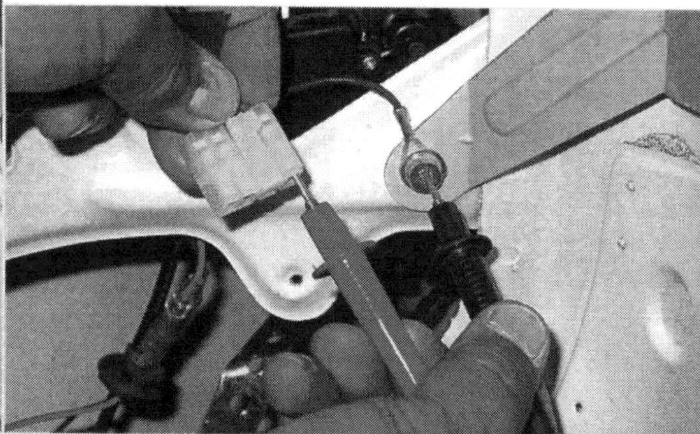

17 Nehmen Sie Ihr Voltmeter zur Hand. Sie müssen jetzt einige Anschlüsse in der noch freien Hälfte des Kabelbaumsteckers der Antenne identifizieren (also an der Fahrzeugseite des alten Steckers). Suchen Sie zuerst den Anschluss mit einer konstanten Spannung von 12 Volt. Das ist der spannungsführende Draht für den Antennenmotor. Machen Sie als Nächstes den Anschluss ausfindig, der ein- und ausgeschaltet wird, wenn das Radio ein- und ausgeschaltet wird. Dies ist das Signalkabel vom Radio, das dem Motor sagt, dass er die Antenne ausfahren soll, wenn das Radio eingeschaltet wird, und dass er sie einfahren soll, wenn das Radio abgeschaltet wird. Bitten Sie einen Freund oder eine Freundin, das Radio ein- und auszuschalten, während Sie überprüfen, ob beim Einschalten des Radios die Spannung von 0 auf 12 V steigt und ob sie von 12 auf 0 V zurückgeht, wenn das Radio ausgeschaltet wird.

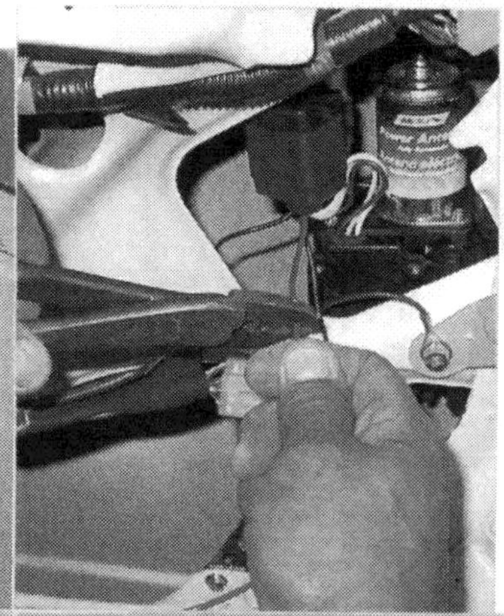

18 Wenn Sie in dem alten Stecker den Anschluss für das spannungsführende Kabel und den Signalanschluss identifiziert haben, legen Sie den Stecker für einen Moment beiseite und schauen Sie sich die Stromleitungen am neuen Antennenbausatz an. Dort sollten drei Kabel vorhanden sein: ein spannungsführendes Kabel, ein Signalkabel und das Erdungskabel (das Sie ja bereits an den Erdungspunkt angeschlossen haben). Bei unserer Antenne ist der spannungsführende Draht rot und das Signalkabel blau (die Farbkennung ist von Hersteller zu Hersteller unterschiedlich). Schneiden Sie an allen Leitern den überschüssigen Draht ab und lassen Sie nur so viel übrig, dass keiner der Drähte zu stark gespannt wird.

19 Ziehen Sie vom Ende eines jeden Kabels ca. 0,7 bis 1,0 cm der Isolierung ab und quetschen Sie ein Paar Flachkabelschuhstecker auf, die genau in die Buchsen des alten Steckers passen.

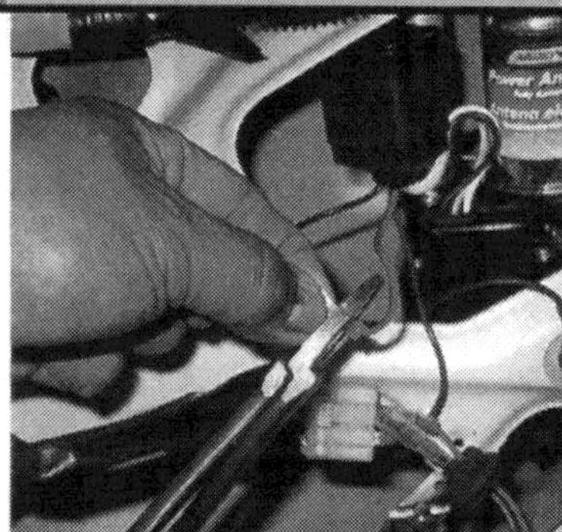

20 Stecken Sie die neuen Flachkabelschuhe für den spannungsführenden Draht und das Signalkabel in die für sie vorgesehenen Anschlüsse im alten Stecker. Setzen Sie sich dann ins Auto, schalten Sie das Radio ein und überprüfen Sie, ob die Antenne dabei ausgefahren wird. Schalten Sie das Radio wieder aus und überzeugen Sie sich, dass die Antenne wieder eingefahren wird.

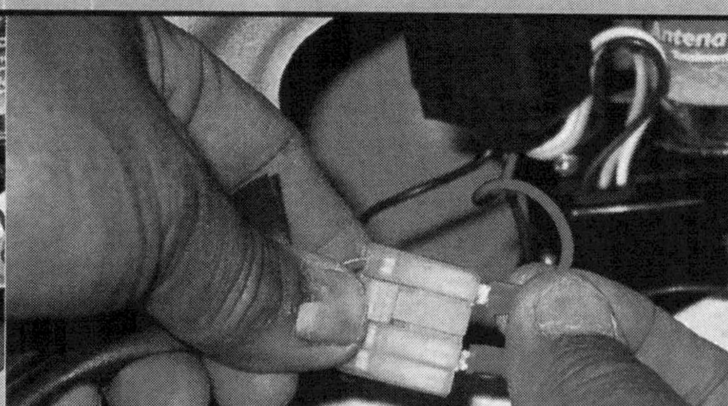

21 Befestigen Sie den Stecker mit einem Kabelbinder an der Karosserieverkleidung und verstauen Sie überhaupt den Kabelbaum ordentlich, indem Sie ihn mit Klebeband oder Kabelbindern an der Karosserie befestigen.

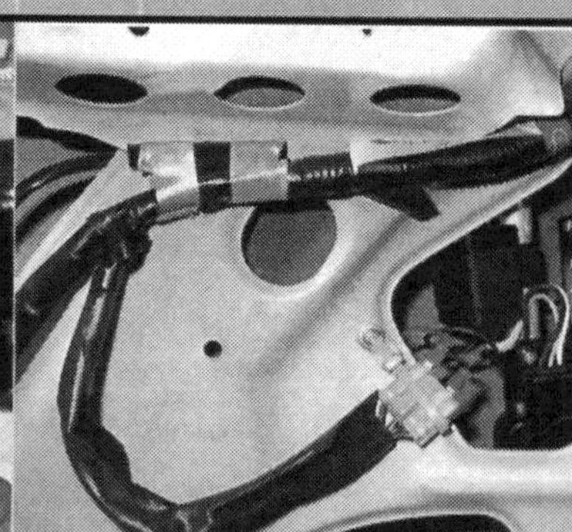

Freisprech-Anlagen

Seit Februar 2001 (Bußgeld ab April 2001; erhöht April 2004 und 1 Punkt in Flensburg) dürfen Sie laut Gesetz Ihr Handy nicht mehr während der Fahrt am Steuer in der Hand halten. Na wunderbar – schon wieder etwas, auf das man sich einstellen muss. Es gibt ja sonst in letzter Zeit so wenige Dinge, auf die wir uns einstellen müssen. Aber ehrlich gesagt: Gleichzeitiges Quasseln und Lenken war immer ein etwas riskantes Unterfangen, bei dem das Lenken zu kurz kam – wenn doch nur alle Straßenverkehrsgesetze so sinnvoll wären!

Am meisten profitieren natürlich die Freisprechanlagenhersteller – für ein einigermaßen installierenswertes (konventionelles) Kit legen Sie rund 75 Euro aufwärts hin. Welches soll ich nehmen? Werde ich Löcher in mein Armaturenbrett bohren müssen? Alles gute Fragen. Aber lassen Sie uns nicht vorgreifen – beschäftigen wir uns zuerst einmal mit der Frage, was die neue Gesetzgebung für das reale Leben bedeutet.

Achtung!
Wenn das Handy klingelt, ziehen Sie den Wagen nicht einfach nach rechts quer über alle Fahrspuren, um mit quietschenden Bremsen am Rand anzuhalten. Wenn Sie das an der falschen Stelle machen, ist die Bußgeldwahrscheinlichkeit genauso hoch, wie wenn Sie während der Fahrt telefonieren.

Tipps und Tricks
Beifahrerinnen oder Beifahrer, die mit in Ihrem Auto sitzen, dürfen ganz legal mobil telefonieren. Wenn Ihr Handy also klingelt, lassen Sie die Beifahrerin oder den Beifahrer das Gespräch annehmen und Ihnen ausrichten, was der Anrufer Ihnen sagen wollte – das ist schließlich nicht strafbar.

Rechtsfragen

Zunächst einmal ist der Einbau einer Freisprechanlage einfach nur eine Möglichkeit, die neue Gesetzgebung teilweise zu umgehen. Freisprechanlagen sind nicht „vollkommen legal", sondern lediglich „nicht verboten". Auch die Benutzung einer Freisprechanlage stellt für jemanden, der am Steuer seines Autos sitzt, eine Ablenkung dar, und wenn Sie anfangen, in Schlangenlinien zu fahren, Radfahrer über den Haufen zu fahren oder über Rot zu fahren, wird man Sie wohl wegen „unvorsichtigen Fahrens" oder noch schlimmerer Vergehen drankriegen. Wenn Sie jemanden anrufen müssen, halten Sie am besten an einer sicheren Stelle an – und aktivieren Sie für den Fall, dass Sie während der Fahrt angerufen werden, Ihre Voicemail.

Überhaupt ist es nicht in allen Lebenslagen – auch nicht mit einer Freisprechanlage – eine sichere Sache, einen Anruf anzunehmen. Lassen Sie es klingeln. Am Telefon selbst dürfen Sie nur die Tasten betätigen (und damit ist nicht gemeint, dass Sie SMS verfassen dürfen). Das Telefon in der Hand zu halten, ist in jedem Fall verboten. Selbst wenn Sie im Stau stecken, ja im Stillstand, müssten Sie erst den Motor ausstellen, ehe Sie Ihr Handy ganz normal benutzen können – denn nur dann könnten Sie wirklich von sich sagen, dass Sie nicht „fahren".

Bisher wird für Telefonieren am Steuer nur ein festgelegtes Bußgeld verhängt. Da das aber offenbar nicht gefruchtet hat, wird das Bußgeld demnächst erhöht und um Strafpunkte erweitert. Nutzen Sie Ihr Handy mit Sinn und Verstand (oder noch besser: nutzen Sie es gar nicht, zumindest nicht im Auto), denn sonst müssen Sie Ihren Führerschein womöglich noch mal machen. Also schön aufgepasst, okay?

Was gibt es alles am Markt?

Konventionelle Kits

Durch das neue Gesetz wurde ein ganzes Sortiment neuer Produkte auf den Markt gespült, so dass man nicht mehr auf die Auto-Freisprechkits alten Typs zurückgreifen muss, die eine regelrechte Durchlöcherung des Armaturenbretts zur Folge hatten. Die meisten Freisprechanlagen sind mit Klebepads versehen und werden einfach in Ihren Zigarettenanzünder eingesteckt. Das zur Erfüllung der Vorschriften wichtigste Teil ist ein Telefonhalter oder „Cradle".

Da niemand sehr lange ein und dasselbe Handy behält, lohnt die Suche nach einer Freisprechanlage, die man von einem Mobiltelefon auf ein anderes umstellen kann – zum Beispiel durch den Zukauf eines anderen Adapterkabels.

Suchen Sie nach Freisprechanlagen mit „Vollduplexbetrieb" – das heißt: Sie können gleichzeitig sprechen und hören. Genau wie im richtigen Leben. Eigentlich bedeutet das: Gespräche sind einfacher und natürlicher – wenn Sie sich ganz klar machen möchten, warum Sie diese Funktion wirklich brauchen, probieren Sie mal eine Freisprechanlage aus, die diese Funktion nicht bietet. Kits ohne Duplexbetrieb schalten den Lautsprecher aus, sobald Sie irgendein Geräusch aufschnappen – Ihre Sprechgeräusche (so wie vorgesehen) oder aber irgendein Geräusch im Auto. Das ist überaus störend, zumal in einem Bereich, in dem Sie ohnehin schon mit schlechtem Empfang zu kämpfen haben.

Manche Anlagen sind mit „Infrarottechnologie" ausgestattet, d. h. Sie können Anrufe annehmen und beenden, indem Sie Ihre Hand vor dem Telefon hin- und herbewegen. Das nennt man „handlosen" Freisprechbetrieb. Zudem eine sehr gute Gelegenheit, Ihre Mitfahrerinnen und Mitfahrer zu beeindrucken. Oder sollten Sie vielleicht doch nicht so viel mit den Händen herumfuchteln, wenn Sie am Steuer sitzen?

Mit der Stereoanlage gekoppelte Freisprechanlagen

Einer der neuesten Einfälle, der rasch Marktanteile erobert. Arbeitet mit einem auf den Telefonlautsprecher gelegten Funksender, der Anrufe über einen Radiokanal Ihrer In-Car-Stereoanlage überträgt. Wenn das Handy klingelt, knipsen Sie das Radio auf dem voreingestellten Kanal an, sprechen wie immer in das Mikrofon Ihres Handys und hören Ihren Gesprächspartner über Ihre Autolautsprecher (und da es ja Ihre Stereoanlage ist, können Sie die Anruflautstärke mühelos regeln). Diese Variante ist billig und scheint zu funktionieren, auch wenn es womöglich Interferenzprobleme gibt. Vergessen wir nicht, dass es sich um eine Technologie handelt, die noch in der Entwicklung ist – es zahlt sich aus, wenn Sie sich das neueste Modell zulegen, das Sie auftreiben können.

Bluetooth-Headsets

Bluetooth ermöglicht drahtlosen Betrieb – also besorgen Sie sich ein Headset mit Mikrofon, und Sie können drauflos plaudern, ohne das Handy am Ohr zu haben. Die meisten modernen Handys sind Bluetooth-fähig, und die ganz neuen Modelle ermöglichen sprachaktiviertes Wählen und somit wirkliches Freisprechen im Auto. Nachteile? Gewisse Zweifel an der Klangqualität, und: Haben Sie wirklich Lust, beim Autofahren die ganze Zeit ein Headset zu tragen?

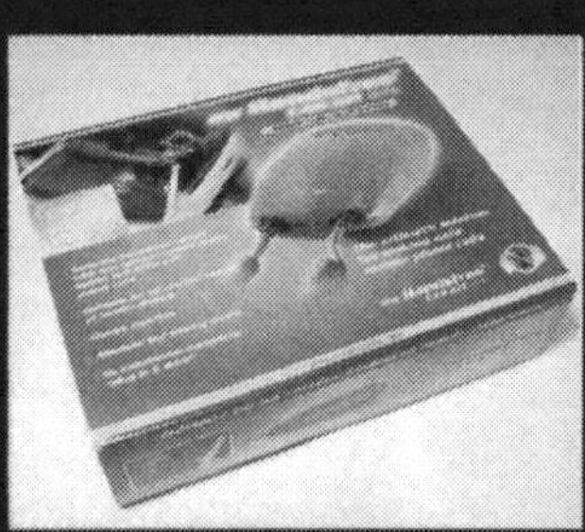

Montage der Freisprechanlage

Die Einzelheiten des Montagevorgangs gestalten sich natürlich je nach gekaufter Freisprecheinrichtung – Hauptsache ist, Sie legen sich ein Modell zu, für das Sie nicht Ihr Armaturenbrett durchlöchern müssen. Das ist aber zum Glück mittlerweile so unpopulär, dass bei den meisten modernen Kits die Bohrvariante nicht einmal mehr als Option angeboten wird.

Plug N Go

Das ist ein schickes Gerät – keine herumbaumelnden Kabel, eine ansprechend gestaltete Montagehalterung mit sehr großem Saugnapf zum Befestigen an der Windschutzscheibe sowie ein eingebauter, zur Scheibe hin ausgerichteter Lautsprecher, dessen Schall somit reflektiert beim Fahrer ankommt. Das Gerät ist dank einer eingebauten Batterie (Auto-Ladegerät ist im Lieferumfang enthalten) autark und kann somit überall und nicht nur im Auto benutzt werden. Sieht prima aus und funktioniert prima!

Bluetooth Headset

Bringt Ihnen nur etwas, wenn Sie ein Bluetooth-fähiges Handy haben, ist aber genau wie das Pama-Gerät, das wir vorher eingebaut haben, eine schlamasselfreie Variante. Das Headset muss vor der Benutzung aufgeladen werden, aber danach „verkuppeln" Sie einfach Ihr Handy und Ihr Headset und quasseln drauflos. Wenn Ihr Handy so trendy ist, dass es sprachaktiviertes Wählen ermöglicht, ist das wohl die freihändigste Telefonierlösung überhaupt. Bei diesem Gerät brauchen Sie noch nicht einmal ein Cradle für Ihr Mobiltelefon!

All diese Freisprechanlagen (mit Ausnahme des Bluetooth-Headsets) brauchen Strom, der in der Regel bequemerweise dem Zigarettenanzünder entnommen wird. Na ja… stimmt schon … gar nicht so leicht, den Adapter in die Zigarettenanzünderbuchse zu bekommen, so lange der Aschenbecher im Weg ist, stimmt's?

01

Wenn Sie keine Löcher bohren wollen, werden Sie die Sachen wohl ankleben müssen. Wenn die angeklebten Sachen angeklebt bleiben sollen (und in diesen Dingen haben Sie in der Regel genau einen Versuch), ist erst einmal ein kleines Reinemachen fällig.

02

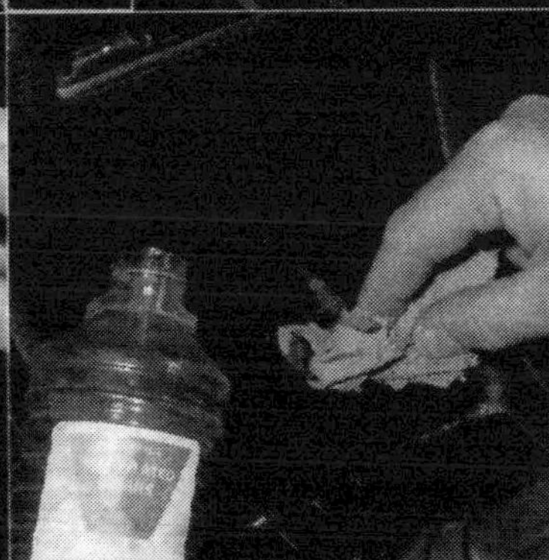

Meistens werden die verschiedenen Einzelteile der Freisprechanlage mit Velcro-Pads befestigt (so dass Sie sie ohne weiteres abreißen und verstecken können, wenn Sie das Auto verlassen). Lassen Sie während der Montage die beiden „Hälften" des Velcro-Pads zusammen. Wenn die Montagefläche sauber ist, heißt es „Abziehen… …und fest andrücken!".

03

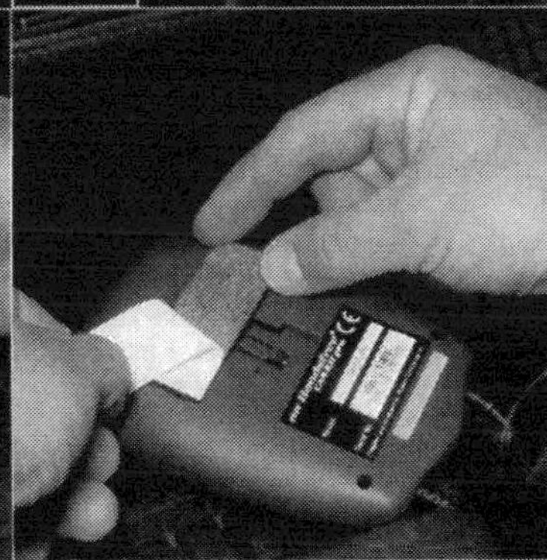

Das ist das Hauptgerät, in dem sich der Lautsprecher befindet. Die Mittelkonsole finden wir so gut geeignet, dass kein Weg an ihr vorbeiführt. Sie müssen sich nur vergewissern, ob die beiden gewendelten Kabel bis zur Zigarettenanzünderbuchse und zum Telefon reichen.

04

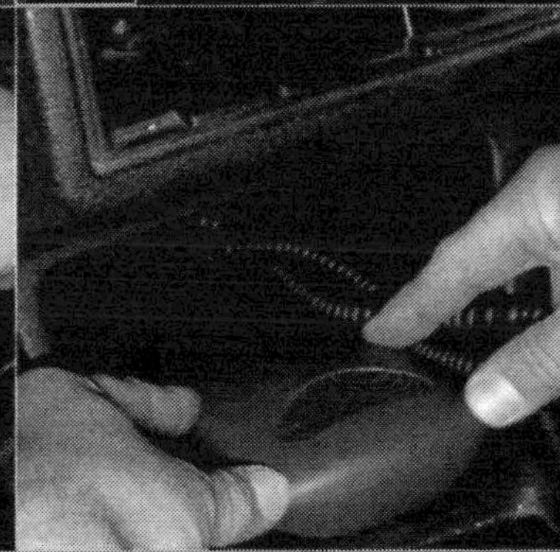

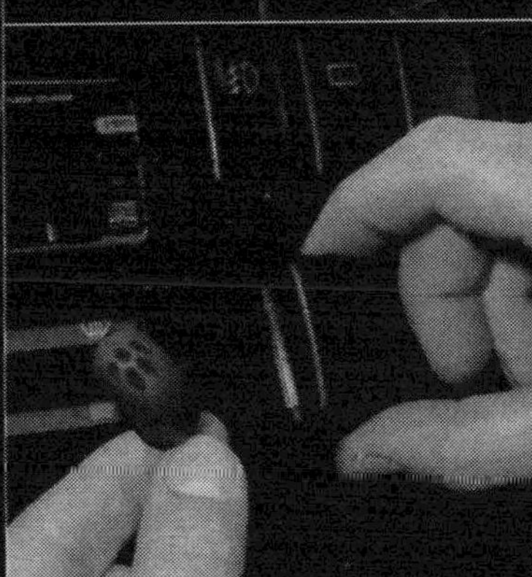

05

Nicht alle Montageschritte sind allerdings so einfach wie diese. Mit etwas Cleverness und Nachdenken können Sie die Installation sehr viel schicker hinbekommen, so dass hinterher nicht alle Kabel heraushängen. Nehmen Sie dieses kleine, mit dem Mr. Handsfree-Kit mitgelieferte Mikrofon – nachdem wir eine der Abdeckungen für die unbelegten Schalterplätze herausgenommen haben, haben wir das Kabel im Armaturenbrett versteckt und das Mikrofon an den Schalter geklebt – genau dorthin, wo es gebraucht wird.

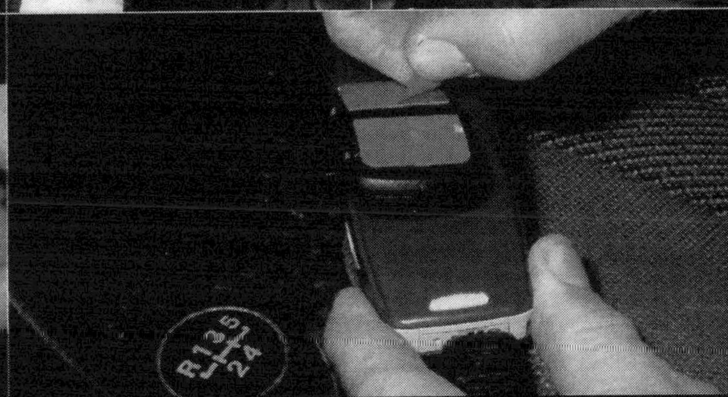

06

Zum Montieren des Telefons selbst verwenden wir eine Magnethalterung, die ebenfalls mit Klebepads angeklebt wird. Es ist zwar nur ein altes Nokia-Handy, aber trotzdem wollen wir lieber verhindern, dass es sich selbstständig macht, indem wir für seine solide Befestigung sorgen.

07

Und so sieht es aus, wenn es fertig ist – das Telefon macht eine gute Figur und ist griffbereit, das Mikrofon ist diskret untergebracht, und die Lautsprechereinheit ist in der Konsole verstaut. Und das, obwohl dies die erste Freisprechanlagenmontage unseres Lebens ist!

Zusatz-Sicherungsbox

Achtung!
Trennen Sie die Minusleitung (Erdleitung) der Batterie, bevor Sie sich an die Arbeit machen, und schließen Sie sie erst wieder an, wenn alle stromführenden Leitungen und Anschlüsse sicher befestigt sind.

Wenn Sie Ihr Auto umgestalten, brauchen Sie eine Vielzahl gesicherter stromführender, von der Batterie ausgehender Leitungen – für Stereoausrüstung, Neonleuchten, Anlassertasten und Alarmanlage, und herauszufinden, an welcher Stelle welche Leitung angezapft wird, ist immer eine anstrengende Aufgabe. Dieses Problem ist für Sie ein für allemal erledigt, wenn Sie sich Ihre eigene kleine Sicherungsbox bauen und diese an einer leicht zugänglichen Stelle montieren – und das ist obendrein recht einfach zu bewerkstelligen.

Der erste Arbeitsschritt: Verlegen Sie ein Hauptstromkabel vom Plusanschluss der Batterie in den Fahrzeuginnenraum – aber schließen Sie das Kabel jetzt noch nicht an den Batterieanschluss an. Überzeugen Sie sich davon, dass das Hauptkabel für die ganzen Lasten, die Sie ihm vermutlich auferlegen werden, stark genug ist – wenn Sie mit einem Kabel mit 10 mm^2 anfangen (bei allen guten In-Car-Entertainment-Händlern erhältlich), werden Sie immer genug Strom haben.
Notieren Sie sich, welche Sicherung für welchen Stromkreis zuständig ist, und bewahren Sie den entsprechenden Notizzettel im Handschuhfach auf (zusammen mit ein paar Ersatzsicherungen). Sollte je eine Sicherung durchbrennen, brauchen Sie nicht kopfüber unter das Armaturenbrett zu kriechen und zu versuchen, sich zu erinnern, wo die Sicherung hingehört und wo die Sicherung überhaupt ist. Sie nehmen einfach den Deckel ab und ersetzen die Sicherung. Wer hätte gedacht, dass Stromsicherheit so cool sein kann?

01 Zuerst muss für die Sicherungsbox ein geeigneter Platz gefunden werden. Wir haben uns für den Bodenbereich unter dem Beifahrersitz entschieden – leicht zugänglich im Falle einer durchgebrannten Sicherung und außerdem nicht im Weg. Stellen Sie die Boxen auf einen ebenen Teil der Bodenfläche, und zwar so, dass der Sitz weiterhin ungehindert vor- und zurückgeschoben werden kann. Machen Sie sich im nächsten Schritt Papierschablonen der beiden Boxen und übertragen Sie diese auf Pappe.

02 Legen Sie die Pappschablone an die richtige Stelle und schneiden Sie die Form aus. Machen Sie das Gleiche noch einmal für die andere Box – lassen Sie zwischen den beiden Boxen unbedingt mindestens 10 cm Abstand, damit etwas Platz für die später anzuschließenden Kabel bleibt.

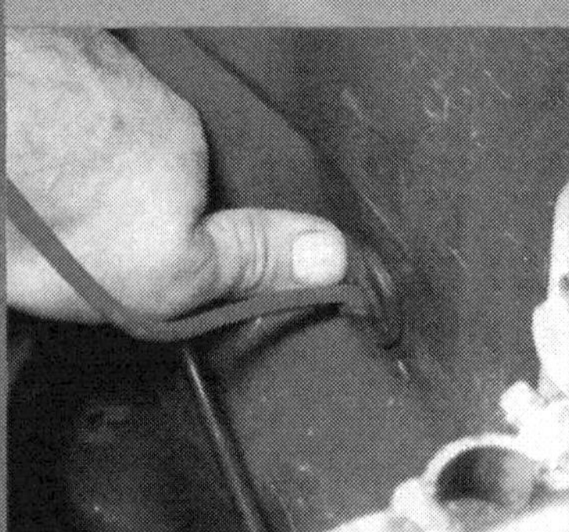

07 Drücken Sie die Dichtung wieder zurück in ihre angestammte Position. Es empfiehlt sich, ihr etwas Silikondichtmittel zu gönnen, um die Elemente draußen vor der Tür zu halten – denn wenn das Regenwasser auf dieses neues Kabel tropft: wo soll das hinführen. Ups.

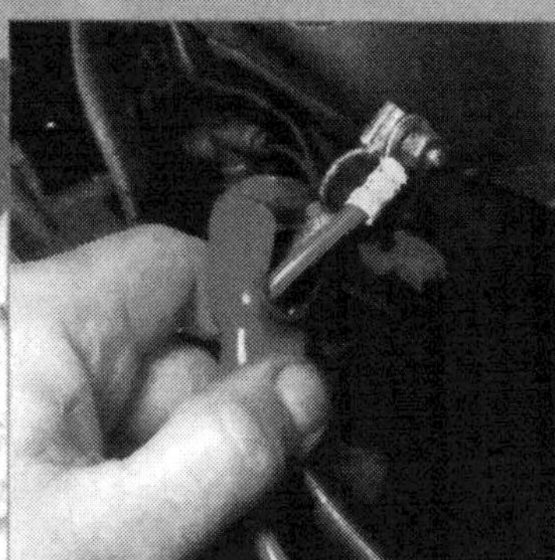

08 Der nächste Schritt: Schließen Sie das Kabel mit einem Ringkabelschuh an den Plusanschluss der Batterie an. Hier müssen Sie unbedingt einwandfrei arbeiten – eine ganze Reihe von Accessoires in Ihrem Auto stehen und fallen mit diesem Arbeitsschritt. Achten Sie darauf, dass in dem Moment, in dem die Leitung an die Batterie angeklemmt wird, auch die Verbraucherseiten der Stromkreise im Autoinneren zum Leben erwachen.

09 Zurück im Innenraum des Autos: Nehmen Sie das Kabel zur Hand, das wir durch die Motortrennwand gefädelt haben. Um das Kabel wohlgeordnet zur Anschlussdose zu führen, müssen die Türschwellenabdeckung und der Teppich hochgehoben werden, so dass sie nicht mehr im Weg sind. Das ist zum Glück ganz einfach – stemmen Sie die Türschwellenabdeckung hoch und entfernen Sie zwei der Haltebolzen der Sicherheitsgurtschiene.

10 Verlegen Sie unter dem hochgehoben Teppich das Kabel durch Ihr Auto. Damit es hinterher schön aussieht, befestigen Sie das Kabel mit etwas Klebeband.

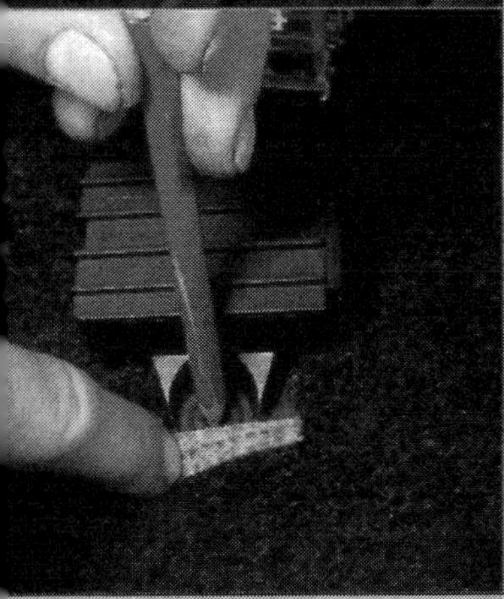

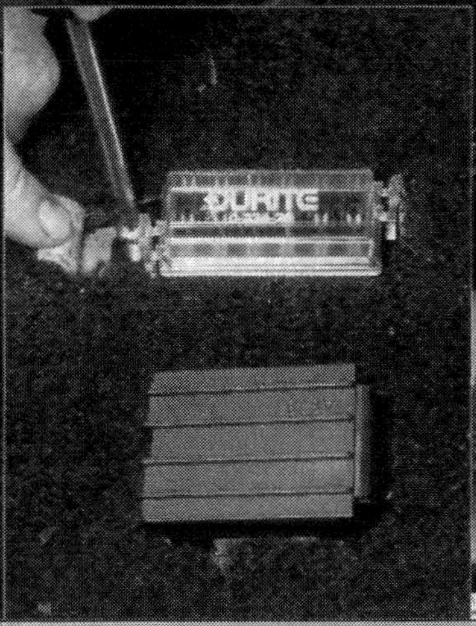

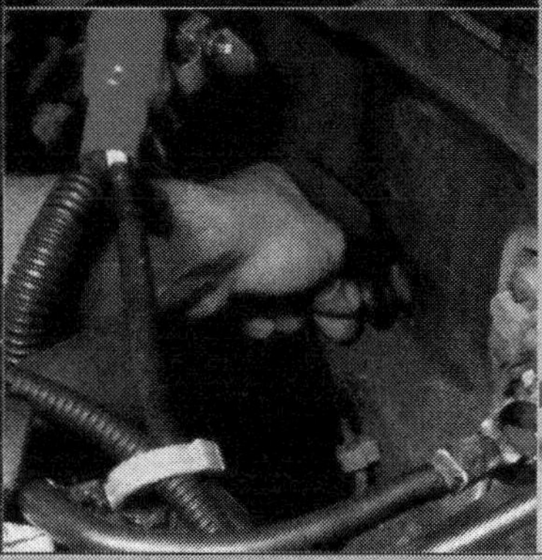

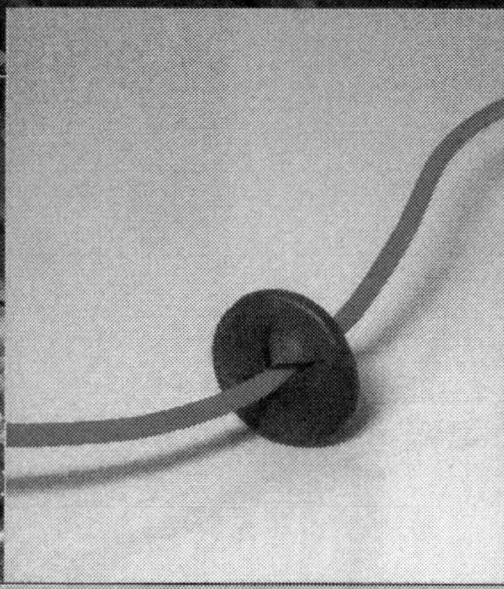

03 Zeichnen Sie die Befestigungslöcher für die beiden Boxen an und bohren Sie die Löcher. Kontrollieren Sie vorher die Unterseite des Autos – vermeiden Sie das Anbohren von Kraftstoffleitungen und Ähnlichem!

04 Befestigen Sie die Boxen mit Schneidschrauben. Wenn Sie richtig Glück haben, stellen Sie vielleicht fest, dass eben diese Schrauben als Erdungspunkte genutzt werden können, denn dann hätten Sie fertige stromführende Leitungen und Erdungsleitungen an ein und derselben Stelle – ist das nicht blitzgescheit?

05 Nun zum Motorraum, um einen Pfad für das Kabel zu finden, das von der Batterie durch die Motorraumtrennwand in den Innenraum zur Sicherungsbox führen soll. Welch ein glücklicher Zufall – eine perfekt gelegene Dichtung unterhalb der Batterie!

06 Machen Sie einen Schlitz in die Dichtung und fädeln Sie Ihr Kabel durch diesen Schlitz (wenn große Lasten auf das Kabel zukommen, muss es einen Querschnitt von mindestens $10\ mm^2$ haben). Jetzt ist der Zeitpunkt, an dem Sie sich vergewissern sollten, ob Ihr Kabel lang genug ist, um bis zur Sicherungsbox unter dem Sitz wie auch zur Batterie zu reichen – schneiden Sie das Kabel nicht von der Rolle, ehe Sie sich dessen nicht sicher sind.

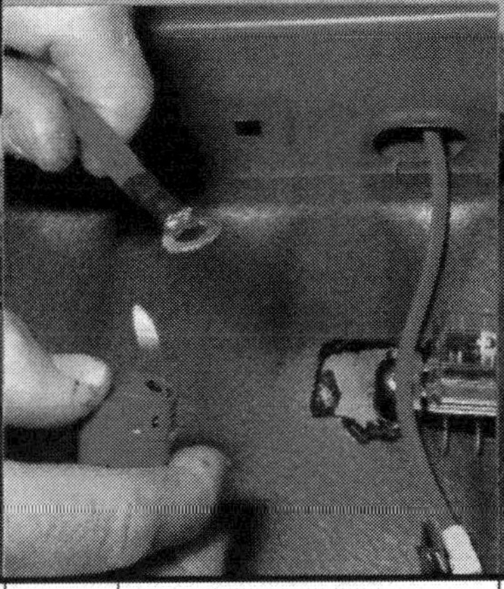

11 Wir hätten die einzelne stromführende Leitung mit Hilfe eines großen Bulletsteckers oder eines Anschlussblocks mit den sechs Kabeln der Sicherungsbox verbinden können, aber beide Optionen sind ein bisschen heikel. Darum haben wir uns im gleichen Laden, in dem wir schon unsere Sicherungsbox gekauft haben, eine Anschlussdose besorgt. Wenn Sie die Anschlussdose aufklappen, sehen Sie die beiden mit Mutter und Schraube versehenen Anschlüsse – eine viel einfachere und sicherere Lösung. Quetschen Sie einen Ringkabelschuh auf das Kabelende und befestigen Sie es am linken Anschluss der Anschlussdose.

12 Schneiden Sie anschließend sechs Kabelstücke ab (die lang genug sind, um bis zur Sicherungsbox zu reichen) und löten Sie alle sechs Kabel an einen Ringkabelschuh. Zum Schutz der Kabel verwenden wir etwas Wärmeschrumpfschlauch – denn mit der Stromsicherheit kann man es gar nicht übertreiben. Befestigen Sie dann den Ringverbinder am rechten Anschluss der Anschlussdose.

13 Crimpen Sie Verbinder auf die Enden eines jeden der sechs Kabel und führen Sie sie in die jeweils vorgesehenen Kanäle an der Sicherungsbox. Wenn Sie dann eine stromführende Leitung brauchen, können Sie ein Speisekabel von irgendeiner der Komponenten nehmen, die Sie einbauen, und an die Anschlüsse der Sicherungsbox anschließen – einfacher geht's nicht.

14 Ach ja: Und vergessen Sie nicht, die richtige Sicherung einzubauen – sonst waren all Ihre Mühen vergebens! Bei manchen Zubehörkomponenten wird die Frage nach der erforderlichen Leistung der entsprechenden Sicherung für einiges Rätselraten sorgen, aber greifen Sie nicht jedes Mal einfach zur größtmöglichen Sicherung. Und vergessen Sie im Übrigen nicht, den Deckel der Sicherungsbox wieder zuzuklappen.

10

Sicherheit

Sicherheit

Schwierigkeiten **vermeiden**

Auf Diebe und Banditen, die auf der Suche nach teuren, schwarzmarkttauglichen Soundsystem-Komponenten sind, wirken diese hochglanzpolierten Räder und der glitzernde Lack wie ein Werbeplakat. Überlegen Sie sich also gut, wann und wo Sie das mobile Entertainment-System Ihres Autos zur Schau stellen – und vor wessen Augen. Lassen Sie besondere Diskretion walten, je näher Sie an Ihrem Zuhause sind – drehen Sie zum Beispiel Ihre Anlage leise, bevor Sie sich Ihrem heimatlichen Wohnviertel nähern, denn sonst wecken Sie womöglich unerwünschtes Interesse an der Frage, wo denn dieses Auto mit dieser lauten Stereoanlage nächtens abgestellt ist!
Bevor Sie aus Ihrem Auto aussteigen, machen Sie sich Gedanken darüber, wo Sie parken – am besten aufgehoben ist Ihr Auto an einer gut beleuchteten Stelle in einer einigermaßen belebten Gegend.
Wenn Sie glücklicher Besitzer einer Garage sind, nutzen Sie sie auch. Schöpfen Sie stets alle Möglichkeiten zum Schutz Ihres Autos aus, wenn Sie Ihr Gefährt verlassen, auch wenn es vielleicht nervt, jedes Mal das Lenkradschloss einrasten zu lassen. Tun Sie's einfach.

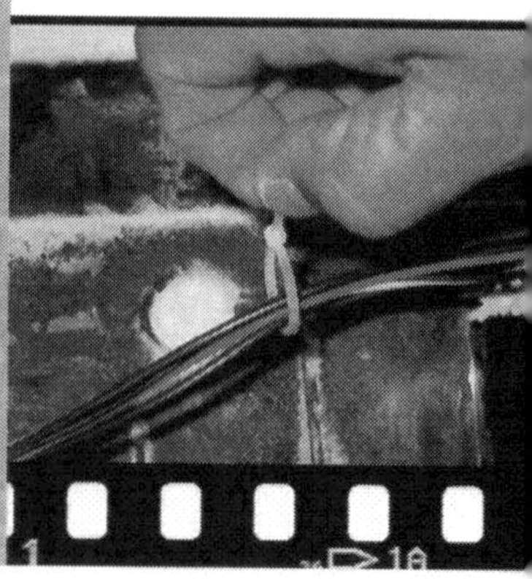

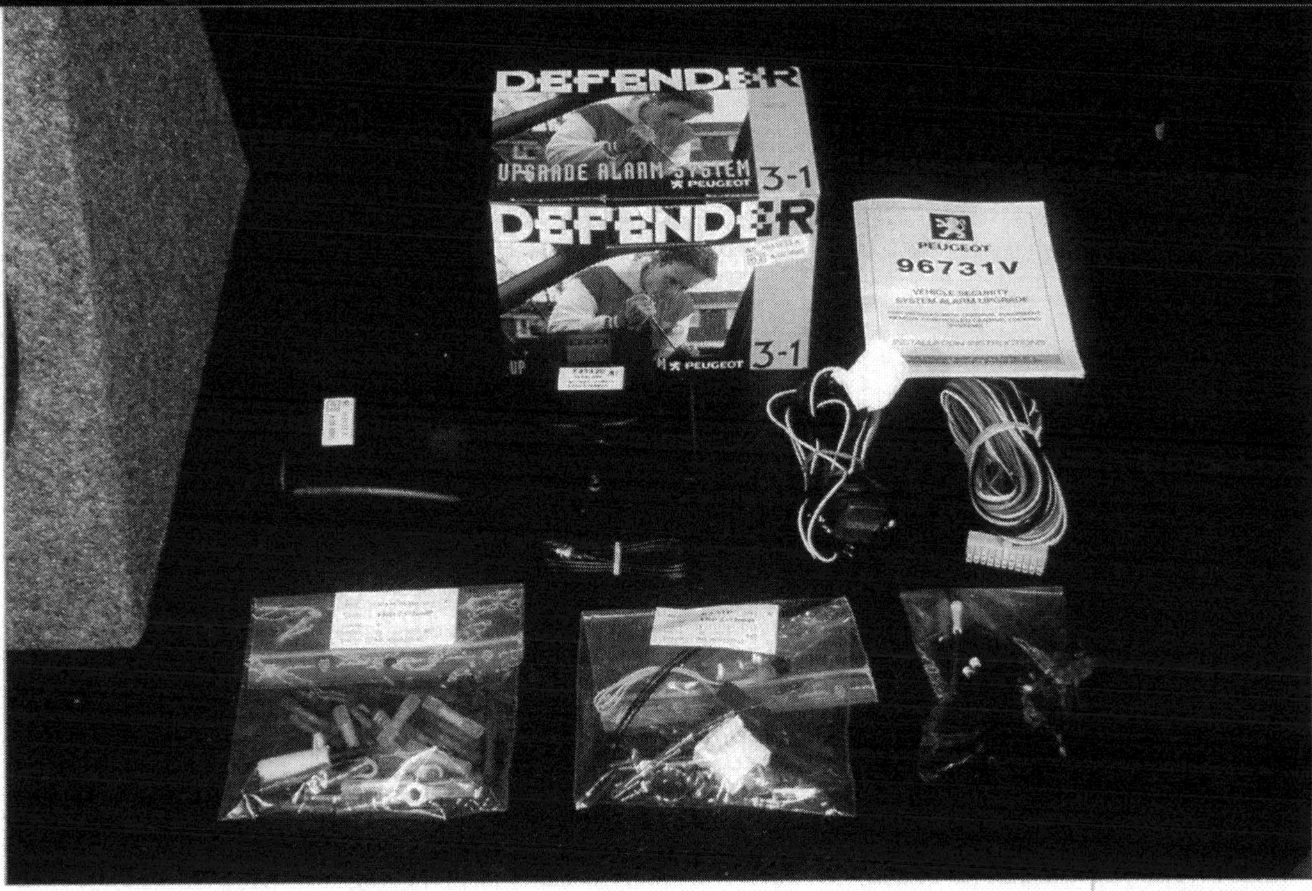

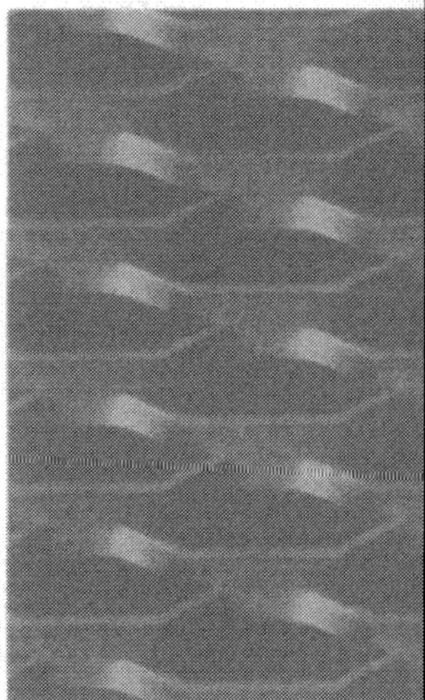

Alarmsysteme

Es gibt viele unterschiedliche Auto-Alarmsysteme – von der einfachen, preisgünstigen Anlage bis hin zu komplexen und kostspieligen Exemplaren. Die meisten Alarmsysteme sind eine Kombination aus folgenden Bestandteilen: Steuergerät, Sirene, »Auslöser« bzw. Sensoren, Wegfahrsperre und Fernbedienung. Werfen wir einen kurzen Blick auf Funktion und Anwendung der einzelnen Komponenten, damit Sie wenigstens eine ungefähre Vorstellung haben, wovon Ihr Gegenüber spricht, wenn der Fachverkäufer mit Begriffen wie »Switch-Trigger« oder »Feldstörungsensor« um sich wirft. Verlassen Sie sich nicht auf den Händler als einzige Informationsquelle. Reden Sie auch mit Freunden. Fragen Sie sie, was für ein Sicherheitssystem sie in ihrem Wagen einsetzen, wo sie es gekauft haben, wie viel es gekostet hat, wie lange sie es schon haben, wie gut es bisher funktioniert hat usw. Nehmen Sie sich vor dem Kauf eines Alarmsystems unbedingt reichlich Zeit, um ein eventuell in Frage kommendes System eingehend unter die Lupe zu nehmen, bis Sie sich dessen Vor- und Nachteile im Vergleich zu anderen System in einer ähnlichen Preisklasse klar gemacht haben. Eine gute Gelegenheit, um Sicherheitssysteme in Augenschein zu nehmen, bietet sich bei Automessen in Form der Vorführfahrzeuge der Hersteller. Die Leute, die auf Messen eingesetzt werden, wissen meistens fast alles über die Produkte, die sie verkaufen.

Steuergerät

Das Steuergerät ist das »Gehirn« des Alarmsystems. Es steuert sämtliche Funktionen wie die Aktivierung und Deaktivierung des Systems, die Überwachung der Auslöser bzw. Sensoren und die Verarbeitung der entsprechenden Daten zwecks Bestimmung des Bedrohungsniveaus. Wenn es zur Sache geht, reagiert das Steuergerät entsprechend dem Bedrohungsniveau, auf das die von den Auslösern bzw. Sensoren gelieferten Daten schließen lassen. Die meisten Steuergeräte sind auch in der Lage, den Motorbetrieb zu aktivieren bzw. zu deaktivieren. Manche Geräte zeigen sogar den Status des Systems an – entweder durch LED-Leuchten oder Piepser. Wenn Sie das Alarmsystem scharf machen oder deaktivieren, veranlasst das Steuergerät, dass die Sirene aufheult, die Parklichter blinken und/oder der Alarmton piept, um auf diese Weise zu signalisieren, dass der Status des Systems soeben verändert wurde.

Sirene

Elektronische Sirenen sind die gängigsten akustischen Geräte, die in Alarmsystemen zum Einsatz kommen. Eine typische moderne Sirene besteht aus einem Oszillator (auch Tongenerator genannt), einem Verstärker und einem Lautsprecher. Die meisten Sirenen haben die Form einer Glocke oder eines Horns, weil diese Formgebung für einen lauteren Sirenenton sorgt und die Tonhöhe verbessert. Manche Sirenen sind aus Metall hergestellt, doch die meisten bestehen aus Hochtemperaturkunststoff.

Auslöser und Sensoren

Die Unterschiede zwischen verschiedenen Alarmsystemen basieren hauptsächlich darauf, dass sie jeweils unterschiedliche Auslöser- oder Sensortypen verwenden. In unterschiedlichen Alarmsystemen kommen diverse unterschiedliche Arten von Überwachungsvorrichtungen zum Einsatz, aber man kann sie in die folgenden Kategorien unterteilen. Es gibt fünf Auslösertypen: Schalter mit federbelastetem Stift, Schalter mit federbelasteter Kugel, Magnetreedschalter, Metalldruckschalter und Quecksilberkippschalter. Bei den Sensoren unterscheidet man vier Grundtypen: Bewegungssensoren, Stoß- und Erschütterungssensoren, Geräuscherkennungssensoren und Geräuschsensoren.

Auslöser

Schalter mit federbelastetem Stift bestehen aus einem federbelasteten Kunststoffstößel, der in einem zylinderförmigen Metallgehäuse sitzt und an der entgegengesetzten Stößelseite mit einer Reihe von Kontakten versehen ist. Stiftschalter werden in der Regel für die Überwachung von Türen, Motorhaube und Kofferraum verwendet. Im Normalzustand sind Stiftschalter geöffnet, aber sobald bei scharf gestelltem Sicherheitssystem eine Tür, die Kühlerhaube oder die Kofferraumklappe geöffnet wird, schließen sie den Stromkreis und lösen den Alarm aus.

Schalter mit federbelasteter Kugel ähneln den Schaltern mit federbelastetem Stift mit dem Unterschied, dass sie die Schaltkontakte nicht mit einem geraden Stößel, sondern mit einer Kugel oder „Rolle" schließen. Diese Rollenschalter funktionieren in manchen Anwendungen besser als Stiftschalter – etwa bei Schiebetüren an Vans oder Lkw-Hecktüren.

Magnetreedschalter (auch **magnetischer Näherungsschalter** oder **Magnetzungenschalter**) schließen die Schaltkontakte mit Magnetkraft. Ein Paar magnetischer »Zungen« (eigentlich zwei dünne, biegsame Metallspäne), die jeweils an einem Ende mit einem Kontakt versehen sind, ist in einen Glaszylinder eingebaut. Die Zungen sind voneinander isoliert und an einem Ende an einem Festpunkt angebracht. Jede Zunge ist an einen Draht angeschlossen, der aus dem Zylinder hinausführt. Der gesamte Zungenschalter ist durch ein Kunststoffgehäuse geschützt. In einem ähnlichen Kunststoffgehäuse befindet sich ein kleiner Permanentmagnet. Wenn der Magnetteil des Schalters in die Nähe der Zungen gebracht wird, sorgt die Kraft des Magnetfeldes dafür, dass die Zungen eine Stromverbindung herstellen (im Normalfall geöffneter Schalter) oder unterbrechen (im Normalfall geschlossener Schalter). Magnetreedschalter werden zum Beispiel bei Schiebefenstern an Führerhäusern von Pickups eingesetzt.

Metalldruckschalter (auch **Sitzsensor** oder **Fußmattensensor**) bestehen aus zwei parallelen Streifen aus einer Kupferlegierung oder Aluminium, die nah beieinander liegen, aber durch einen mit ausgeschnitten Öffnungen versehenen Gummi- oder Schaumstoffstreifen gegeneinander isoliert sind. Wirkt auf die beiden Streifen so viel Druck ein, dass sie zusammengedrückt werden, wird auch das Gummi oder der Schaumstoff zusammengepresst und ermöglicht einen Stromdurchgang. Metalldruckschalter sollen melden, wenn auf ein Sitzpolster oder eine Bodenmatte Druck ausgeübt wird. Bis zum Aufkommen von Raumsensoren waren Metalldruckschalter die einzigen Vorrichtungen, mit denen man offene Fahrzeuge wie zum Beispiel Jeeps schützen konnte.

Quecksilberkippschalter (oder einfach **Quecksilberschalter**) bestehen aus einer Reihe von Kontakten und einer kleinen, in einem Glasröhrchen versiegelten Menge Quecksilber. Da Quecksilber den Strom gut leitet, schließt es den Stromkreis zwischen den beiden Stromkontakten, sobald es diese Kontakte berührt. Quecksilberschalter nutzen das Prinzip der Schwerkraft: Bewegt sich das schwere Quecksilber zum Ende des Zylinders, in dem sich die Kontakte befinden, wird der Stromkreis geschlossen. Mit Quecksilberschaltern erkennt man, wenn sich der Winkel einer Klappe oder Platte im Verhältnis zur Horizontalen verändert. Zu den typischen Anwendungen gehören Heckklappen und aufklappbare Rückfenster, die in einen gegenüber der Waagerechten steilen Winkel bewegt werden müssen.

Sensoren

Bewegungssensoren erkennen (Sie ahnen es sicher bereits) Bewegungen und spezieller die *Art* und den *Grad* von Bewegungen, denen ein Auto unter Umständen ausgesetzt ist, wenn es aufgebockt oder zum Abschleppen vorbereitet wird. Was für Bewegungen? Fast unmerkliche und fast vertikale Auf- und Abbewegungen, wie sie zum Beispiel beim Aufbocken eines Fahrzeuges auftreten. Oder eine graduelle Veränderung des Winkels, in dem das Auto zum Boden steht, wie sie zustande kommt, wenn das Auto vorne oder hinten zum Abschleppen angehoben wird.

Raffiniertere Alarmanlagen nutzen **Stoß- und Erschütterungssensoren,** die gegebenenfalls von einem Dieb aktiviert werden, der versucht, Ihre Reifen zu stehlen oder in Ihr Auto einzubrechen. Stoß- und Erschütterungssensoren reagieren auf jede Art von Stoß, Erschütterung oder Vibration, die auf das Auto einwirkt. Es gibt so viele unterschiedliche Typen von Stoß- und Erschütterungssensoren, dass wir uns aus Platzgründen eine vollständige Beschreibung dieser Typenvielfalt versagen müssen. Eine gängige Konstruktion ist der **zweistufige elektromagnetische Stoßsensor**. Wenn dieser eine Vibration im Fahrzeug feststellt, signalisiert er dies dem Steuergerät, das je nach Signalstärke entsprechend reagiert. Bei einem leichten Stoß (z. B. wenn jemand Ihr Auto einfach anstößt) liefert der Sensor als Signal einen „Warnauslöseimpuls", während er bei einem kräftigeren Stoß (z. B. wenn jemand versucht, das Türschloss aufzustemmen) dem Steuergerät signalisieren kann, dass es Alarmstufe Rot auslösen soll. Bei einigen dieser Sensoren kann die Stoßstärke vom Installateur eingestellt werden.

Der dritte Sensortyp, der **Geräuscherkennungssensor** (oder **Glasbruchsensor**) soll dazu dienen, das Geräusch von berstendem Glas zu erkennen. Der Geräuscherkennungssensor ist typischerweise mit einem Mikrofon ausgestattet, das auf die von berstendem Glas erzeugte Schallfrequenz anspricht. Das Mikrofon ist an ein Filter-/Abgleichnetzwerk angeschlossen, das genauere Unterscheidungen vornehmen kann und dann nur den unverkennbaren Klang von berstendem Glas auswählt. Anschließend durchläuft der Signalkreis einen »Komparator«, der den Schallpegel des Geräusches mit der im Sensor eingestellten Empfindlichkeitsschwelle abgleicht und daraufhin entscheidet, ob ein Auslöseimpuls erzeugt wird oder nicht.

Geräuschsensoren sind üblicherweise **Raumsensoren**, dienen also der Überwachung eines „Raumbereiches" im Fahrzeug, außen um das Fahrzeug herum oder beides. Man unterscheidet drei Typen von Raumsensoren: Ultraschallsensoren, Bewegungsmelder und Infrarot-Bewegungsmelder. **Ultraschallsensoren** waren die ersten Sensoren, die in Fahrzeugsicherheitssystemen eingesetzt wurden. Ein Ultraschallsensor besteht aus zwei separaten Teilen – dem Sender und dem Empfänger. Der Sender schickt extrem hohe Frequenzen oder Ultraschallfrequenzen aus (10.000 Hz bis 90.000 Hz), und der Empfänger empfängt diese Frequenzen. Wird der Raum zwischen dem Sender und dem Empfänger von einer Person oder einem Gegenstand mit ausreichender Masse betreten oder passiert, führen die durch diese Unterbrechung veränderten Schallwellen zum Auslösen des Alarms.

Bewegungsmelder, die mit Abstand häufigsten Raumsensoren, funktionieren im Wesentlichen genauso wie Ultraschallsensoren, verwenden aber noch höhere Frequenzen im Gigahertzbereich (ein Gigahertz sind 1.000.000.000, also eintausend Millionen Hertz). Funkwellen in diesem Frequenzbereich bezeichnet man landläufig als »Mikrowellen«.

Infrarot-Bewegungsmelder kommen in Anwendungen, die der Fahrzeugssicherheit dienen, seltener zum Einsatz als andere Raumsensoren. Sie arbeiten mit Infrarotwellen knapp jenseits des wahrnehmbaren Rotbereiches des Lichtspektrums. Infrarot-Bewegungsmelder sind besonders hilfreich überall dort, wo es darauf ankommt, dass etwaige Luftdruckveränderungen von den Raumsensoren ignoriert werden. Dies ist zum Beispiel in einem Cabrio mit offenem Verdeck oder bei allen anderen offenen Fahrzeugen der Fall.

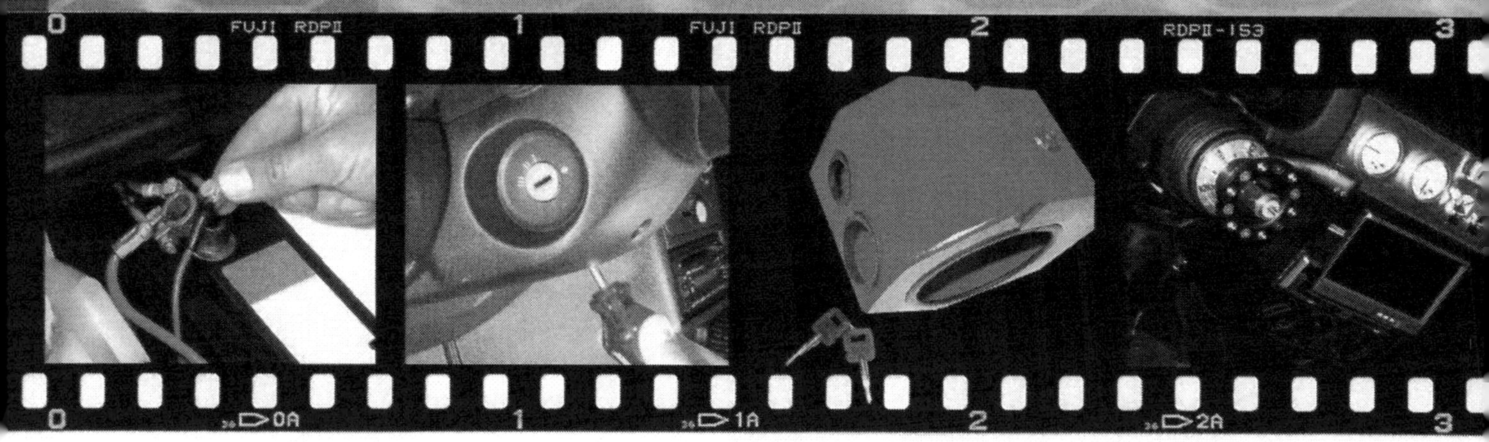

Wegfahrsperre

Die Wegfahrsperre sorgt dafür, dass der Motor nicht gestartet werden kann oder nach dem Anlassen nur ein paar Sekunden läuft. Die drei häufigsten Wegfahrsperren sperren entweder den Anlasser oder die Zündung oder unterbrechen die Kraftstoffversorgung. Anlasserwegfahrsperren unterbrechen oder deaktivieren den Anlasserstromkreis. Motorwegfahrsperren lassen zwar zu, dass der Dieb den Anlasser betätigt, deaktivieren aber die Zündanlage, so dass der Motor nicht anspringt. Wegfahrsperren, die die Kraftstoffversorgung unterbrechen, lassen zwar zu, dass der Motor anspringt, unterbrechen aber die Kraftstoffzufuhr, so dass der Motor alsbald wieder absäuft.

Fernbedienungen

Wer eine Wegfahrsperre hat, braucht eine Fernbedienung zum Aktivieren und Deaktivieren des Alarmsystems. Es gibt drei Fernbedienungstypen: Radiofrequenz- (RF), Infrarot- (IR) und induktive oder magnetische Fernbedienungen. Der gängigste Fernbedienungstyp sind RF-Transmitter, auch wenn sie nicht in allen Ländern gesetzlich zulässig sind. Ein solcher Transmitter schaltet mit Hilfe von Radiowellen einer bestimmten Frequenz verschiedene Funktionen des Sicherheitssystems ein und aus. Die meisten RF-Fernbedienungen verwenden eine Frequenz zwischen 300 und 470 MHz. Infrarot- oder IR-Fernbedienungen funktionieren im Unterschied zu RF-Varianten nur in Sichtweite des Fahrzeugs, weil die von diesen Geräten emittierte Infrarotstrahlung sich nur auf einer schmalen geraden Linie bewegt. Induktive oder magnetische Fernbedienungen übertragen eigentlich kein Signal, sondern nutzen die elektrische Eigenschaft der Induktivität zur Aktivierung und Deaktivierung des Systems. Fernbedienungen dieses Typs haben eine begrenzte Reichweite – man muss die Fernbedienung durch einen Bereich von 5 bis 10 cm um einen speziellen Empfänger hindurchbewegen, der meist an einer der Fahrzeugscheiben installiert ist.

Optionen

Viele Sicherheitssysteme sind erweiterbar. Wenn Sie sich ein solches System zulegen, können Sie zusätzliche Sender, Sensoren, Auslöser usw. in das Basissystem einbinden und auf diese Weise die Sicherheitsfunktionen schon beim Kauf oder dem Bedarf entsprechend zu einem späteren Zeitpunkt erweitern. Für manche Systeme werden optionale Extras wie schlüsselloser Zugang, Fensterheberbetätigung oder Fernstart angeboten. Einige Anlagen bieten auch einen optionalen FM-Piepser, der Ihr Auto im Auge behält, wenn Sie physisch zu weit entfernt sind, als dass Sie einen etwaigen Alarm hören könnten, oder so eingestellt werden kann, dass er sie leise anpiepst, ohne dass die Sirene im Fahrzeug aktiviert wird. In bestimmten Umgebungen kann das von Vorteil sein (wie oft hört man nicht Alarmsirenen heulen, auf die kein Mensch reagiert, und die daher nur als Ärgernis empfunden werden), aber möchten Sie wirklich einen Typen (oder gar mehrere), der in Ihr Auto einbricht, persönlich überraschen? Darüber sollten Sie nachdenken, bevor Sie sich in Gefahr begeben.

Getönte Scheiben und Scheibenschutz: eine preiswerte Versicherung

Haben Sie getönte Scheiben? Gut so! Getönte Scheiben schützen nicht nur den Innenraum Ihres Autos vor schädlicher UV-Strahlung und halten ihn kühl, sondern erschweren Außenstehenden auch den Blick ins Fahrzeuginnere. Die meisten professionellen Autoscheibentöner bieten vier Tönungsstufen an: Light, Medium, Dark und »Limousine« (oder einfach »Limo«), was im Grunde nichts anderes ist als ein beim Blick von außen blickdichtes Schwarz. Wenn Sie vorhaben, Ihre Autoscheiben tönen zu lassen, lassen Sie sie so dunkel wie möglich machen. Je dunkler, desto besser. Aber ehe Sie Ihre sauer verdienten Scheinchen für die Scheibentönung hinblättern, bringen Sie auf jeden Fall bei Ihren örtlichen Behörden in Erfahrung, wie dunkel die Scheiben vorne und hinten von Gesetzes wegen überhaupt sein dürfen.

Aber wie steht es mit Ihrer Windschutzscheibe? Keine Frage – das Tönen der Windschutzscheibe ist definitiv illegal. Und wie verhindern Sie, dass die Leute durch Ihre Windschutzscheibe linsen, um Ihr Auto auszuspähen? Ganz einfach: Besorgen sie sich einen Scheibenschutz, den Sie auseinanderfalten und als Sonnenschutz an der Innenseite Ihrer Windschutzscheibe anbringen! Ein solcher Schutz schützt nicht nur Ihr Armaturenbrett vor der Sonne, sondern ebenso den Inhalt Ihres Fahrzeuginneren vor neugierigen Augen. Diese Artikel, die nicht viel kosten, bekommen Sie bei jedem Autoteilehändler.

Die Gesetzeslage

Die derzeitige Gesetzgebung in Sachen Autoscheibentönung verlangt, dass die Lichtdurchlässigkeit nur bis zu einem bestimmten Grad reduziert sein darf. Aber wie im Himmels Willen misst man die Verminderung der Lichtdurchlässigkeit? Außerdem werden viele Autos serienmäßig mit getönten Scheiben geliefert – darf man also noch eine zusätzliche Tönung draufsatteln, ohne gegen Recht und Gesetz zu verstoßen? Schwer zu sagen, wie man sich verhalten soll, wenn man von der Polizei angehalten wird – verwenden Sie am besten einen Tönungs-Kit mit ABE (fragen Sie nach, bevor Sie es kaufen, und wenn Sie meinen, dass es ernsthafte Probleme geben könnte, besorgen Sie sich vom Hersteller ein Schreiben, aus dem hervorgeht, dass das Kit legal ist, und das Sie zu Ihrer Verteidigung vorzeigen können). Manche Beamten nehmen diese Sache immerhin so ernst, dass sie eine mobile Testausrüstung dabei haben, von der sie direkt am Straßenrand Gebrauch machen können – und wenn Ihr Auto den Test nicht besteht, setzt es gleich vor Ort ein Knöllchen.

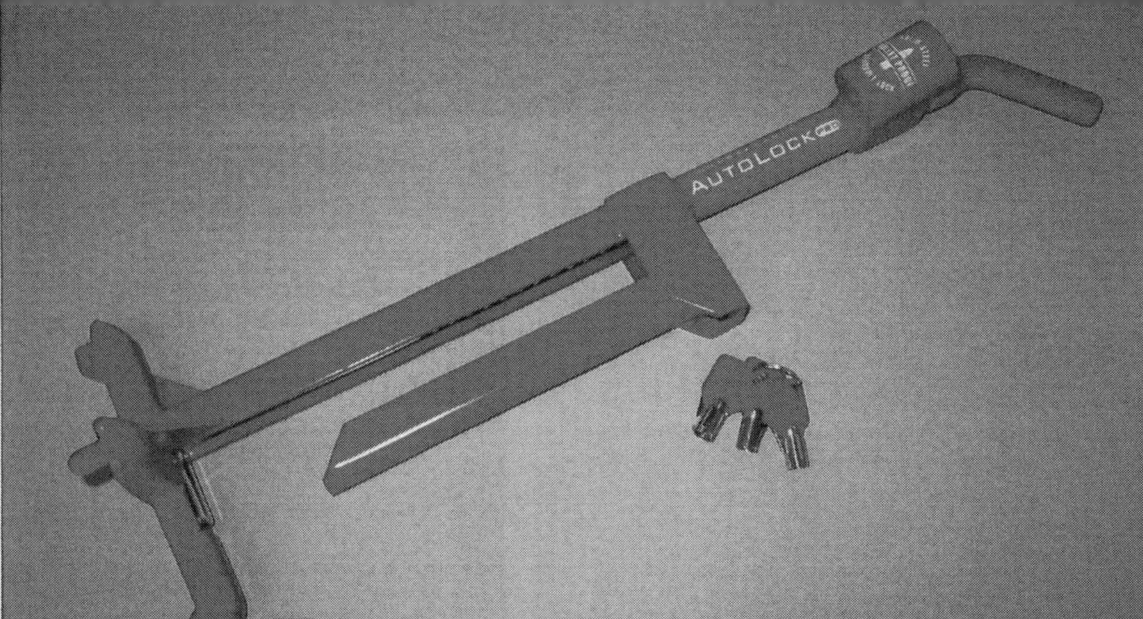

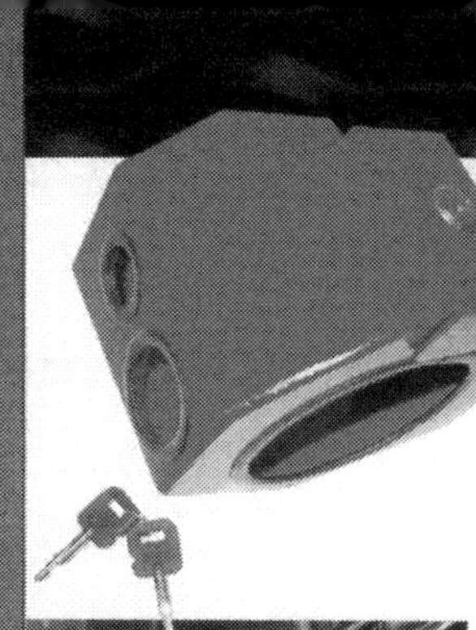

Diebstahlsicherungen

Als preiswertere Alternative zu einem Alarmsystem gibt es auch andere Vorrichtungen zum Schutz gegen Diebstahl.

Auch ein Lenkradschloss oder ein abnehmbares Lenkrad senkt die Diebstahlwahrscheinlichkeit für Ihr Auto. Ebenfalls angeboten werden abschließbare Lenksäulenabdeckungen, die dafür sorgen, dass Diebe nicht ans Zündschloss gelangen, sowie Vorrichtungen, die sicherstellen, dass das Brems- oder Kupplungspedal nicht getreten werden kann. Egal, wofür Sie sich entscheiden – auf jeden Fall können Sie jedes Mal ein bisschen aufatmen, wenn Sie künftig Ihr Auto abstellen. Vergessen Sie nur nicht: Niemand kann Ihnen garantieren, dass sich ein entschlossener Dieb oder ein blindwütiger Vandale durch gleich welche Alarm- oder Sicherheitsvorrichtung von seinem Tun abhalten lässt.
Es kann sein, dass Sie durch die Installation eines Alarmsystems oder eine Diebstahlsicherung in den Genuss ermäßigter Versicherungsbeiträge kommen. Bestimmte Versicherungsgesellschaften bieten für Autos mit aufwändigeren Alarmsystemen einen höheren Rabatt. Die Leitlinien und Beitragsrabatte sind von Versicherer zu Versicherer unterschiedlich. Fragen Sie Ihren Versicherungsvertreter nach den Details.

Installation einer **Warn-LED**

Das ist zwar keine Alarmanlage, kann aber dafür sorgen, dass ein Dieb sich zwei Mal überlegt, ob es ausgerechnet Ihr Auto sein muss!

Da eine Leuchtdiode sehr wenig Strom verbraucht, können Sie sie ohne weiteres an jede beliebige stromführende Leitung anschließen. Wenn Sie Ihr Stereo-System schon verkabelt haben, nehmen Sie einen stromführenden Leiter von dem permanenten Kabel (Stromversorgungskabel für den Radiospeicher) an der Rückseite Ihres Steuergerätes, oder durchstöbern Sie mit Ihrer Prüflampe die Rückseite der Sicherungsbox. Eine neue Erdungsleitung lässt sich mühelos von Ihrem Steuergerät legen, oder Sie suchen sich einen Erdungspunkt irgendwo an der Metallkarosserie, indem Sie ein kleines Loch bohren, in dieses Loch eine Schneidschraube einstecken, dann die abisolierten Kabelenden herumwickeln und festziehen.
Am besten und einfachsten kann man eine Leuchtdiode in einen der vielen Blindschalter montieren, die die Hersteller offenbar so gerne einbauen. Der Blindschalter lässt sich ohne Mühe herausnehmen, und dann können Sie ein Loch bohren, das die (meist mit einer kleinen gesonderten Halterung versehene) Leuchtdiode aufnimmt. Verlegen Sie die Kabel für die Leuchtdiode hinter dem Armaturenbrett nach unten zu der Stelle, an der Sie Ihren stromführenden Leiter und Ihren Erdungsleiter angezapft haben, und achten Sie darauf, dass sie das Kabel nicht irgendwo einklemmen und nicht aus Versehen um irgendwelche beweglichen Teile herumwickeln.
Schließen Sie Ihr stromführendes Kabel an die Leuchtdiode an, bringen Sie Ihre Erdungsleitung an eine der Schalterseiten an und verbinden Sie den schwarzen Draht der Leuchtdiode mit dem anderen Schalteranschluss. Nun sollten Sie Ihre Leuchtdiode noch ein- und ausschalten können. Ordnen Sie die Kabel und bringen Sie an einer unauffälligen und trotzdem gut zugänglichen Stelle den Schalter an. Schalten Sie die Leuchtdiode an, wenn Sie das Auto verlassen, und schon sieht es so aus, als hätten Sie eine Alarmanlage - besser als nichts.

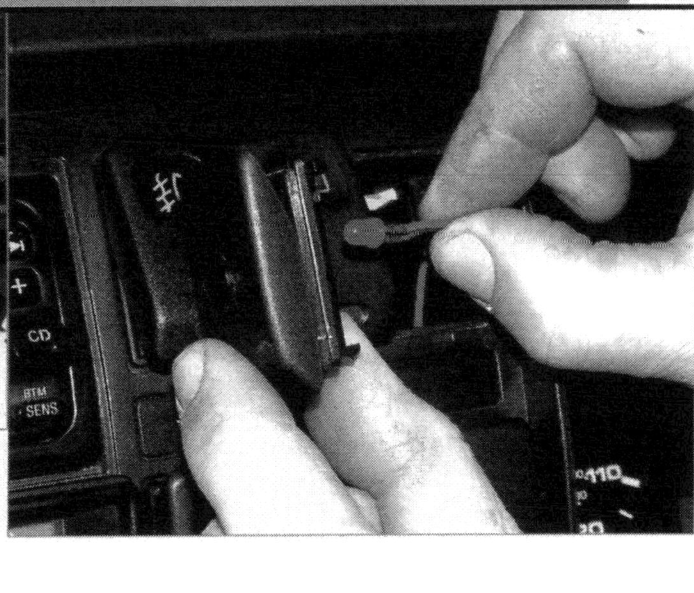

Alarmanlagen Installation

Um dieses Kapitel so nutzbringend wie möglich zu gestalten, zeigen wir nicht im Detail, wie man eine bestimmte Alarmanlage installiert, sondern greifen uns für den Fall, dass das von Ihnen gewählte Alarmsystem von unserer Variante abweicht, ein paar wichtige Punkte und Tipps heraus, die für die meisten Systeme gelten.

01 Trennen Sie das Kabel vom Minuspol der Batterie und nehmen Sie es von der Batterie fort. Dadurch werden wahrscheinlich die Einstellungen Ihres Stereo-Systems gelöscht, aber das ist immer noch besser, als wenn während der Installationsarbeiten Funken durch die Gegend sprühen und Ihre neue Alarmvorrichtung losgeht.

02 Überlegen Sie sich, wo Sie den Alarm bzw. die Sirene montieren möchten. Wählen Sie eine Stelle aus, die von unten nicht leicht zugänglich ist. Probieren Sie die Sirene an den in Frage kommenden Stellen an, bevor Sie sich festlegen. Außerdem suchen Sie sich am besten eine Stelle aus, in deren Nähe Sie keine Scheibenwischflüssigkeit in den entsprechenden Behälter, kein Öl in den Motor und keine Kühlmittel in den Kühler gießen werden. Befestigen Sie die Alarmvorrichtung lose an der Halterung, damit Sie leichter entscheiden können, wie gut die gewählte Stelle passt, und nehmen Sie die Alarmvorrichtung wieder weg.

03 Zeichnen Sie die Position der Befestigungslöcher an.

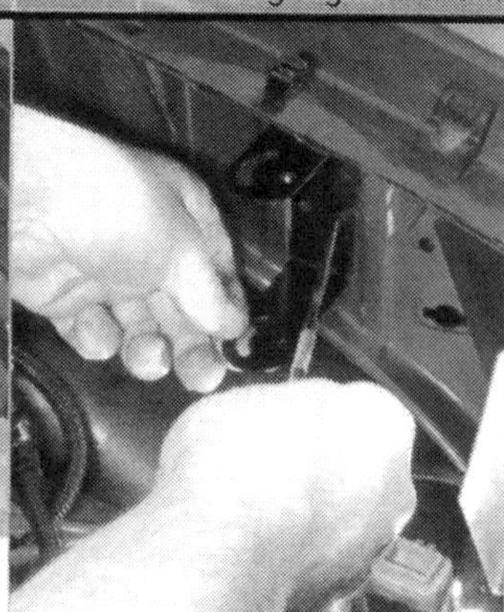

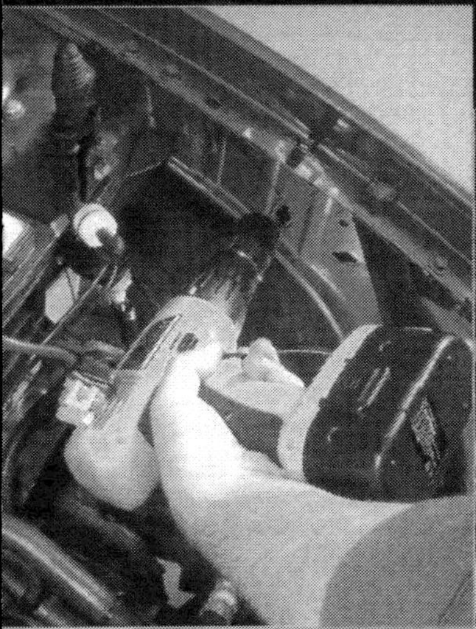

04 Bohren Sie vorsichtig die Löcher (vergewissern Sie sich, dass sich hinter der Fläche, die Sie anbohren, nichts befindet).

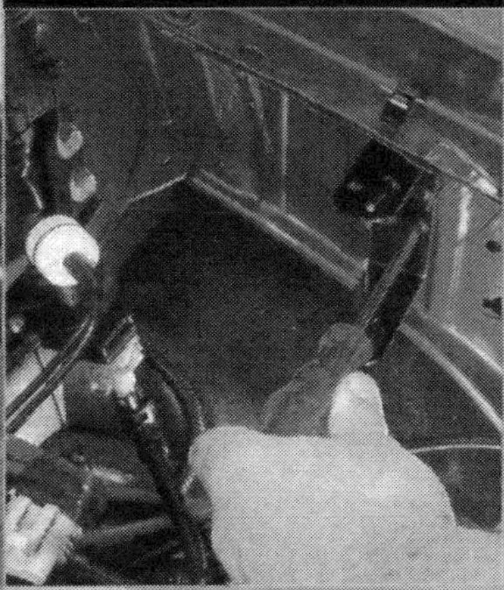

05 Stecken Sie die Schrauben für die Halterung ein und ziehen Sie sie fest,...

06 ...setzen Sie dann die Alarmvorrichtung/ Sirene ein und ziehen Sie die Bolzen an – ziehen Sie jetzt aber noch nicht fest, denn sonst gibt's Probleme beim Anschließen der Kabel.

07 Der nächste Arbeitsschritt: Kabel sortieren. Wie viel Kabel Sie brauchen und wo Kabel verlegt werden müssen, hängt von Ihrem Alarmsystem ab. Wenn Sie wie wir ein ganzes Kabelbündel im Auto installieren müssen, müssen Sie sie irgendwie ins Fahrzeuginnere führen. In unserem Fall musste die Batterie heraus – da das Minuskabel ja schon ab war, müssen jetzt das Pluskabel...

08 ...und dann die Bügelschelle an der Seite entfernt werden. Heben Sie die Batterie heraus – und seien Sie dabei vorsichtig: Sie ist ganz schön schwer und sperrig zu tragen.

09 Mit dem Ausbauen der Batterie war es nicht getan. Es mussten vier weitere Schraubenbolzen und die Batterieablage entfernt werden. Jetzt ist der Weg zur Motorraumtrennwand frei. Am besten versuchen Sie beim Verlegen von Kabeln durch die Motorraumtrennwand nicht, den kürzesten Weg zu nehmen – um die Arbeiten ordnungsgemäß auszuführen, musste dieses ganze Zeug ausgebaut werden, und drum wurde es ausgebaut.

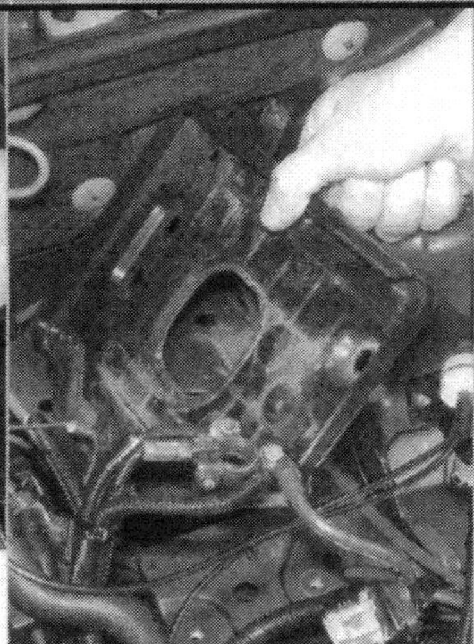

10 Wir suchen uns eine Stelle aus, an der schon ein Kabel durch die Trennwand hindurchführt, schneiden mit einem scharfen Messer etwas Schaumstoff ab,...

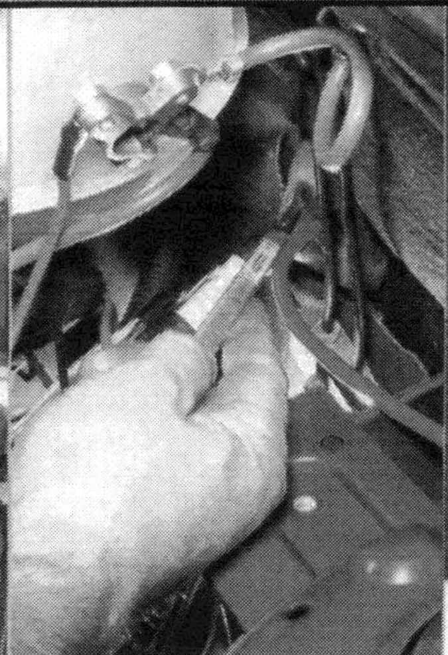

11 ...und nachdem wir uns ins Fahrzeuginnere begeben haben, pfriemeln wir mit etwas Unterstützung einer zweiten Person das Kabel durch die Öffnung. Alle Löcher, die man in die Trennwand bohrt, sollte man hinterher (mit Silikon) abdichten, damit kein Wasser eindringen kann. Vergewissern Sie sich, dass alle von der Trennwand in den Motorraum führenden Kabel abwärts und nicht aufwärts verlaufen, denn so besteht weniger Gefahr, dass Wasser in den Fahrgastraum gelangt.

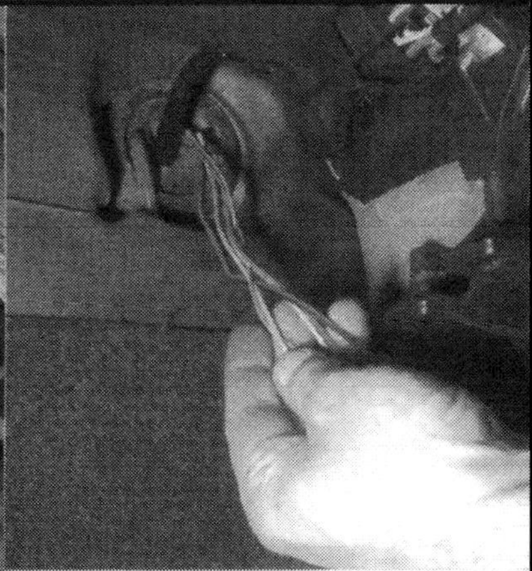

Wenn Sie Kabel quer durchs das Fahrzeuginnere zur Sicherungstafel verlegen, gelingt dies leichter, wenn Sie sie mit Klebeband befestigen – nur alle ca. 6 bis 10 cm ein kurzes Stück Klebeband sorgt dafür, dass sie hübsch als Kabelbündel beieinander bleiben. Um die Kabel von den Pedalen fernzuhalten, müssen Sie womöglich großzügig mit Kabelbindern arbeiten.

12

Nachdem die Kabel jetzt mehr oder weniger an den richtigen Stellen sind, geht es nun ans Anschließen. Leistungs- und Erdungskabel können von der Sicherungstafel ausgehen – entfernen Sie hierfür die Schrauben und nehmen Sie die Sicherungstafel vom Armaturenbrett herunter. Am besten ziehen Sie die Schaltpläne für Ihre Auto zu Rate, damit Sie wissen, welche Sicherung in der Sicherungstafel Ihr Ziel ist und welche Farbe das Kabel hat, das Sie suchen. Das Meiste lässt sich ziemlich einfach entscheiden. Wenn Sie einen Verdächtigen gefunden haben, prüfen Sie ihn mit einer 12-Volt-Prüflampe (erhältlich bei so gut wie jedem Autoteilehändler) oder einem Voltmeter um Ihren Verdacht zu bestätigen.

13

Wenn Sie auf der Suche nach einem Zündstromkreis sind, testen Sie das Kabel mit dem Voltmeter oder der Spitze der Prüflampe und befestigen Sie den Clip an einem gut geeigneten Erdungspunkt – überprüfen Sie, ob es sich um einen geschalteten Stromkreis und nicht um einen Dauerstromkreis handelt, indem Sie die Zündung ein- und ausschalten. Für die Suche nach einem Erdungspunkt gehen Sie genauso vor, aber schließen Sie hierfür den Clip an eine 12-Volt-Stromquelle an. Am besten zapfen Sie die gesicherte Seite irgendeines Kabels an – um dies wiederum zu prüfen, ziehen Sie die Sicherung aus der Sicherungstafel und vergewissern Sie sich, dass das gewählte Kabel keinen Strom mehr führt.

14

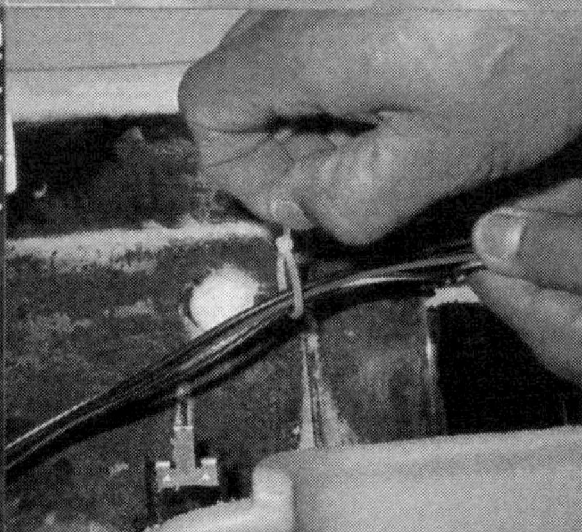

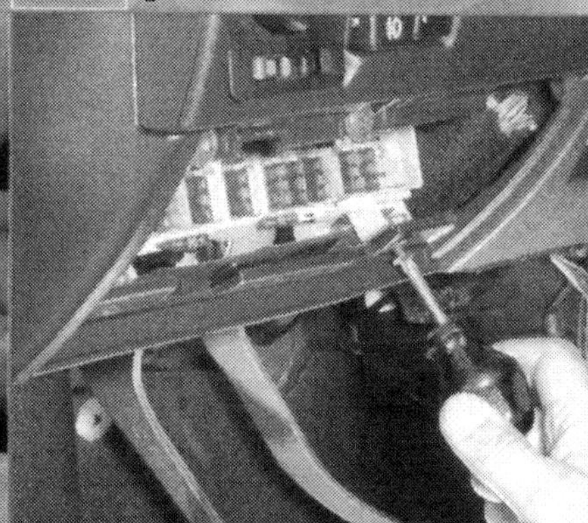

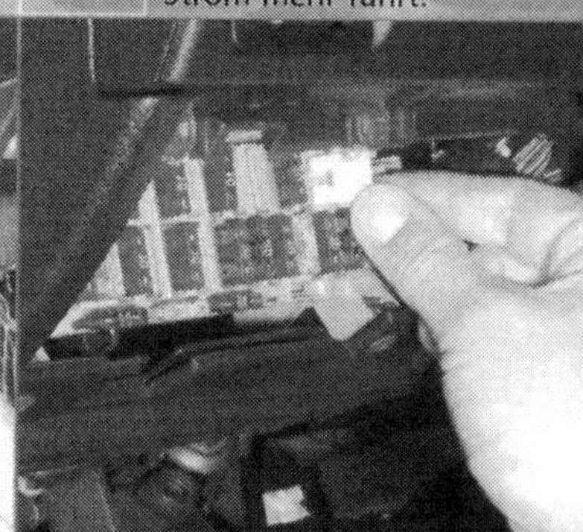

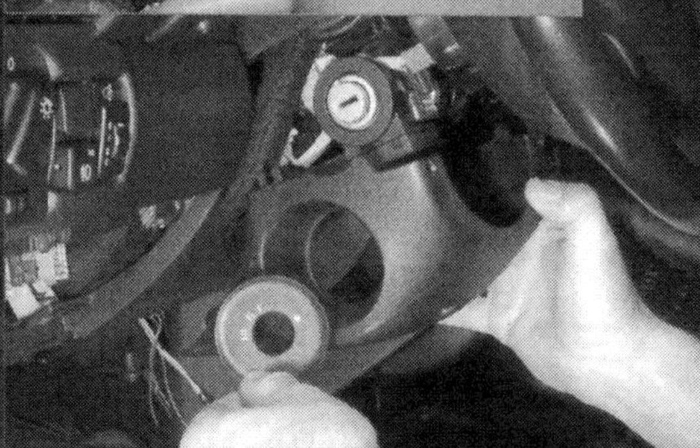

19 Mit etwas Überredungskunst haben wir die untere Lenksäulenabdeckung entfernt.

20 Entfernen Sie den Blinkerschalter, um an die Kabel zu gelangen.

21 Finden Sie mit Hilfe eines Voltmeters oder einer Prüflampe heraus, welche Kabel Strom führen, wenn die Blinker an sind – führen Sie diese Prüfung für die Blinker für beide Fahrtrichtungen durch.

Warnhinweis:

Bei Arbeiten an einem Fahrzeug mit einem oder mehreren Airbags müssen Sie das Airbag-System unbedingt deaktivieren, bevor Sie Arbeiten in der Nähe irgendeiner Komponente des Airbag-Systems durchführen. Dies ist besonders wichtig bei Arbeiten im Umfeld der Instrumententafel und der Mittelkonsole. Wie man das Airbag-System deaktiviert, können Sie dem Service- und Reparaturhandbuch für Ihr Fahrzeug entnehmen. Sollte kein solches Handbuch vorhanden sein, besorgen Sie sich die notwendigen Informationen vom Kundendienst eines Kfz-Händlers oder einer anderen qualifizierten Reparaturwerkstatt. Spleißen Sie außerdem NIE ein Kabel des Airbag-Systems und zapfen Sie NIE ein Kabel des Airbag-Systems an. Ebenso dürfen Sie an den Kabeln des Airbag-Systems auf keinen Fall eine Prüflampe oder ein Multimeter verwenden. Bei den meisten Fahrzeugen sind die Kabel für das Airbag-System gelb oder in einem gelben Kabelrohr verlegt oder wenigstens mit gelben Stromverbindern versehen.

15

Die meisten Alarmvorrichtungen werden mit dem Stromkreis für die Innenbeleuchtung verkabelt, der mit Druckknopfschaltern in den Türsäulen bedient wird. Um an die entsprechenden Kabel zu gelangen, schrauben Sie den Schalter an der Fahrertür ab oder entfernen Sie die Schraube, mit der der Schalter befestigt ist, und ziehen Sie den Schalter heraus.

16

Trennen Sie den Kabelstecker vom Schalter und stellen Sie dann mit einer Prüflampe fest, welches der beiden Kabel Strom führt und welches das Erdungskabel ist. Je nach Alarmvorrichtung müssen Sie die Verkabelung mit dem Stromkreis der Innenbeleuchtung an dem einen oder an dem anderen Kabel vornehmen – schauen Sie in der Bedienungsanleitung zu Ihrer Vorrichtung nach.

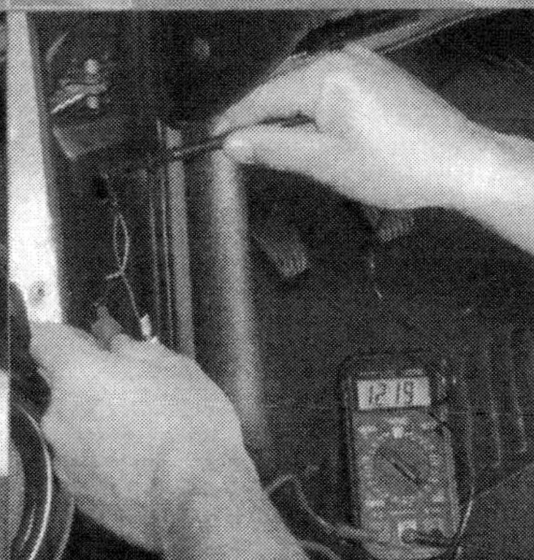

17

Bei den meisten Alarmvorrichtungen müssen Sie eine Verbindung in den Signalkreis herstellen, so dass die Blinker beim Aktivieren und Deaktivieren der Alarmanlage aufleuchten. Eine nahe liegende Stelle, um den Blinkerschaltkreis anzuzapfen, ist der Blinkerschalter. Hierfür müssen Sie die Lenksäulenabdeckung entfernen.

18

Hier haben wir das Lenkrad um 90 Grad in eine Richtung gedreht und dann die Schraube entfernt. Dann haben wir das Lenkrad wieder gerade und anschließend 90 Grad in die andere Richtung gedreht und die Schraube auf der anderen Seite der Abdeckung herausgenommen. Wie die Lenksäulenabdeckung abgenommen wird, können Sie, falls nötig, in Ihrem Servicehandbuch nachlesen.

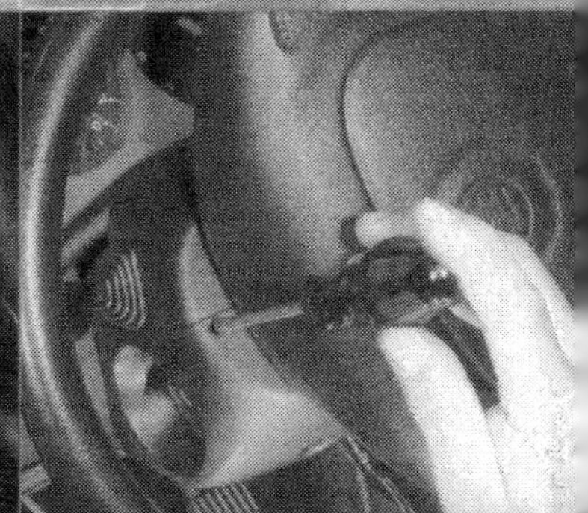

22

Die beste Möglichkeit, einen Anschluss an vorhandene Kabel herzustellen, ohne sie schneiden zu müssen: Löten Sie Ihre neuen Alarmkabel an. Dadurch haben Sie eine dauerhafte Verbindung, die sich nicht lockert und die außerdem den ursprünglichen Stromkreis nicht durcheinanderbringt. Ziehen Sie von dem Kabel, das Sie sich ausgesucht haben, sowie vom Ende des Alarmkabels jeweils ein kleines Stück der Isolierung ab. Wickeln Sie, wenn möglich, einen Draht um den anderen herum.

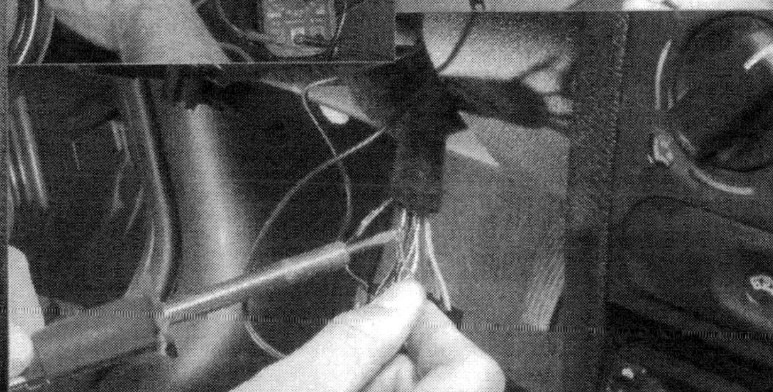

23

Gehen Sie jetzt mit dem Lötkolben zu Werke, erhitzen Sie die Verbindung und löten Sie die Kabel zusammen (achten Sie darauf, dass Sie sich, das Armaturenbrett und die Kabel in der Umgebung nicht anbrennen!).

24

Denken Sie daran – egal, nach welcher Methode Sie die neuen Kabel verbinden (und vor allem, wenn Sie sich fürs Löten entscheiden) – isolieren Sie die neue Verbindung gründlichst. Was überhaupt nicht erwünscht ist, sind Fehlalarme, sonstige elektrische Probleme oder gar ein Brand infolge schlecht isolierter Verbindungen.

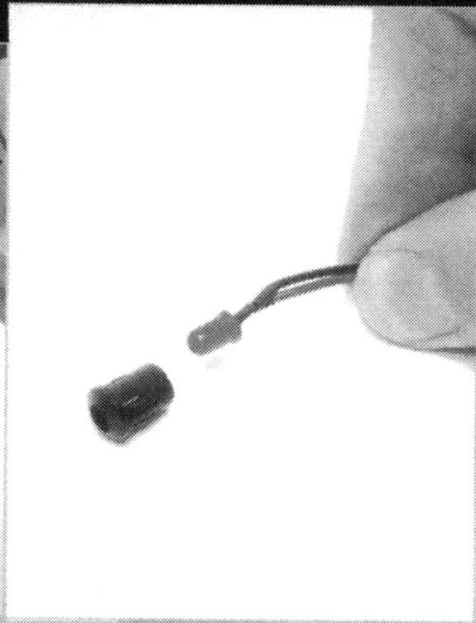

25 Alle ernst zu nehmenden Alarmvorrichtungen sind mit einer Leuchtdiode ausgestattet, die den Alarmstatus anzeigt und, so ist zu hoffen, Diebe abschreckt. Am einfachsten lässt sich eine Leuchtdiode in einem der Blindschalter unterbringen. Entfernen Sie den Blindschalter aus dem Armaturenbrett und bohren Sie Löcher für den Leuchtdiodenhalter hinein. Wir haben uns dafür entschieden, unsere neue Leuchtdiode in der Nähe der Stelle anzubringen, an der die Leuchtdiode der ursprünglichen Alarmvorrichtung installiert war – in der Heizungsanzeige, über dem Warnblinkschalter.

26 Die Leuchtdiode wird in eine Halterung gesteckt, die ihrerseits in das gebohrte Loch gesteckt wird. Bauen Sie erst Leuchtdiode und Halterung zusammen, bevor Sie beides zusammen installieren.

27 Voilà – Leuchtdiode und Halterung sind installiert. Wir schneiden die Kabel für unsere Leuchtdiode vom Hauptkabelbaum ab – zum einen, um das Anbringen an der Heizungsanzeige zu erleichtern, und zum anderen, weil die Standardverkabelung nicht reichen würde. Nach dem Wiedereinbau der Heizungsanzeige werden die Kabel verlängert (durch Einspleißen eines zusätzlichen Kabelstückes) und wieder verbunden – je nachdem, wo Sie Ihre Leuchtdiode einbauen, könnte diese Vorgehensweise für Sie hilfreich sein.

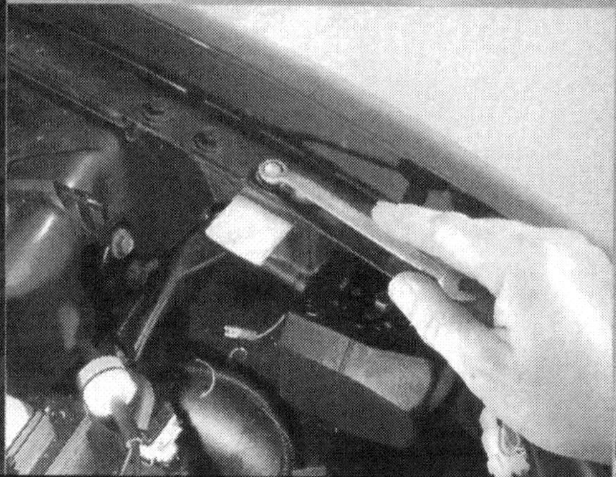

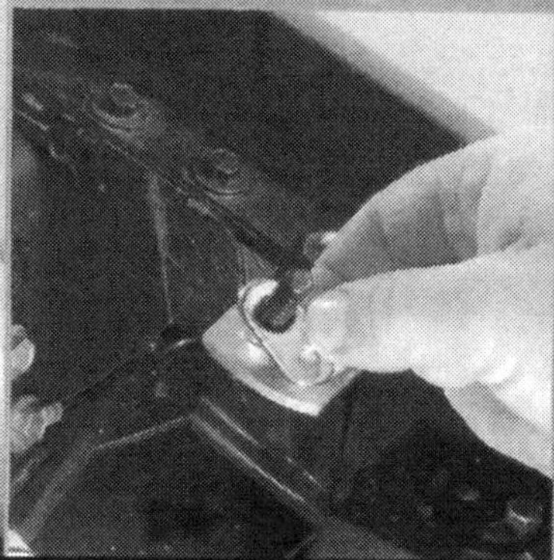

31 ...und schrauben Sie diese mit zwei Bolzen fest.

32 Bohren Sie ein Loch für den Stößel des Stiftschalters und installieren Sie den Stößel in dem Loch,...

33 ...bohren Sie dann ein weiteres Loch für die Befestigungsschraube des Schalters und befestigen Sie ihn. Es empfiehlt sich, auch Ihren Kofferraum in gleicher Weise zu sichern – aber wenigstens der Kofferraum dürfte durch die Spannungsabfallfunktion der Alarmvorrichtung (wenn Sie eine Kofferraumleuchte haben) oder durch die Ultraschallsensoren geschützt sein.

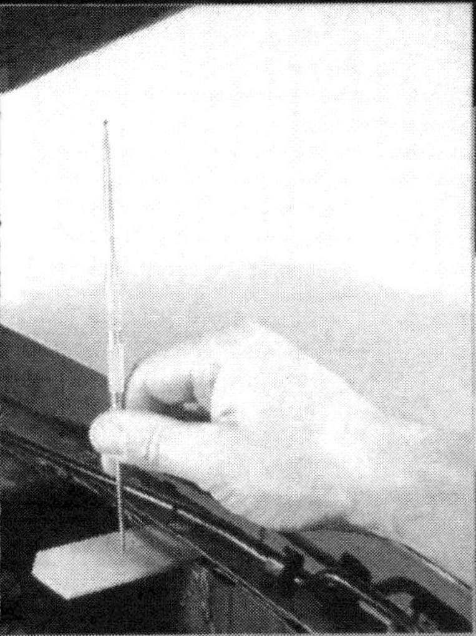

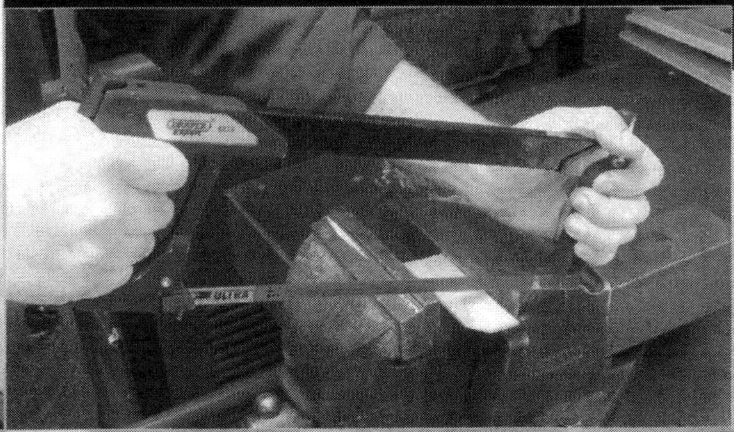

28 Ihre Motorhaube muss mit einem „Stiftschalter" gesichert werden. Wenn ein Dieb ungehindert Ihre Motorhaube öffnen kann, kann er sich an Ihrer Alarmsirene und allen damit verbundenen Kabeln vergreifen. Das wäre das Ende. Installieren Sie Ihren Stiftschalter nahe bei der Batterie, um die Batterieanschlüsse zu schützen. Bauen Sie sich zunächst eine grobe Plattform, an der Sie Ihren Stiftschalter befestigen können, halten Sie einen Stift oder eine Reißnadel senkrecht auf diese Plattform an und bitten Sie einen Helfer, die Motorhaube langsam zu schließen. Zeichnen Sie an, wo der Stiftschalter angebracht werden muss, damit er funktioniert, und berücksichtigen Sie dabei die „Konturen" der Motorhaube.

29 Die endgültige Plattform für den Stiftschalter muss aus einem recht robusten Material gemacht sein (am besten Metall), da sie sich sonst bei geschlossener Motorhaube verbiegen würde. Bei uns lag zufällig gerade ein Stück Aluminium herum, das förmlich darum bettelte, für diesen Zweck zurechtgeschnitten zu werden.

30 Löcher in Ihren Kotflügel zu bohren ist normalerweise keine gute Idee. Hier aber geht es nicht anders. Durchbohren Sie den Flansch oben am Innenkotflügel und Ihre Befestigungsplatte,...

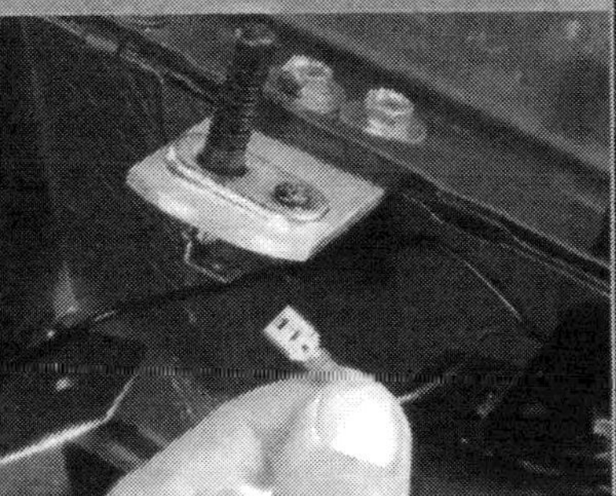

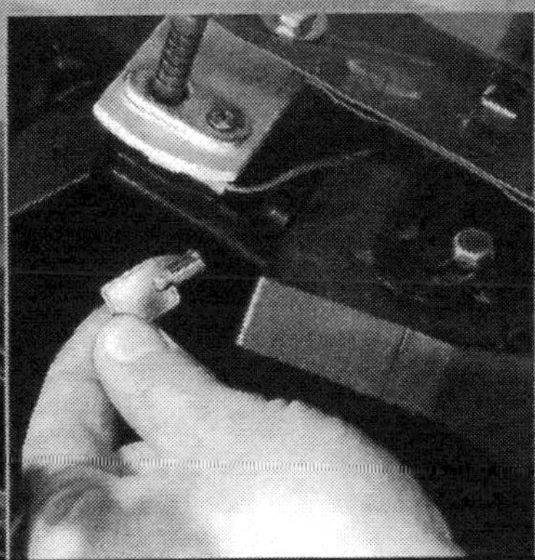

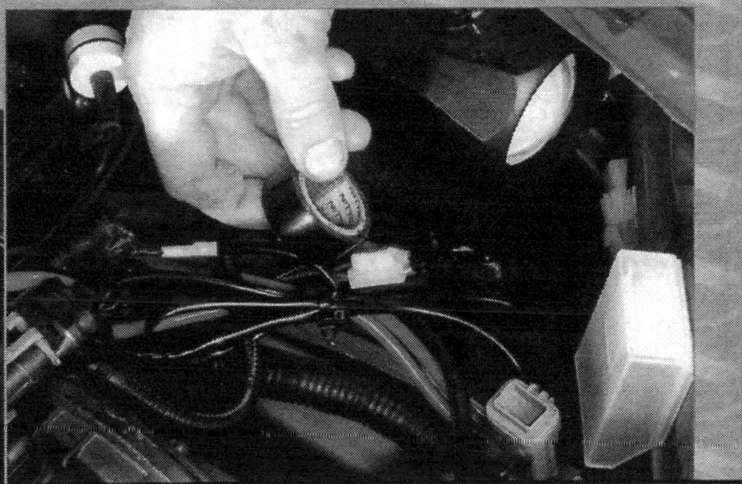

34 Jetzt müssen Sie nur noch die Kabel Ihrer Alarmvorrichtung anschließen und dann testen, ob der Schalter einwandfrei funktioniert. Der Schalter sollte auf eine hohe Empfindlichkeit eingestellt werden – der Alarm sollte ausgelöst werden, sobald an der Kofferraumverriegelung gezogen wird. Der Stößel des Schalters besteht in der Regel aus Kunststoff und kann, falls nötig, mit einem Messer zurechtgeschnitten werden. Falls Sie den Stößel verlängern müssen, bringen Sie oben eine Schneidschraube an.

35 Jetzt haben wir es fast geschafft. Schließen Sie die Kabelstecker an die Alarmvorrichtung / Sirene an und testen Sie das Alarmsystem entsprechend den Anweisungen des Herstellers. Bei den meisten Alarmvorrichtungen müssen Sie zuerst die Fernbedienungen programmieren, bevor die Anlage funktioniert. Testen Sie reihum alle Alarmfunktionen und vergessen Sie dabei nicht, der Alarmvorrichtung immer genug Zeit zu gönnen, damit sie sich aktivieren kann (üblicherweise ca. 30 Sekunden).

36 Berücksichtigen Sie beim Einstellen der Stoßempfindlichkeit, wo Sie wohnen und parken – wird die Katze des Nachbarn oder Fußball spielende Kinder den Stoßsensor jede Nacht auslösen? Wenn Sie zufrieden sind, bringen Sie die Kabel mit Klebeband und Kabelbindern überall in einen ordentlichen Zustand. Die Sicherungen des Alarmsystems stellen Sie vor ein kleines Dilemma: Soll man sie, wenn sie sich wie in unserem Fall direkt neben dem Alarmmodul befinden, mit Klebeband befestigen, nur damit ein Dieb sie herausreißen kann? Aber wenn man sie andererseits allzu gut versteckt, können Sie eine durchgebrannte Sicherung nicht so leicht ersetzen.

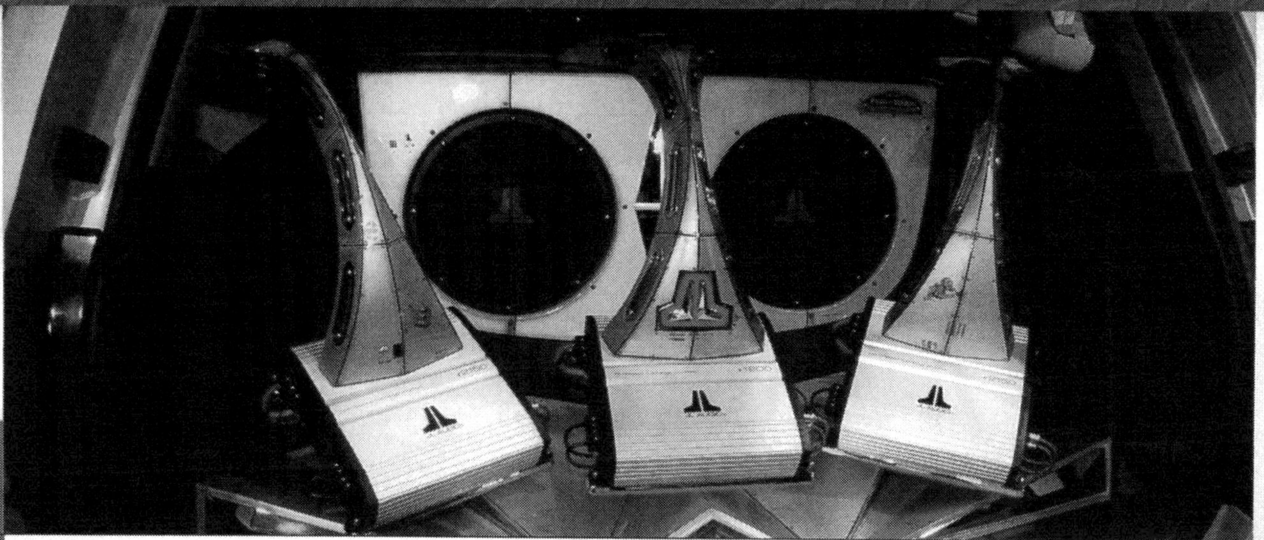

11

Galerie

18 VOLTS
18 VOLTS
18 VOLTS

WWW.CCGRAPHICSTUDIOS.COM

JL AUDIO
JL AUDIO

JBL

JL AUDIO

ECLIPSE
digital audio

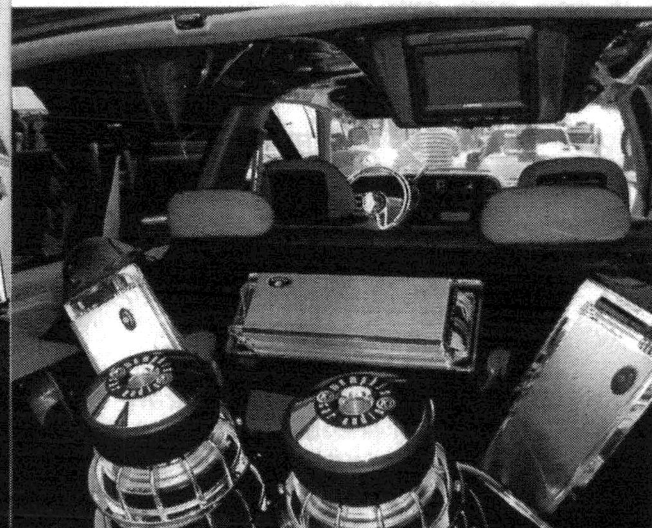

Fotos: Paul Veldboom (MEIsearch.com)

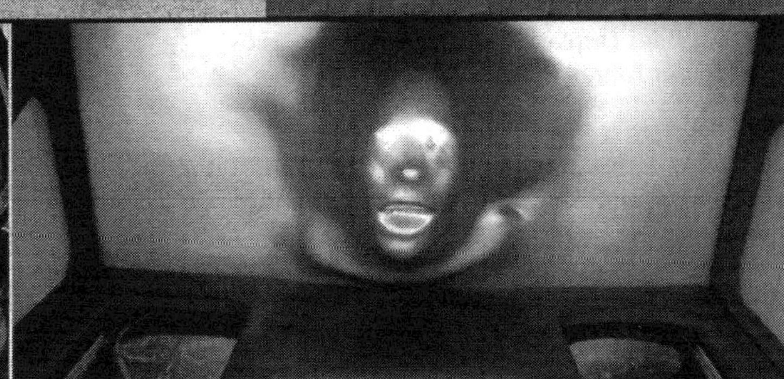

Glossar

Dieses Glossar wurde von der Firma Blaupunkt zur Verfügung gestellt. Die Definitionen der aufgeführten Begriffe beziehen sich immer auf den Bereich Auto HiFi. Mit diesen Begriffen können Sie Ihre Freunde beeindrucken oder Ihrem Händler Ihr Fachwissen signalisieren.

A

ABF (Aluminium Bonded Foam) Membran

Die ABF-Sandwich-Membran ist eine aluminiumverstärkte Schaumstoff-Membran, die sich durch ihre flache Bauweise auszeichnet. Die mechanischen und akustischen Eigenschaften der ABF-Sandwich-Membran, die aus der Mischung von Aluminium und Schaumstoff erfolgen, sind:

- extrem steifes Membranmaterial
- sehr stabiles und belastbares Membranmaterial
- extrem hohe innere Dämpfung
- knackige und höchst präzise Basswiedergabe

Ablesewinkel

(horizontal/vertikal)
Er beschreibt den Bereich, innerhalb dessen das auf einem LCD-Monitor angezeigte Bild klar erkennbar ist. Angegeben wird der Winkel für die seitliche (horizontale) und die vertikale (von oben/von unten) Betrachtung (z. B. Horizontal +45 Grad/-45 Grad).

Amplifier

Leistungsverstärker, der über den Vorverstärkerausgang eines Autoradios angesteuert wird. Durch die erheblich höhere Ausgangsleistung ergibt sich speziell im Bassbereich ein deutlicher Gewinn an Klang und Dynamik der Musik.

Angle

Der Ablesewinkel des Displays kann je nach Autoradio-Einbauort ideal der Fahrerposition angepasst werden.

Ausgangsleistung

Nach verschiedenen Messnormen gemessene Leistungsabgabe eines Autoradios oder einer externen Endstufe.
Sinusleistung:
Dauerleistung mit Sinuston, gemessen bei 10% Klirrfaktor (DIN 45.324) für Autoradios bzw. 1% Klirrfaktor (DIN 45.500) für Amplifier oder einem anderen, dann angegebenen Klirrgrad.
Musikleistung:
Dauerleistung mit komplexem Signal (Musiksignal), gemessen bei 10% Klirrfaktor (DIN 45.324) für Autoradios bzw. 1% Klirrfaktor (DIN 45.500) für Amplifier oder einem anderen, dann angegebenen Klirrgrad.
Max. Power:
Kurzfristig maximal mögliche Ausgangsleistung, wichtig für extreme Pegelspitzen.
AutomaticSound:
AutomaticSound oder auch GALA regelt die Lautstärke in Abhängigkeit von der Fahrgeschwindigkeit. Voraussetzung: Anschluss des Tachosignals an das Autoradio.

Aux-In

Stereo-Vorverstärker-Eingang, an den in der Regel ein externer CD-Wechsler angeschlossen wird. Alternativ können damit per Adapter auch andere externe Signalquellen wie tragbare CD- oder MP3-Player verbunden werden.

Aux-Naming

Externen Quellen wie z. B. MD-Walkman kann ein beliebiger Name (max. 16 Zeichen) zugeordnet werden, der dann bei Anwahl dieser Quelle im Display des Autoradios erscheint.

B

Bass-Boost

Mit Hilfe des Bass-Boost-Reglers kann die Basswiedergabe des Verstärkers eingestellt werden. Der Einstellbereich reicht normalerweise von 0 dB bis +12 dB bzw. +18 dB und sorgt für einen erhöhten Tiefbass. Der Bass-Boost ermöglicht eine satte und druckvolle Basswiedergabe aus relativ kleinen Subwoofer-Gehäusevolumen.

Bass-Tube

Subwoofer in meist rundem, akustisch abgestimmtem Gehäuse. Besonders gut geeignet für Fahrzeuge mit nicht von der Kabine getrenntem Kofferraum. Bei größeren Transportaufgaben kann die Bass-Tube einfach aus dem Auto herausgenommen werden.

Brightness

Ermöglicht die Anpassung der Helligkeit von Display- und Nachtdesign über Menü an die Cockpitbeleuchtung. Es können für "Fahrlicht an" und "Fahrlicht aus" separate Einstellungen vorgegeben werden

C

Car-Preset
>> Preset-Equalizer

Cassettensuchlauf CPS
Cassette-Program-Search. Sucht automatisch vorwärts oder rückwärts den nächsten bzw. den folgenden Titelanfang auf der Cassette.

CC-Scan, CD-Scan
>> Scan

CD-Mix
>> Mix-Mode

CD-ROM
Nicht lösch- oder beschreibbarer Datenspeicher in Form einer CD. Die Daten können nur von speziellen CD-ROM-Laufwerken gelesen werden.

CD-Text
Diverse CDs enthalten bereits Zusatzinformationen über Interpret, Name des Albums und die Namen der einzelnen Tracks. Mit der CD-Text-Funktion können diese auf dem Display des Autoradios angezeigt werden.

Center-Out
Mittenkanal, der aus den beiden vorderen Kanälen generiert wird. Er erfordert einen zusätzlichen, externen Verstärker und einen Lautsprecher in der Mitte des Armaturenbrettes.

CFG
Carbon-Fiber-Glass-Membrane

Cinch-Anschlusstechnik
Internationale NF-Anschlussnorm für Audio-Inputs und -Outputs. Pro Kanal braucht man eine Cinch-Leitung, i. d. R. sind die Kabel paarweise miteinander verbunden.

Clock
Uhrzeitanzeige. Die genaue Uhrzeit wird über das RDS-CT-Signal synchronisiert.

CODEM®
Von Blaupunkt entwickeltes Empfangskonzept, das ohne die sonst übliche Höhenabsenkung bei schwachen Sendern einen weitestgehend störungsfreien Empfang ermöglicht.

Crossover
>> High-Pass, Low-Pass

Cue/Review
Schneller Vor-/Rücklauf mit Mithörmöglichkeit bei CD-Betrieb.

Cursor up/down
Ein Drücken dieser Taste an den Blaupunkt-Monitoren löst zwei verschiedene Funktionen aus: Bei ausgeschaltetem On-Screen Display (OSD) wird die Lautstärke erhöht (up) bzw. verringert. Ist das OSD eingeschaltet, werden die beiden Tasten zum Navigieren innerhalb des Menüs genutzt.

D

DAB - Digital Audio Broadcasting
>> Digital Radio

DAB-Antennen
Im Gegensatz zu dem bisher bekannten analogen Rundfunk (AM/FM 0,145-108 MHz) findet die Ausstrahlung von Digital Radio mit seinen 2 Bändern (Band III 174-240 MHz, L-Band 1452-1492 MHz) in einem höheren Frequenzbereich statt. Deshalb ist zu einem ungestörten Hörgenuss von Digital Radio und dem Empfang der umfangreichen Datendienste (Nachrichten, Verkehrsmeldungen, Staukarten, Parkplatzinformationen, Börseninformation, Anzeige des Interpreten und Titel, usw.) eine zusätzliche Antenne oder der Austausch der bisher vorhandenen AM/FM-Antenne notwendig. Blaupunkt bietet hierzu 5 verschiedene Antennen an, die den Digital-Radio-Frequenzbereich abdecken. Dies sind Singleantennen für die zusätzliche Nachrüstung oder Kombinationsantennen für den Austausch der bisherigen Antenne. Die Kombinationsantennen bieten je nach Ausführung zusätzlich zu DAB auch AM/FM und/oder GSM.

DDA - Digital Directional Antenna
Das DDA-Verfahren entspricht vom Prinzip her dem einer extrem schnellen, automatisch nachgeführten Richtantenne - wie bei einer Fernseh-Zimmerantenne, bei der schon eine minimale Drehung über Schneebild oder perfekten Empfang entscheidet. Für den Einsatz in Autoradios arbeitet das DDA-Verfahren mit zwei unabhängigen Antennen und Empfängern, deren Signale mit Zwischenfrequenz-Analog-Digital-Wandlern digitalisiert werden. Die digitalisierten Daten werden einem adaptiven Algorithmus mit extrem geringen Einschwingzeiten zugeführt. Beide ZF-Signale werden so kombiniert, dass selbst bei geringer Empfangsfeldstärke noch ein Antennengewinn von bis zu 3 dB Antennenleistung erreicht werden kann. In Gebieten mit ungestörtem Empfang steht der zweite, gewöhnliche Empfänger, der sogenannte RDS-Hintergrundempfänger, frei zur Verfügung. Die Umschaltung zwischen DDA-Betrieb und RDS-Hintergrundempfänger erfolgt schnell und unhörbar, gesteuert durch eine Logik, die die aktuellen Empfangsverhältnisse auswertet. Somit ist für den Radionutzer immer bestmöglicher Empfang und schneller Frequenzwechsel gesichert, und zwar ohne unbequemes Sendersuchen.

DEQ Max / DEQ MaxEx / DSA Max Digital Sound Adjustment
Equalizer, die mitdenken! Die intelligenten Blaupunkt-Equalizer verfügen über eine Einmessfunktion, mit der sie selbstständig den optimalen Klang ermitteln können. Beim neuen DSA Max Equalizer handelt es sich um ein komplettes, integriertes High-Performance-24-Bit-DSP-System. Die hohe Rechnerkapazität erlaubt die 4-kanalige Einmessung von jeweils 27 grafischen Equalizer-Bändern (= 108 Bänder in Summe). So entsteht ein bisher unerreichtes, differenziertes

Klangbild, das sich zusätzlich an den persönlichen Geschmack anpassen lässt.
Ein einstellbarer Laufzeitausgleich des Audiosignals sorgt für ein originalgetreues, konzertähnliches Panorama. Des Weiteren passt DynamicNoise-Covering (DNC) automatisch Lautstärke, Equalizer und Musik-Dynamik an die aktuelle Fahrzeug-Geräuschkulisse an. Es berücksichtigt dabei nicht nur den Pegel, sondern auch das Frequenzspektrum des Fahrgeräusches.
Ein Spektrum-Analyser, faszinierende Effekt-Sounds für Club, Stadium, Cathedral, Theatre und Concert sowie Sound-Presets komplettieren die fast grenzenlosen Möglichkeiten individueller Klangvariation.

Parametrische Bänder im DEQ Max / DEQ Max EX:
Für eine besonders einfache Bedienung und hervorragende Anpassung an die komplizierten akustischen Gegebenheiten moderner Fahrzeuge verfügt der DEQ-Max-EX-Equalizer über fünf vollparametrische Bänder (einstellbare Mittenfrequenz, Güte und Pegel) mit automatischer Einmessfunktion (bei Geräten mit DEQ Max ist der parametrische 5-Band-Equalizer nur manuell einstellbar). Individuell kann darüber hinaus eine Klangformation aus 5 vordefinierten Klangkurven für unterschiedliche Musikrichtungen gewählt werden.

Automatische Equalizereinmessung DSA Max und DEQ Max EX:
Damit es nicht zu kompliziert wird und sichergestellt ist, dass am Ende tatsächlich der bestmögliche Klang herauskommt, hat Blaupunkt eine automatische Einmessfunktion entwickelt, die den problematischen Frequenzgang in jedem Fahrzeug individuell vermisst. Dazu wird nur das Einmess-Mikrofon mit dem ISO-Anschlusskasten verbunden und die AUTO-Taste im Equalizer-Menü gestartet. Nach wenigen Sekunden erscheint der Klang hörbar harmonischer, detailreicher und differenzierter, indem störende Frequenzspitzen zuverlässig ausgeglichen werden. Für die persönliche Anpassung können alle Einmessungen manuell nachgeregelt werden. Alternativ können auch die klangbetonten oder sprachoptimierte Sound-Presetkurven gewählt werden.

Dienste/Diensteanbieter in der Verkehrstelematik

Mobilfunkgesellschaften, die gegen Gebühr spezielle Dienste für Autofahrer anbieten. Hierzu gehören Serviceleistungen wie individueller Verkehrsfunk und Not- bzw. Hilfe- oder Pannenruf, Navigationshilfen, Auskunftsdienste und touristische Angebote. Am Markt präsent sind bereits Tegaron (D1) und Passo (D1/D2), der Start von weiteren Anbietern steht bevor.

DigiCeiver

Technologie, bei der das Autoradio aus Signal- und Rechnerprozessoren aufgebaut ist. Vom Empfangsteil bis zum Vorstufenausgang wird das Signal digital verarbeitet. Der Vorteil liegt in der besseren Empfangseigenschaft sowie dem besseren Klang.
>> SHARX®

Digital Radio / DAB - Digital Audio Broadcasting

Digitaler Rundfunkstandard, der es im Gegensatz zu analogen Radiosignalen erlaubt, ein Vielfaches an Daten zu übertragen. Neben Audiosignalen und Texten ist es zusätzlich möglich, programmbegleitende Informationen wie Bilder und HTML-Seiten zu übermitteln. Sogar Bewegtbilder sind möglich. Mit Digital Radio stehen Ihnen viele gewohnte Programme in CD-Klangqualität, aber auch ein Spektrum komplett neuer Stationen zur Verfügung.

Störungen
Sollte bei der Übertragung der digitalen Signale einmal eine Störung auftreten, geht meistens nur ein kleiner Teil der Informationen verloren. Die Störung bleibt für den Hörer unbemerkt, denn mittels digitaler Korrekturverfahren werden die ursprünglichen Signale einfach rekonstruiert, so dass ein ungestörter Hörgenuss jederzeit gewährleistet bleibt.

Empfangskomfort
Die Programme des Digital Radio werden auf nur einer Frequenz gesendet. So ist das einmal eingestellte Programm ohne Sendersuche im gesamten Empfangsgebiet durchgehend zu hören.

Vielseitigkeit
Obwohl Digital Radio UKW früher oder später als Rundfunkstandard ablösen wird, sind die Digital Radios von Blaupunkt auch mit einem UKW-Empfangsteil ausgestattet.

Zusatzempfang
In Zukunft wird Digital Radio auch den Empfang von multimedial aufbereiteten Zusatzinformationen wie z. B. Telematic-Dienste, Infos zu Musiktiteln, Wetterdiensten und MP3-Files ermöglichen.

Klangqualität
Auch noch bei Höchstgeschwindigkeiten auf der Autobahn bietet Digital Radio eine exzellente Klangqualität, wie eine Musik-CD.

Zukunftsstandard
Bereits jetzt kann Digital Radio nahezu überall in Deutschland empfangen werden. Für das Jahr 2004 ist eine Vollversorgung vorgesehen. Darüber hinaus ist der Weltstandard Digital Radio bereits in vielen europäischen Staaten zu empfangen. In Österreich laufen in Wien und auf der Inntal- sowie Brenner-autobahn Probebetriebe.

Programmvielfalt
Mit Digital Radio muss man auf Programmvielfalt nicht verzichten. In Deutschland sind derzeit bereits über 150 Programme on air - Tendenz steigend.

Digitale (Class D) Technologie

Im Vergleich zur herkömmlichen Analogtechnik arbeiten Class D Verstärker mit digitalisierten Impulsen und verfügen über einen wesentlich höheren Wirkungsgrad. Liegt dieser bei Analogverstärkern im Bereich von 60%, so wandeln die von Blaupunkt entwickelten digitalen Endstufen bis zu 95% der zugeführten Energie in Sound um. Das Resultat könnte man als "Mehr Sound aus weniger" bezeichnen. Darüber hinaus verfügen digitale Verstärker über weitere wesentliche Vorteile wie:

- besonders klarer und detailreicher Klang mit kraftvollem und

dynamischen Bass
- o geringe Leistungsaufnahme
- o geringe Wärmeentwicklung
- o kleine Abmessungen

Disc-Naming
Der gerade gehörten CD kann ein beliebiger Name gegeben werden. Dieser Name erscheint dann bei jedem Abspielen der CD im Display, wenn die entsprechende Anzeigefunktion gewählt wurde.

Display-Out
Anschlussmöglichkeit bereits im Auto vorhandener externer Displays über ein optionales Interface.

DMB - Digital Multimedia Broadcasting
>> Digital Radio

DMS - Disc Management System
Anschluss- und Steuerungsmöglichkeit eines Blaupunkt-CD-Wechslers über die Tastatur des Autoradios.

DNC - Dynamic Noise Covering
>> DSA Max

Dolby® B
Rauschunterdrückungssystem zur Erweiterung des Dynamikbereiches von Cassettenbändern.

3-Wege-Lautsprecher
>> 2- bzw. 3-Wege-Lautsprecher

DSA Max - Digital Sound Adjustment
>> DEQ Max / DEQ Max Ex / DSA Max

Dual-Cone-Lautsprecher
1-Wege-Lautsprecher, bei dem ein im Zentrum der Membran aufgesetzter Papierkonus das Abstrahlverhalten bei hohen Frequenzen verbessert.

DualZone Audio
Auf die hinteren Vorverstärkerausgänge des Gerätes kann eine beliebige zweite Signalquelle geschaltet werden (z.B. vorn Tuner, hinten CD-Wiedergabe). Für den Anschluss eines Kopfhörers und Fernsteuerung der zweiten Quelle ist ein separater Adapter erforderlich.

E

Einbausatz
Mechanische Anpassung von DIN-Autoradios oder Lautsprechern an fahrzeugspezifisch unterschiedlich geformte Einbauplätze. Blaupunkt bietet ein umfangreiches Programm mit perfekter Passung für die jeweilige Aufgabenstellung an.

Einmessmikrofon
Spezielles Mikrofon, welches für die automatische Einmessung des Equalizers (DSA Max, DEQ Max EX und DEQ+) erforderlich ist. Bei den Geräten Bremen MP74 und Los Angeles MP74 ist dieses Mikrofon bereits im Lieferumfang enthalten, bei anderen Geräten ist es als Zubehör erhältlich.

EON
Enhanced Other Networks.
>> RDS

Equalizer
Klangregler zur Anpassung des Frequenzganges in mehreren Frequenzbändern an ungünstige akustische Gegebenheiten und persönlichen Geschmack.
>> DEQ Max / DEQ Max EX / DSA Max

F

Fader
Einstellung des Lautstärkeverhältnisses zwischen vorderen und hinteren Stereokanälen.

FM-Modulator
Funktioniert wie ein kleiner Radiosender. Er wandelt ankommende Signale, z. B. eines CD-Wechslers, in Radiowellen einer wählbaren Frequenz um, die durch einen zwischen Antenneneingang und Antennenstecker geschalteten Adapter in den Tuner des Autoradios gespeist werden. Auf diese Art kann an jedes beliebige Autoradio ein CD-Wechsler angeschlossen werden.

FNM (Front Neodym Magnet) Technologie
Neodym-Magneten kennzeichnen sich durch ihre kompakte und leichte Bauweise. Dank Neodym-Magneten lassen sich bei gleicher Leistung weitaus leichtere und flachere Lautsprecher konstruieren. Die ultraflache Bauweise wird durch den Einsatz von FNM-Technologie erreicht. Mit dem Neodym-Magnet, der vorne und tief in die Schwingspule eingebaut ist, wird die Einbautiefe um mehr als 30% reduziert und die Aufbauhöhe bei Koaxialsystemen fast auf 0 mm gesetzt.

Freisprecheinrichtung
Per Mikrofon und Lautsprecher kann im Auto telefoniert werden, ohne die Hände vom Lenkrad zu nehmen.

G

GALA
>> AutomaticSound

GPRS - General Paket Radio Service
Neuer Mobilfunkstandard; nicht Verbindungsdauer, sondern Datenmenge werden abgerechnet.

GPS - Global Positioning System
25 Satelliten umkreisen die Erde. Aus ihren permanent gesendeten Positionsdaten kann per trigonometrischem Rechenmodell die Position, z. B. eines Fahrzeuges auf der

Erdoberfläche, bestimmt werden.

GSM
Globaler Standard der Mobiltelefonie für digitale Sende- und Empfangseinrichtungen. Je nach gesendeter Wellenlänge gibt es den 900-MHz-, 1.800-MHz- bzw. den 1.900-MHz-Standard in den USA.

Gyroskop
Magnetisch unabhängiger, elektronischer Kreiselkompass zur exakten Bestimmung von Drehwinkeln. Standard in Flugzeug-, Schiffs- und Autonavigationssystemen.

H

Head Unit (Steuergerät)
Im Auto-HiFi-Bereich gebräuchlicher Begriff für ein Autoradio in komplexen Anlagen.

HDD - Hard Disk Drive
Festplattenspeicher.

High-Pass
Aktive Frequenzweiche zur Ansteuerung von Subwoofern und Lautsprechersatellitensystemen, bei der unterhalb einer wählbaren Frequenz das Musiksignal ausgeblendet wird.

High-Power-Endstufe
Autoradioendstufe mit 22-26 Watt Sinusleistung (nach DIN 45 324) bzw. 45-50 Watt pro Kanal Max. Power, erzeugt durch spezielle Hochleistungsschaltkreise.

I

ID3-Tags
Informationen über Interpret, Album, Titel, Genre, etc., die mit jeder MP3-Datei abgespeichert werden können. Diese Infos lassen sich auf dem Display des Autoradios anzeigen (vergleichbar mit CD-Text).

IPP (Injected Polypropylen) Membran
Die von Blaupunkt entwickelte IPP-Membran ist eine mechanisch sehr steife Membran. Durch die Mischung von einem synthetischen Zusatzstoff mit der konventionellen PP-Membran wird die eingegossene IPP-Membran deutlich fester und ermöglicht eine lautere, linearere und präzisere Soundwiedergabe im kompletten Übertragungsbereich. Die IPP-Membran wird bei allen Koaxial-, Triaxial- und Komponentensystemen der GT-Serie eingesetzt.

IR-Fernbedienung
Eine Hand- oder Lenkradfernbedienung, deren Signal im nicht sichtbaren Infrarotbereich übertragen wird. Die am Lenkrad zu befestigenden Produkte verfügen über ein TüV-Zertifikat.

ISO-Anschlusstechnik
Im Auto-HiFi-Bereich gebräuchliche mechanische Anschlussnorm, bei der alle elektrischen Anschlüsse in mehreren Blöcken zusammengefasst sind. Elektrisch kann die Kontaktbelegung bei verschiedenen Radio- oder Autoherstellern voneinander abweichen, so dass trotz optisch gleicher Stecker die Verwendung von spezifischen Adapterkabeln nötig ist.

K

KeyCard
Von Blaupunkt entwickeltes, besonders komfortables Diebstahlschutzsystem. Eine Funktion des Gerätes ist nur mit passender KeyCard möglich.

Klirrfaktor
Maß für Verzerrungen, das den Anteil der im Originalsignal nicht enthaltenen harmonischen Oberwellen bezeichnet. Faustregel: Geringere Werte sind bei gleicher Leistungsabgabe i. d. R. ein Zeichen für höhere Klangqualität.

Koaxiallautsprecher
2-Wege-Lautsprecher, bei dem der Hochtöner im Zentrum des Tieftöners auf einer Achse angeordnet ist.

Kombiantenne
Kombination verschiedener Antennentypen in einem Gehäuse/Stab. Es gibt Duplex- (z. B. Radio/GSM) und Triplex-Antennen (z. B. Radio/GSM/GPS). So braucht man für optimalen Empfang bei unterschiedlichen Anwendungen nur eine Antenne auf dem Fahrzeug.

Komponentensystem
2- bzw. 3-Wege-System, bei dem die Chassis (Hochtöner, Tieftöner, evtl. Subwoofer) zur Optimierung des Klangs / der Einbausituation getrennt voneinander verbaut werden können.

L

Laufzeitausgleich
Korrigiert auf elektronischem Wege die asymmetrische Sitzposition im Fahrzeug, indem die Musikkanäle zeitlich so verzögert werden, dass die Schallwellen aller Lautsprecher zeitgleich beim Hörer eintreffen.

LCD-Anzeige (Liquid Crystal Display)
Flüssigkristallanzeige.

Loudness
>> X-Bass

Low-Pass
Aktive Frequenzweiche zur Ansteuerung von Subwoofersystemen, bei der ab einer wählbaren oberen Frequenz das Musiksignal ausgeblendet wird.
>> Sub-X-Over, Sub-Out

M

MAG-Mix
Alle Titel eines CD-Magazins werden in zufälliger Reihenfolge wiedergegeben.

Map Matching
Positionsbestimmung durch Abgleich von GPS-Ortung und aller Sensordaten mit digitaler Navigations-CD.

Menü
Mit Hilfe von "Menü" kann das Autoradio in seinen Grundeinstellungen auf Kfz-spezifische Gegebenheiten, individuelle Vorlieben und eine evtl. bereits vorhandene Auto-HiFi-Anlage angepasst werden.

Mix-Mode
Alle Titel der CD werden in zufälliger Reihenfolge wiedergegeben.

MMC - MultimediaCard / SD - Secure Digital Card
Speicherkarte für Multimediadaten wie z. B. MP3-Musikdateien.

MosFet-Transistoren
Metalloxid-Silizium-Feldeffekt-Transistoren. Besonders effektiv in der Energieausnutzung (weniger Hitzeentwicklung) und schnell schaltend, jedoch nicht unbedingt klanglich besser als normale bipolare Transistoren. Optimal in Schaltnetzteilen großer Power-Amplifier, um eine gleichbleibend stabile und hohe Stromversorgung zu gewährleisten.

MP3
Komprimierstandard für Musikdaten, basierend auf dem MPEG1-Standard.

MP3-Browsing
Komfortable Möglichkeit, durch die Liste aller MP3-Titel auf einer CD-R/CD-RW oder MMC/SD-Karte zu scrollen, ohne die Wiedergabe des laufenden Titels unterbrechen zu müssen.

MP3-Musik auf CD-ROM
Eine CD-ROM bietet für ca. 10 herkömmliche CDs Platz, vorausgesetzt, Sie brennen die Musik darauf im MP3-Format.

MP3-Musik auf Microdrive
Der Compact Drive MP3 von Blaupunkt ist ein virtueller CD-Wechsler. Sie stellen Ihre eigene "Lieblings-CD" zusammen, indem Sie Ihre Musik von Ihrem PC auf die Microdrive laden.

MP3-Musik auf MultimediaCard/SDCard
Auf der MultimediaCard/SD-Card lassen sich je nach Speicherplatz über acht Stunden MP3-Musik speichern. Sie ist nicht viel größer als eine Briefmarke, leicht zu transportieren und vielseitig einsetzbar.

MP3-Musik auf dem PC
Um MP3-Musik auf Ihrem PC abzuspielen, benötigen Sie die geeignete Software. Unter www.blaupunkt.com können Sie sich einfach einen WinAmp- MP3-Player herunterladen - und zwar im Blaupunkt Design.

MP3-Park
Unter www.blaupunkt.com erfahren Sie alles Wissenswerte zum Thema MP3. Neben technischen Grundlagen und juristischen Hintergründen finden Sie hier auch viele nützliche Tipps, Tricks und Links.

MultiColour-Display
Display in verschiedenen Farben für unterschiedliche Anzeigesegmente zur optischen Differenzierung der angezeigten Funktionen und Attraktivitätssteigerung des Gerätedesigns. Üblich ist eine aufgehellte Leitzeile, um eine bessere Ablesbarkeit zu gewährleisten.

Multipath-Störungen
Mehrwegeempfang. Überlagerung der direkt vom Sender empfangenen Radiowellen mit verzögert eintreffenden Reflexionsanteilen (z. B. von Hochhäusern, Bergen etc.). Durch die Blaupunkt-Empfangskonzepte werden Multipath-Störungen wirkungsvoll minimiert bzw. eliminiert.
>> DDA

Music/Speech
>> RDS

N

Nachtdesign
Blendfrei beleuchtete Beschriftung des Autoradios, um problemlose Bedienung auch bei Nachtfahrten zu gewährleisten. Alle Blaupunkt-Autoradios zeichnen sich durch ein hervorragend ablesbares Nachtdesign aus, das bei vielen Geräten durch Brightness ideal an die Armaturenbrettbeleuchtung angepasst werden kann.

Navigation (dynamische)
Als erster Anbieter nutzt Blaupunkt die Kombination von TMC und TIM® und schafft so ein komplettes Verkehrsmanagement. Der Traffic Message Channel - TMC ist ein kostenloser Service der Radiosender, dessen Verkehrsinformationen permanent in die Routenberechnung mit einbezogen werden. TIM® ist ein Blaupunkt-Verfahren zur Aufzeichnung von Verkehrsmeldungen. Mit dieser Kombination ist eine vorausschauende, dynamische Stauumfahrung auf allen Autobahnen möglich.

Navigation, Offboard
Neues Navigationsverfahren, bei dem die Berechnung der Route nicht mehr im Navigationsgerät, sondern auf dem stationären Computer eines Dienstleisters erfolgt. Eine Navigations-CD wird nicht benötigt. Die Zieladresse wird wie gewohnt am Gerät eingegeben. Diese Adresse wird zusammen mit der aktuellen Fahrzeugposition über GSM oder GPRS an diesen Dienstleister übertragen. Dort wird die Route unter Berücksichtigung aller Verkehrsdaten berechnet. Die Streckendaten, die die zu fahrende Route beschreiben, werden zurück zum Fahrzeug übertragen. Das Offboard-Navigationsgerät führt den Fahrer nun so zum Ziel, wie man es von herkömmlichen Radio-Navigationsgeräten kennt. Das

heisst, jedes Abbiegen wird durch eine gesprochene Ansage und durch Pfeilsymbole angezeigt.
Straßennamen sprechen
Das besondere an der Blaupunkt Offboard-Navigation ist, dass zusätzlich auch der Straßenname gesprochen wird, in den man abbiegen soll. Das ist mit herkömmlichen Navigationsgeräten nicht möglich. Bei diesen Systemen werden die Sprach-Ansagen vorher von einem Sprecher aufgenommen. Die Sprachaufnahmen der vielen tausend Straßen übersteigt die Speicherkapazität von Navigations-CDs oder DVDs. Bei der Offboard-Navigation von Blaupunkt werden die Straßennamen als Text übertragen und von einer angenehmen Computer-Stimme vorgelesen. **CD-Musik auch während der Zielführung hören.**
Da die Blaupunkt Offboard-Navigation keine Navigations-CD benötigt, ist der CD-Schacht auch immer zum Musikhören verfügbar.

Neodym-Tweeter
Tweeter mit Neodym-Magneten. Neodym hat eine erheblich höhere magnetische Feldstärke als herkömmliche Werkstoffe und treibt Lautsprecher trotz vergleichsweise winziger Magnete höchst kraftvoll an. Dadurch ist es möglich, sehr kleine Hochtonlautsprecher mit trotzdem hervorragendem Klang zu konstruieren.

NTSC (National Television System Comittee)
US-amerikanisches Farbfernsehverfahren. Das farbige Bild wird dabei in der Fernsehkamera optisch in die drei Farbauszüge der Primärfarben rot, grün und blau zerlegt und drei Fernsehaufnahmeröhren zugeführt.
>> PAL

O

OSD On screen display
Das auf dem Bildschirm dargestellte Menü. Bei Blaupunkt Produkten kann dann über die Fernbedienung und/oder am Gerät der jeweilige Menüpunkt ausgewählt und der dazugehörige Wert / die entsprechende Funktion verändert/ausgeführt werden.

P

PAL (Phase Alternation Line)
Farbfernsehverfahren, dass das US-amerikanische NTSC-System ergänzt. Es ist von Phasenfehlern bei der Übertragung (zeilenweise Umpolung) und bei örtlichen Empfangsstörungen unabhängig (Farbtonstabilisierung). Das zu PAL kompatible PALplus ermöglicht seit 1993 u. a. die Wiedergabe im Breitbild-Fernsehformat 16 : 9.
>> NTSC

PDA - Personal Digital Assistant
Klein-Computer im Taschenformat; meist mit Touchscreen und Betriebssystem Windows CE bzw. Palm OS.

PP (Polypropylen) Membran
Die von Blaupunkt entwickelte PP-Membran ist eine solide und zuverlässige Membran. Sie sorgt akustisch für einen perfekten Frequenzgang sowie ein extrem angenehmes Klangbild in den oberen Mitten.

Preamp-Out
Vorverstärkerausgang zur Ansteuerung externer Amplifier, wahlweise in 2-Kanal- oder 4-Kanal-Ausführung. Standard ist ein Output von max. 3 Volt. Die Topgeräte haben zur Klangverbesserung und höheren Aussteuerung externer Amplifier einen max. Output bis zu 5 Volt.

Preset-Equalizer
Auf Knopfdruck abrufbare Equalizereinstellungen, die für verschiedene Musiktypen (Rock, Pop, Jazz, Techno, Speech und Classic) ideale Frequenzkurven bieten.

PTY - Program Type
>> RDS

PWF (Platinum Woven Fiber) Membran
Die PWF-Membran ist ein langzeitstabil gewebtes Glasfiber-Material. Dank des speziell von Blaupunkt entwickelten Membrangewebes sorgt die PWF-Membran für einen optimalen Frequenzgang mit erstklassiger Auflösung (insbesondere im Bereich der oberen Mitten), kontrollierte Bässe und exzellente innere Dämpfung.

Q

Quellenspezifische Klangeinstellungen
Die Einstellungen für Bass/Treble können für jede Quelle separat vorgenommen werden, um Klangunterschiede auszugleichen.

R

RM - Radio Monitor
Während des Umspulens von Compact-Cassetten wird auf Radiobetrieb umgeschaltet.

Radio-Scan
>> Scan

RDS - Radio Data System
RDS ist ein Service der Rundfunkanstalten. Neben den herkömmlichen Musik- und Sprachbeiträgen werden Zusatzinformationen in Form verschlüsselter Digitalsignale ausgesendet, die vom Autoradio ausgewertet werden können. Derzeit werden folgende RDS-Dienste angeboten:
AF - Alternativfrequenz:
Das Autoradio wählt automatisch die am besten zu empfangende Frequenz des gehörten Programms.
EON:
Im Falle einer Durchsage (TA) wird innerhalb einer Senderkette automatisch von einem Nicht-Verkehrsfunksender auf den

entsprechenden Verkehrsfunksender umgeschaltet.
M/S - Music/Speech:
In Zukunft werden diverse Sendeanstalten zwischen Musik- und Sprachbeiträgen unterscheiden. Für Sprachbeiträge kann (über DSC) eine separate Klangeinstellung (Absenkung von Bässen und Höhen) vorgenommen werden.
PI-Code:
Mit Hilfe des PI-Codes kann das Autoradio den empfangenen Sender identifizieren.
PS - Program Service
Ermöglicht die Anzeige des Sendernamens.
PTY - Program Type:
Von den Rundfunkanstalten zunehmend unterstützte Funktion, bei der das Autoradio gezielt nach Sendern mit vorwählbarem Programminhalt (z.B. Nachrichten, Rock, Pop, Sport o. Ä.) suchen kann.
RT - Radiotext:
Zusatzinformationen des Senders über das ausgestrahlte Programm (z.B. Titel der Sendung, Name des Musikinterpreten etc.).

RP - Release Panel
Diebstahlschutzsystem, bei dem die Frontblende des Autoradios oder ein Teil davon beim Verlassen des Fahrzeugs mitgenommen wird. Das Radio ist ohne RP nicht funktionsfähig.

S

Scan
Kurzzeitiges Anspielen aller empfangbaren Radiosender (Radio-Scan), belegten Stationstasten (Preset-Scan) oder anspielbaren Musiktitel (CD-Scan).

Senderliste (dynamisch)
Auflistung und automatische Aktualisierung aller empfangbaren Sender des befahrenen Gebietes. Der Vorteil: Man braucht keine Stationstasten mehr und hat Zugriff auf alle Stationen.

SHARX®
Digitaler, variabler Filter zur Optimierung der Trennschärfe. Dicht beieinander liegende Sender werden sauber getrennt. SHARX® ist ein Bestandteil der Digi-Ceiver- und TwinCeiver-Konzepte.

Silk Tweeter
Die Seidenhochtöner von Blaupunkt werden in ihrem Herstellungsprozess mit einem Speziallack aus der Raumfahrt-Technologie imprägniert, der die Lebensdauer und die innere Dämpfung des Hochtöners deutlich erhöht. Zusätzlich zu seiner Langzeitstabilität sorgt der Seiden- Hochtöner klanglich für einen extrem sanften und treuen Hochton sowie eine ausgezeichnete Auflösung.

S/N - Signal-/Rauschabstand
Maximaler möglicher Abstand des Musiksignals zum Grundrauschen, angegeben in Dezibel. Je höher der Wert ist, desto rauschfreier ist das Gerät.

SMS - Short Message Service
Versand oder Empfang von Textnachrichten über das GSM-Netz.

Softkeys
Tasten neben dem Autoradio-Display, denen über das Display je nach Klangquelle oder Bedienungsmenü unterschiedliche Funktionen zugewiesen werden. Z. B. Tuner, Stationstasten, CD-Mix, Mag-Mix, Scan, Bass, Treble, Balance, Fader, Equalizer etc.

Sound-Preset
>> Preset-Equalizer

Sonic-Saucer-Technologie
Die Sonic-Saucer-Technologie ist der patentierte, flache, mechanische Aufbau eines Subwoofers. Die extrem flache Bauweise wird durch den Einsatz einer ABF (Aluminium Bonded Foam) Sandwich-Membran ermöglicht, die durch ihre lineare Konstruktion die Einbautiefe um mehr als 40% reduziert. Trotz drastischer Reduzierung der Einbautiefe sorgt der Sonic-Saucer-Subwoofer für extrem starke Bässe und einen außergewöhnlichen Hub, jetzt auch in kleinen Volumen.

SPC (Spun Paper Cone) Membran
Die von Blaupunkt entwickelte SPC-Membran ist eine sehr stabile und zuverlässige Papiermembran. Dank des einzigartigen Polierungsprozesses und der Mischung von 9 Mineralmaterialen zeichnet sich die mechanische SPC-Membran durch eine hohe Steifigkeit aus. Klanglich überzeugt sie durch ihren extrem homogenen Übertragungsbereich ohne ausgeprägte Membranresonanzen.

Subsonic-Filter
Der Subsonic-Filter dient dem Verstärkerbetrieb bei angeschlossenem Subwoofer. Er kann eingestellt werden, um den Subwoofer vor mechanischer Überlastung durch tiefe, nicht mehr in den Hörbereich fallende Frequenzen zu schützen. Dank des Subsonic-Filters wird die Belastbarkeit sowie der subjektive maximale Schalldruck des Subwoofers erhöht.

Sub-Out
Separater Vorverstärkerausgang mit vorgeschaltetem Low-Pass.

Subwoofer
Zusätzlicher Tiefbass-Lautsprecher, der über einen integrierten oder separaten Verstärker mit Low-Pass angesteuert wird.

Subwoofer Phase
Ermöglicht die Umschaltung der Phase des Subwooferausgangs, um so eine optimale Anpassung an die übrigen Lautsprecher zu ermöglichen.

Sub-X-Over
Subwoofer-Frequenzweiche.
>> Low-Pass, High-Pass

T

Tachosignal
Impulse elektronischer Tachometer, die für Wegstreckenmessung und GALA verwendet werden.

TA - Traffic Announcement
>> RDS

Telefon Line in
Separater Aux-Eingang, der mit der Freisprecheinrichtung eines Mobiltelefons verbunden werden kann. Die Stimme des Anrufers wird dann über die Lautsprecher der Auto-HiFi-Anlage wiedergegeben.

Telefon-Mute
Automatische Stummschaltung des Autoradios sobald ein Telefonanruf eingeht. Voraussetzung: Anschluss des entsprechenden Pins im Anschlusskasten mit dem Autotelefon bzw. der Freisprecheinrichtung des Mobiltelefons.

Telematik
Funktionen, die ein Dienstanbieter über Funk zur Verfügung stellt. Z.B. Auskunftsdienste mit Positionsübertragung, Notruf, Pannenruf und Offboard-Navigation.

TIM®
Von Blaupunkt entwickeltes System mit digitalem Sprachspeicher, der bis zu 4 Verkehrsfunkmeldungen mit einer Gesamtdauer von 4 Minuten aufzeichnen kann. Der TIM®-Speicher aktualisiert sich laufend selbst. Das funktioniert auch bei ausgeschaltetem Autoradio in einem frei wählbaren Zeitfenster.

Tint (nur bei NTSC)
Eine Farbregelung, die nur im für die USA bestimmten NTSC-Modus wirksam ist. In Europa ist das PAL-Signal, in Frankreich und der Schweiz zum Teil das SECAM-Signal marktüblich.

Titanium Tweeter
Die von Blaupunkt entwickelte Titanium- Hochtöner werden aus einem extrem steifem Titanium hergestellt. Die Hochfestigkeit der Titaniumkalotte garantiert eine ansatzlose und spritzige Übertragung der Höhen sowie eine hohe Durchzeichnung.

TMC - Traffic Message Channel
Digitaler Verkehrsfunk-Datenkanal mit ständig aktualisierten Daten zur Verkehrslage. TMC-Empfänger erlauben eine Selektion des Datenstroms hinsichtlich Fahrtrichtung, -gebiet oder Straßenklasse. Auf Knopfdruck stehen Ihnen so jederzeit die aktuellsten Informationen maßgeschneidert zur Verfügung.

TMC-Out UKW
Autoradios mit diesem Ausgang können TMC-Daten an ein angeschlossenes Blaupunkt-Navigationssystem (z.B. TravelPilot DX-V) für eine dynamische Routenführung weiterleiten (separates Anschlusskabel erforderlich). Voraussetzung: man hat einen RDS-Sender eingestellt, der TMC-Daten überträgt.

TP - Traffic Program
>> RDS

TPB (Transparent Polycarbonat Basket) Korb
Der TPB-Korb wird aus hochtemperiertem Polycarbonat hergestellt und kennzeichnet sich auf den ersten Blick durch seine transparente und exklusive Optik. Zu den optischen Eigenschaften lassen sich weitere Vorteile auflisten:
o akustische Neutralität, da keine Vibrationen wie bei Metall-Körben entstehen
o wasserfester Korb, da der Magnet durch eine Abdeckung aus hochtemperiertem Polycarbonat geschützt ist. Der TPB-Korb wird bei allen Lautsprechern der TS-Serie eingesetzt.

TPC (Transparent Polycarbonat Cone) Membran
Die TPC-Membran ist eine leichte und mechanisch sehr steife Membran. In Kombination mit der speziell für die TPC-Membran entwickelte Schaumstoff- Sicke überzeugt die TPC-Membran mit extrem hohem Wirkungsgrad und hoher Linearität. Mit ihrem transparenten Look ist es ab nun möglich, spezielle Beleuchtungseffekte einzusetzen.

Travelstore
Automatischer Suchlauf, der auf Tastendruck die jeweils sechs stärksten, empfangbaren Sender nach Feldstärke geordnet auf eigener Speicherebene ablegt.

Triaxiallautsprecher
3-Wege-Lautsprecher, bei dem der Mittelhochtöner im Zentrum des Tieftöners auf einer Achse angeordnet ist. Der Hochtöner befindet sich auf einer weiteren Achse daneben.

Triplexantenne
>> Kombiantenne

Tuner
Radioempfangsteil, z. B. eines Autoradios.

Turn-On-Message, variable
Beliebiger Text (max. 35 Zeichen), der beim Einschalten des Gerätes kurz im Display sichtbar wird.

TwinCeiver - digitaler Doppeltuner
Weiterentwicklung des DigiCeiver mit zwei Empfängern in einem Gerät.
Der mit zwei DSP-basierten Empfangsteilen ausgestattete TwinCeiver unterstreicht die herausragende Stellung von Blaupunkt bei perfektem Radioempfang: Knistern und Knacken durch Mehrwegeempfang im dichten Häusermeer von Städten oder ungünstigen Gebirgslagen gehört praktisch der Vergangenheit an.
Auch bisher kaum erreichbare, weit entfernte Sender lassen sich nun empfangen: Der TwinCeiver wertet permanent die digitalisierten Signale von zwei Antennen aus und kombiniert sie zu einem starken, sauberen, um Empfangsstörungen bereinigten Signal. Dieses von den Blaupunkt Ingenieuren entwickelte DDA-Verfahren (DigitalDirectional-Antenna) entspricht dem einer extrem schnellen, automatisch nachgeführten Richtantenne - prinzipiell wie bei einer Fernsehzimmerantenne, bei der schon eine minimale Drehung über "Schneebild" oder perfekten Empfang entscheidet.

Ist der Empfang so gut, dass ein 2-Antennenbetrieb nicht notwendig ist, oder ist nur eine Antenne angeschlossen, kann das Radio auf "Dynamische Senderlisten" umgeschaltet werden. Im Display werden dann automatisch nur die Sender angezeigt, die auch tatsächlich in der jeweiligen Region zu empfangen sind - so erübrigt sich die lästige Frequenzsuche.

U

UMTS - Universal Mobile Telecommunication System

Zukünftiger Mobilfunkstandard

V

Verkehrstelematik

>> Telematik

Video Eingang: Composite Video 1. OV p-p, 75 Ohm

Beschreibt die Norm und den elektrischen Wert des anschließbaren Signals. Composite Video entspricht dem normalen TV-Signal, wie es z. B. DVD-Player, Game Stations oder TV-Tuner herausgeben.

W

WAP - Wireless Application Protocol

Textbasiertes Internetprotokoll für mobile Anwendungen.

Watt

>> Ausgangsleistung

Wirkungsgrad

Maß für die Lautstärke eines Lautsprechers bei 1 Watt Input, gemessen in einem Meter Abstand. Die Maßeinheit ist dB.

X

X-Bass

Psychoakustische Anhebung der tiefen Frequenzen bei geringer Lautstärke. Bei fast allen Geräten kann - exklusiv bei Blaupunkt Autoradios - die Wirkung von X-Bass über Menü in 6 Stufen an die vorhandene CarAudio-Anlage angepasst werden.

Y

Y-Adapter

Verteilung eines 2-kanaligen Stereosignals auf mehrere Verstärker durch Y-förmige Verzweigung von Kabeln. Durch die Verwendung von
Y-Adaptern kann die Funktion des Faders beeinträchtigt werden.

Z

2- bzw. 3-Wege-Lautsprecher

Mittels einer Frequenzweiche (High-Pass, Low-Pass) werden die Arbeitsbereiche innerhalb des Frequenzbandes zwischen den einzelnen Lautsprecherchassis (Subwoofer, Tieftöner, Hochtöner) aufgeteilt.

>> Koaxiallautsprecher, Triaxiallautsprecher

Quellen

ACR
Bohrturmweg 1
CH-5330 Zurzach
www.acr.ch

Alphasonik
Mandrops
Bahnhofsstraße 17
96106 Ebern
www.mandrops.de

Alpine
Frankfurter Ring 117
80807 München
www.alpine.de

Audiobahn
Mandrops
Bahnhofsstraße 17
96106 Ebern
www.mandrops.de

Audiovox
Lise-Meitner-Straße 9
50259 Pulheim
www.audiovox.de

Becker
Harman/Becker Automotive Systems
Becker-Göring-Straße 16
76307 Karlsbad
www.becker.de

Blaupunkt
Robert-Bosch-Straße 200
31139 Hildesheim
www.blaupunkt.de

Bose
Wolf-Hirth-Straße 9
73730 Esslingen
www.bose.com

Canton
Neugasse 21–23
61276 Weilrod-Niederlauken
www.canton.de

Cerwin-Vega
Sound Inspiration Cerwin-Vega Germany
Kreuzbreite 1
72401 Haigerloch
www.cerwin-vega.com

Clarion
Hessenring 19–21
64546 Mörfelden-Walldorf
www.clarion.de

Delphi Grundig
Beuthener Straße 41
90471 Nürnber
www.delphi-grundig.de

Dynaudio
Ohepark 2
21224 Rosengarten
www.dynaudio.de

Eclipse - Fujitsu Ten
Mündelheimer Weg 39
40472 Düsseldorf
www.fujitsu-general.de

Focal
in-akustik GmbH & Co KG
Untermatten 12–14
79282 Ballrechten-Dottingen
www.in-akustik.com

Harman
Hünderstraße 1
74080 Heilbronn
www.harman-deutschland.de

in-akustik Kabel
in-akustik GmbH & Co KG
Untermatten 12-14
79282 Ballrechten-Dottingen
www.in-akustik.com

Infinity
Harman
Hünderstraße 1
74080 Heilbronn
www.harman-deutschland.de

JBL
Harman
Hünderstraße 1
74080 Heilbronn
www.harman-deutschland.de

JENSEN
Audiovox
Lise-Meitner-Straße 9
50259 Pulheim
www.audiovox.de

JL Audio
Comes Distribution
Waldstraße 10
54595 Prüm
www.jlaudio.de

JVC
Grüner Weg 12
61169 Friedberg
www.jvc.de

Kenwood
Rembrücker Straße 15
63150 Heusenstamm
www.kenwood.de

Mac Audio
Magnat
Audiovox
Lise-Meitner-Straße 9
50259 Pulheim
www.audiovox.de

MB Quart
Maxxsonics Europe
Neckarstraße 20
74847 Obrigheim
www.mbquart.com

Nakamichi
ASN B.V.
Marssteden 64
7547 TD Enschede
www.autosound.nl

Oehlbach
Industriestraße 8
76297 Stutensee/Spöck
www.oehlbach.de

Panasonic
Winsbergring 15
22525 Hamburg
www.panasonic.de

Pioneer
Hanns-Martin-Schleyer-Straße 35
47877 Willich
www.pioneer.de

Planet Audio
Mandrops
Bahnhofsstraße 17
96106 Ebern
www.mandrops.de

Polk Audio
ASN B.V.
Marssteden 64
7547 TD Enschede
www.autosound.nl

Rockford Fosgate
Im Leuschnerpark 4
64347 Griesheim
www.rockford-fosgate.com

Scosche
Ampire Electronics
Langwadener Straße 60
41516 Grevenbroich
www.ampire.de

Sony
Hugo-Eckener-Straße 20
50829 Köln
www.sony.de

Teufel
Machandelweg 12
14052 Berlin
www.teufel.de

US Amps
AM's Car Audio
Ettenbergstraße 16
75392 Deckenpfronn
www.kove.de

VDO Dayton
Siemens VDO Automotive
Kruppstraße 105
60388 Frankfurt/Main
www.vdodayton.de

Visaton
Ohligser Straße 29–31
42760 Haan
www.visaton.de

FSC
www.fsc.org
MIX
Papier | Fördert gute Waldnutzung
FSC® C083411

Kolibri 360 GmbH
Ferdinand-Jühlke-Straße 7
99095 Erfurt, Deutschland
produktsicherheit@kolibri360.de

Druck:
CPI Druckdienstleistungen GmbH
im Auftrag der
Kolibri 360 GmbH
Ferdinand-Jühlke-Str. 7
99095 Erfurt